Mathematikdidaktik im Fokus

Reihe herausgegeben von

Rita Borromeo Ferri, FB 10 Mathematik, Universität Kassel, Kassel, Deutschland

Andreas Eichler, Institute for Mathematics, University of Kassel, Kassel, Deutschland

Elisabeth Rathgeb-Schnierer, Institut für Mathematik, Universität Kassel, Kassel, Deutschland

In dieser Reihe werden theoretische und empirische Arbeiten zum Lehren und Lernen von Mathematik publiziert. Dazu gehören auch qualitative, quantitative und erkenntnistheoretische Arbeiten aus den Bezugsdisziplinen der Mathematikdidaktik, wie der Pädagogischen Psychologie, der Erziehungswissenschaft und hier insbesondere aus dem Bereich der Schul- und Unterrichtsforschung, wenn der Forschungsgegenstand die Mathematik ist.

Die Reihe bietet damit ein Forum für wissenschaftliche Erkenntnisse mit einem Fokus auf aktuelle theoretische oder empirische Fragen der Mathematikdidaktik.

Weitere Bände in der Reihe https://link.springer.com/bookseries/16000

Maria Afrooz

Leistungseffekte beim verschachtelten und geblockten Lernen mittels Lernvideos auf Tablets

Eine empirische Untersuchung an Schülerinnen und Schülern der fünften Jahrgangsstufe

 Springer Spektrum

Maria Afrooz
Kassel, Deutschland

• Angabe, dass die Arbeit als Dissertation an der Universität Kassel eingereicht worden war
• Fachbereich (Mathematikdidaktik) der Universität Kassel, an der die Dissertation eingereicht wurde
• Datum der Disputation: 27.04.2021
• Ursprünglicher Titel der Dissertation muss bei den bibliografischen Angaben und den Angaben zur Dissertation aufgenommen werden: Wünschenswerte Erschwernisse im Mathematikunterricht bei Real- und Hauptschulkindern: Leistungseffekte beim verschachtelten und geblockten Lernen mittels Lernvideos auf Tablets

Mathematikdidaktik im Fokus
ISBN 978-3-658-36481-6   ISBN 978-3-658-36482-3   (eBook)
https://doi.org/10.1007/978-3-658-36482-3

Die Deutsche Nationalbibliothek verzeichnet diese Publikation in der Deutschen Nationalbibliografie; detaillierte bibliografische Daten sind im Internet über http://dnb.d-nb.de abrufbar.

Planung/Lektorat: Marija Kojic
Springer Spektrum ist ein Imprint der eingetragenen Gesellschaft Springer Fachmedien Wiesbaden GmbH und ist ein Teil von Springer Nature.
Die Anschrift der Gesellschaft ist: Abraham-Lincoln-Str. 46, 65189 Wiesbaden, Germany

Geleitwort

Maria Afrooz verknüpft in ihrer innovativen Forschungsarbeit zwei aktuelle und relevante Bereiche im nationalen und internationalen Forschungsfeld der Mathematikdidaktik: Die kognitionspsychologische Theorie des *verschachtelten Lernens* im Rahmen der *wünschenswerten Erschwernisse* und das Lernen mit digitalen Medien im Mathematikunterricht mit dem Fokus auf Lernvideos.

Das E-Learning hat insbesondere durch die Corona-Pandemie einen neuen und wichtigen Stellenwert erlangt, welches Maria Afrooz durch ihre selbstentwickelte E-Learning-Umgebung zu den Eigenschaften von Polygonen hervorragend aufgreift. In der empirischen Untersuchung ergaben sich eindrucksvolle Resultate mit Lernenden der fünften Jahrgangsstufe: Die Schülerinnen und Schüler der Experimentalgruppe, bei denen die Lerninhalte verschachtelt angeordnet wurden, erreichten nach der Intervention einen deutlich höheren Leistungszuwachs als die Gruppe, deren Lerninhalte geblockt arrangiert waren.

Es besteht derzeit noch ein großes Forschungsdesiderat im Hinblick auf das verschachtelte vs. geblockte Lernen und deren Effekte auf das Lehren und Lernen im Mathematikunterricht. Dahingehend ist unter anderem unklar, welche mathematischen Inhalte sich besonders für das verschachtelte Lernen eignen und welche Effekte diese didaktisch-methodische Lehr-Lernform auf die Performanz von Schülerinnen und Schülern hat. In Bezug auf die Implementierung des geblockten und verschachtelten Lernens stellt die außerordentlich gut durchdachte Studie mit dem Einsatz von Tablets in der E-Learning-Umgebung ein Novum in der mathematikdidaktischen Forschung dar.

Die bedeutsamen Erkenntnisse der empirischen Unterrichtsstudie ermöglichen praktische Implikationen für die Anordnung von Lerninhalten in analogen und virtuellen Lernumgebungen, die das Ziel der kognitiven Nachhaltigkeit von Lernprozessen im Mathematikunterricht haben.

Kassel   Prof. Dr. Rita Borromeo Ferri
2021

Danksagung

An dieser Stelle möchte ich allen beteiligten Personen meinen großen Dank aussprechen, die mich bei der Anfertigung meiner Dissertation, einem für mich bedeutsamen Lebensabschnitt, begleitet und unterstützt haben.

Besonders danken möchte ich meiner Doktormutter Frau Prof. Dr. Rita Borromeo Ferri und meinem Zweitgutachter Herr Prof. Dr. Hans-Georg Weigand für die hervorragende Betreuung und die enorme Unterstützung bei der Umsetzung der gesamten Arbeit.

Außerdem möchte ich der Hans-Böckler-Stiftung meinen herzlichen Dank aussprechen, die mich im Rahmen meines Promotionsstipendiums finanziell gefördert und mir vielseitige Erfahrungen bei Fortbildungen ermöglicht hat.

Bei meinen Kolleginnen und Kollegen möchte ich mich ebenfalls bedanken, die mich mit hilfreichen Literaturtipps und konstruktiven Rückmeldungen auf meinem Weg begleitet haben.

Herzlich bedanken möchte ich mich vor allem auch bei meinen besten Freundinnen für die Durchsicht, die immerwährende Motivation und Stärkung.

Meiner Familie – besonders meiner Mama und meinem Freund – danke ich für ihre Geduld, die Ermutigungen und Zusprüche während der gesamten Promotion. Mit ihrer intensiven Unterstützung konnte ich die Dissertation erfolgreich meistern.

Einleitung

"As teachers – and learners – the two of us have had both a professional and personal interest in identifying the activities that make learning most effective and efficient. [...] Desirable difficulties [...] trigger encoding and retrieval processes that support learning, comprehension, and remembering." (Bjork & Bjork, 2011, S. 56 ff.)

Das Lernen der Schülerinnen und Schüler steht im Mittelpunkt der Unterrichtsgestaltung und –durchführung. Jeder Mathematikunterricht sollte primär darauf abzielen, ein effektives Lernen zu fördern, indem ein erfolgreicher Lernprozess unterstützt wird. Der Lernprozess im Mathematikunterricht wird einerseits von den kognitiven Vorgängen im Gedächtnis bestimmt, andererseits beeinflussen die gesetzten Ziele und die Unterrichtsgestaltung das Lernen und die kognitiven Prozesse im Gedächtnis (Baumert et al., 2004). Die Art und Weise, wie Lerninhalte von Lehrpersonen vermittelt werden, spielt daher eine entscheidende Rolle beim Wissenserwerb.

Nach Bjork und Bjork (2011) scheint ein neuer, kognitionspsychologischer Forschungsansatz vielversprechend für die Schulpraxis zu sein: Die wünschenswerten Erschwernisse („desirable difficulties") erschweren zwar gezielt das Lernen, sie verbessern jedoch gleichzeitig die Leistungsentwicklung, welche zu einem nachhaltigen Lernerfolg führt. Dahingehend wird das neue Wissen langfristig im Gedächtnis gespeichert und kann selbst nach einer längeren Zeit (z. B. mehrere Wochen nach der Lerneinheit) abgerufen werden (vgl. das eingangs aufgeführte Zitat; Sweller, Ayres, & Kalyuga, 2011).

Im Fokus der vorliegenden Arbeit steht die quantitative Studie zu den Wirkungen des „verschachtelten Lernens", welches zu den wünschenswerten Erschwernissen zählt. Beim verschachtelten Lernen werden die Lerninhalte abwechselnd angeordnet. Dadurch werden mehrere Lerninhalte gleichzeitig im

Unterricht behandelt. Innerhalb des Lernprozesses kommt zwar zu einer kurzzeitigen Komplexität, langfristig gesehen erweist sich jedoch das verschachtelte Lernen bezüglich des Behaltens der neuen Lerninhalte als kognitiv nachhaltig. Im Gegensatz dazu steht das sogenannte „geblockte Lernen", welches das Lernen bewusst einfach gestaltet, indem Teilthemen innerhalb eines Themenkomplexes in Blöcken erlernt werden. Aus den Erkenntnissen empirischer Studien (z. B. Rohrer et al., 2014; Ziegler & Stern, 2014) scheint das geblockte Lernen im Vergleich zum verschachtelten Lernen nicht kognitiv nachhaltig zu sein, da die geblockt Lernenden bereits nach einer Woche Schwierigkeiten haben, sich an die neu gelernten Inhalte zu erinnern. Dahingehend sind im Kontext dieser Studie insbesondere die folgenden Fragen interessant: Wie wirken sich das geblockte bzw. das verschachtelte Lernen auf die Leistungsentwicklungen im Mathematikunterricht aus? Inwieweit resultiert aus dem geblockten bzw. dem verschachtelten Lernen ein kognitiv nachhaltiges Lernen?

Während das geblockte Lernen eine weitverbreitete Praxis unter den Lehrkräften ist, kritisiert Bönsch (2015) den herkömmlich aufgebauten Unterricht und fordert eine grundsätzliche Revision des Unterrichts in den Sekundarstufen. Laut den theoretischen Ansätzen der wünschenswerten Erschwernisse könnte das verschachtelte Lernen ein kognitiv nachhaltiges Lernen auf langfristige Sicht ermöglichen. Um evidenzbasierte Erkenntnisse über die Wirkungen von neuartigen Unterrichtsverfahren (wie dem verschachtelten Lernen) zu gewinnen, sollten empirische Untersuchungen im schulischen Bereich durchgeführt werden. Diese sollten einerseits zu einer stärkeren Vernetzung mathematikdidaktischer Forschung mit der Schulpraxis führen und andererseits neue Erkenntnisse für ein effektives Lernen im Mathematikunterricht hervorbringen (vgl. Barzel & Weigand, 2019; Matzkowski, 2013; Leuders, 2007).

Die Motivation zur Erforschung des verschachtelten Lernens liegt in den Forschungsdesideraten, der Aktualität des innovativen Unterrichtskonzeptes und den stetig wachsenden, digitalen Anforderungen im Schulunterricht: Im deutschsprachigen Raum gibt es kaum Studien zum verschachtelten Lernen, insbesondere im realen Mathematikunterricht in Kombination mit digitalen Medien. Die meisten Studien untersuchten das verschachtelte Lernen an erwachsenen Probanden und verwendeten Lernsettings in Papierform, welche als Laboruntersuchungen im Frontalunterricht durchgeführt wurden (vgl. Birnbaum et al., 2012; Dunlosky et al., 2013; Rohrer, Dedrick, & Stershic, 2014; Rohrer & Taylor, 2007; Ziegler & Stern, 2014). Demnach ergibt sich eine Forschungslücke in der Untersuchung der Wirkungen der verschachtelten Unterrichtspraxis an Schülerinnen und Schülern. Darüber hinaus wurde der Zusammenhang zwischen dem verschachtelten Lernen und E-Learning bisher kaum erforscht.

Die Innovation der vorliegenden empirischen Studie besteht darin, dass die Langfristigkeit der Leistungseffekte bezüglich des geblockten und verschachtelten Unterrichtskonzepts unter Einsatz von Lernvideos auf Tablets getestet wird. Die Verbindung der Unterrichtskonzepte mit dem E-Learning greift zudem die aktuelle Forderung der Kultusministerkonferenz (2017) auf, digitale Medien sinnvoll in virtuelle Lernumgebungen einzubinden: Durch den Einsatz von Tablets können u.a. die Potenziale der individuellen Förderung und der Übernahme von Eigenverantwortlichkeit zur Gestaltung neuer Lehr- und Lernprozesse aufgegriffen werden.

Die gegenwärtige Forschung zur Digitalisierung im Mathematikunterricht ist auf die Unterrichtsplanung, die Einsatzmöglichkeiten und die praktische Umsetzung von digitalen Medien ausgerichtet (Lerman, 2013; Tillmann & Bremer, 2017). Dabei zeichnet sich die durchgeführte Studie insbesondere durch das selbstentwickelte, digitale Design eines authentischen Mathematikunterrichts aus, welches interdisziplinär angelegt ist und die Mathematikdidaktik mit der kognitiven Psychologie und der Digitalisierung verbindet. Anhand des Einsatzes von Tablets wurde eine zukunftsrelevante Entwicklung erprobt und das selbsthestimmte Lernen der Schülerinnen und Schüler gefördert (Tillmann & Bremer, 2017; Weigand & Weth, 2002). Das Aneignen der neuen Lerninhalte erfolgte nicht durch eine direkte Instruktion der Lehrkräfte, sondern mittels eigenständigem E-Learning durch die Lernenden. Dadurch knüpft die empirische Untersuchung an die zuvor beschriebenen Forschungslücken zum verschachtelten Lernen adäquat an.

Ausgehend von den beschriebenen Forschungsdesideraten, der Motivation und dem Forschungsschwerpunkt zu den Wirkungen des geblockten und verschachtelten Lernens bezüglich der Leistungsentwicklungen von Schülerinnen und Schülern wird der folgenden, übergeordneten Frage nachgegangen:

Wie unterscheiden sich die Leistungen der geblockt und verschachtelt Lernenden beim E-Learning voneinander?

Zu Beginn des Methodenteils (siehe Teil II, Kapitel 6) wird diese Frage in Anlehnung an die theoretischen Grundlagen (siehe Teil I) differenzierter dargestellt und weitere Forschungsfragen angeführt.

Insgesamt ist das Ziel der quantitativen empirischen Untersuchung, die kognitiv nachhaltigen Wirkungen des geblockten und verschachtelten Lernens in einer Video-Lernumgebung im realen Mathematikunterricht zu testen. Dahingehend werden die Leistungen der Schülerinnen und Schülern im Sekundarstufenbereich I mit quantitativen Forschungsmethoden erhoben und ausgewertet. Um die

Schwerpunkte der Studie mittels einer theoretischen und empirischen Auseinandersetzung zu realisieren, besteht die Gliederung der vorliegenden Arbeit aus den folgenden Teilen:

Teil I Theoretischer Rahmen

Im ersten Kapitel wird auf die Notwendigkeit zur Integration von Lernvideos und Tablets für schulische Zwecke eingegangen (siehe Abschnitte 1.1 bis 1.3). Darüber hinaus werden relevante Rahmenbedingungen und Anforderungen angeführt, welche bei der eigenständigen Entwicklung von Lernvideos berücksichtigt werden können (siehe Abschnitt 1.4). Im zweiten Kapitel werden im Kontext des kognitiv nachhaltigen Lernens die zentralen Gedächtnistheorien von Sweller und Bjork beschrieben (siehe Abschnitte 2.2 und 2.3), welche als Grundlage für die Erklärung der Ergebnisse fungieren. Die Darstellung der wünschenswerten Erschwernisse im dritten Kapitel fokussiert sich auf die theoretischen Annahmen des verschachtelten Lernens (z. B. bezüglich der Lerneffektivität), welches dem geblockten Lernen gegenübergestellt wird (siehe Abschnitte 3.1 und 3.2). Weiterhin werden bedeutende persönliche Einflussfaktoren beim geblockten und verschachtelten Lernen beschrieben (z.B. das mathematische Selbstkonzept), welche zur Kontrolle der Leistungen in der vorliegenden Studie miterhoben wurden (siehe Abschnitte 3.3 bis 3.5). Im vierten Kapitel werden aktuelle Forschungsarbeiten in der nationalen und internationalen Diskussion sowie Forschungsdesiderate zum geblockten und verschachtelten Lernen thematisiert. Den Abschluss des theoretischen Rahmens bildet das fünfte Kapitel mit einer Zusammenfassung und einer theoriegeleitenden Modellentwicklung der wichtigsten Erkenntnisse.

Teil II Methode

Das sechste Kapitel beginnt mit einer systematischen und theoriegestützten Herleitung der Forschungsfragen. Daran anknüpfend wird der Projekthintergrund der vorliegenden Interventionsstudie dargestellt (siehe Kapitel 7). Im achten Kapitel wird das entwickelte Design der empirischen Untersuchung mit insgesamt fünf Messzeitpunkten vorgestellt, welches im realen Geometrieunterricht stattfand. Vor der Intervention wurden die Schülerinnen und Schüler des fünften Jahrgangs klassenweise randomisiert auf die geblockte und verschachtelte Experimentalbedingung aufgeteilt. Im neunten Kapitel werden die verwendeten Arbeitsmaterialien (Lernvideos, Arbeitsheft und Musterlösungen) inhaltlich vorgestellt und begründet. Um die Leistungen zu erfassen und persönliche Einflussfaktoren zu kontrollieren, wurden an die Interventionsstudie adaptierte Erhebungsmethoden (Wissenstests und Fragebögen) entwickelt, welche im zehnten Kapitel beschrieben werden. Der Methodenteil schließt mit der Datenauswertung (Kodierung und Skalenbildung der Erhebungsmethoden) und der Darstellung der eingesetzten Auswertungsmethoden (siehe Kapitel 11) und einer Zusammenfassung des Methodenteils (siehe Kapitel 12).

Teil III Ergebnisse
Im 13. Kapitel werden die beiden Experimentalgruppen (geblockt und verschachtelt) anhand von verschiedenen Kriterien (z. B. bezüglich der Geschlechterzusammensetzung) auf Vergleichbarkeit überprüft. Im Zusammenhang mit den Forschungsfragen werden zunächst die Analysen zu den separaten Leistungsentwicklungen der geblockten und verschachtelten Lerngruppe (siehe Kapitel 14), dann zu den Leistungsunterschieden zwischen den Gruppen (siehe Kapitel 15) und schließlich zu Einflussfaktoren auf die Leistungen der beiden Gruppen berichtet (siehe Kapitel 16). Den Abschluss des Ergebnisteils bildet eine Zusammenfassung der zentralen Ergebnisse auf der Basis der Forschungsfragen (siehe Kapitel 17).

Teil IV Diskussion
Im 18. Kapitel werden die Ergebnisse der vorliegenden Interventionsstudie im Rahmen aktueller Studien und hinsichtlich der kognitiven Theorien von Sweller und Bjork diskutiert. Darauf folgt ein Rückbezug auf das selbstkonzipierte, theoriegeleitete Modell statt, bei dem die Ergebnisse der durchgeführten Studie integriert werden (siehe Abschnitt 18.4). Im 19. Kapitel werden, ausgehend von den empirischen Befunden der durchgeführten Studie, praktische Implikationen und Konsequenzen für die Unterrichtspraxis und Lehrerbildung gegeben. Im 20. Kapitel wird unter Berücksichtigung der diskutierten Ergebnisse auf die Grenzen der Interventionsstudie eingegangen. Der Diskussionsteil schließt mit einer Zusammenfassung und einem Ausblick, indem ein Überblick über weitere Fragestellungen im Rahmen der vorliegenden empirischen Untersuchung gegeben wird, um in zukünftigen Forschungsarbeiten vorhandene oder sich neu eröffnende Forschungslücken zu schließen (siehe Kapitel 21).

Inhaltsverzeichnis

Abkürzungsverzeichnis

dig.	digital
Eins.	Einstellung
emp. Max.	empirisches Maximum
emp. Min.	empirisches Minimum
M	Mittelwert
math.	mathematisch
MZP	Messzeitpunkt
N	Probandenanzahl
SD	Standardabweichung
Sig.	Signifikanz

Abbildungsverzeichnis

Tabellenverzeichnis

Teil I
Theoretischer Rahmen

Im ersten Kapitel des theoretischen Rahmens steht das E-Learning für schulische Zwecke, insbesondere beim Lernen mit Lernvideos auf Tablets, im Vordergrund. In Anbetracht eines kognitiv nachhaltigen Lernens werden im zweiten Kapitel die zentralen Gedächtnistheorien von Sweller und Bjork angeführt. In diesem Zusammenhang werden die wünschenswerten Erschwernisse als ein neuer kognitionspsychologischer Ansatz im dritten Kapitel vorgestellt. Im Anschluss an die Darstellung der aktuellen Forschungsdesiderate beim geblockten vs. verschachtelten Lernen im vierten Kapitel werden die zentralen Inhalte des theoretischen Rahmens im fünften Kapitel zusammengefasst.

Lernen mit digitalen Medien 1

Die Mediendidaktik befasst sich schwerpunktmäßig mit den Gestaltungs- und Verwendungsmöglichkeiten der digitalen Medien in den Lehr-Lernprozessen der Schülerinnen und Schüler:

Abbildung 1.1 Schwerpunkte in der Mediendidaktik (in Anlehnung an Schmidt-Thieme & Weigand, 2015, S. 481)

Die zentrale Aufgabe der Mathematikdidaktik im digitalen Kontext ist das Lernen mit digitalen Medien so zu konstruieren und in die Lernumgebungen zu integrieren, dass sie als Hilfsmittel das neue Wissen vermitteln, das aktive Lernen unterstützen und das produktive Üben umsetzen (siehe Abbildung 1.1; Schmidt-Thieme & Weigand, 2015; Weigand, 2011). Doch was genau sind digitale Medien im Mathematikunterricht? Was kennzeichnet das Lernen mit digitalen Medien im schulischen Kontext? Dahingehend sollen zunächst mathematikdidaktisch die digitalen Medien und das E-Learning definiert werden:

Begriffsgrundlegung von digitalen Medien und des E-Learning

Im schulischen Sinne bezeichnen *Medien* Objekte, die zur Unterstützung des Lernens und zur Vermittlung neuer Wissensinhalte dienen. Im Mathematikunterricht werden im Besonderen das Verständnis von mathematischen Begriffen und Sätzen sowie mathematischen Zusammenhängen mittels verschiedenster Medien erklärt. Die Medien können in traditionelle (z. B. Schulbücher, Arbeitsblätter) und elektronische bzw. digitale Medien (z. B. Computer, Laptops, Tablets) klassifiziert

© Der/die Autor(en), exklusiv lizenziert durch Springer Fachmedien Wiesbaden GmbH, ein Teil von Springer Nature 2022
M. Afrooz, *Leistungseffekte beim verschachtelten und geblockten Lernen mittels Lernvideos auf Tablets*, Mathematikdidaktik im Fokus,
https://doi.org/10.1007/978-3-658-36482-3_1

werden (Schmidt-Thieme & Weigand, 2015), wobei digitale Medien im Fokus der vorliegenden Arbeit stehen werden.

Digitale Medien dienen z. B. der Funktion von Anschauungsmitteln, welche die neuen mathematischen Lerninhalte insbesondere mit verschiedenen Darstellungsformen und Veranschaulichungen vermitteln. Mit digitalen Medien lassen sich unterschiedliche Darstellungen schnell und dynamisch erzeugen, wodurch sich die typischen Arbeitsweisen im Mathematikunterricht verbessern können, z. B. der Umgang mit Bildern und Symbolen. Deshalb gewinnt das Arbeiten mit Darstellungen beim Lernen von digitalen Medien an großer Bedeutung, welches anhand von multiplen Darstellungsformen gefördert werden kann (siehe Abschnitt 1.4.6; Barzel, Erens, Weigand, & Bauer, 2013; Schmidt-Thieme & Weigand, 2015).

Unter dem Lernen mit digitalen Medien oder dem sogenannten *E-Learning* werden sämtliche Methoden des Lernens mithilfe elektronischer Medien verstanden. Im schulischen Kontext sind allgemein alle Lernprozesse gemeint, in denen digitale Medien im Unterricht eingesetzt werden (Schmid, Goertz, & Behrens, 2016). Die Bandbreite zum Lernen mit digitalen Medien ist sehr groß und beinhaltet eine Kombination aus verschiedenen Medien (z. B. Texte, Bilder, Ton und Video). Zur Medienpädagogik gehören u. a. die Unterstützung der Medienkompetenzen von Lehrenden und Lernenden, die Vermittlung der Bedeutung von digitalen Medien beim Lernen und eine kontextgebundene Nutzung der digitalen Medien im Unterrichtsprozess (Sassen, 2007). Des Weiteren müssen beim Lehren und Lernen mit digitalen Medien verschiedene Komponenten berücksichtigt werden (Stiller, 2001):

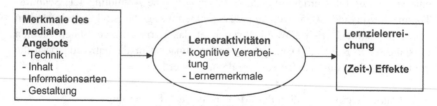

Abbildung 1.2 Mögliche Einflussfaktoren auf die Lernziele und Effekte beim E-Learning (in Anlehnung an Stiller, 2001, S. 120)

Die Merkmale des medialen Angebots (z. B. die Technik) wirken sich auf die Lerneraktivitäten aus, weil sich die Lernenden in der digitalen Lernumgebung mit lernrelevanten Eigenschaften der digitalen Lernmaterialien auseinandersetzen.

Die Lernermerkmale beeinflussen überwiegend die Lernprozesse und die kognitive Verarbeitung der neuen Wissensinhalte. Beide Einflussfaktoren steuern die Nachhaltigkeit der Lerneffekte und das Erreichen der gesetzten Lernziele, z. B. das Verständnis und Anwenden des neuen Wissens (siehe Abbildung 1.2).

In der digitalen Medienerziehung setzt man sich vor allem mit einem sinnvollen Umgang beim Lernen mit digitalen Medien im Schulunterricht auseinander. Dahingehend sollten die digitalen Medien auf die inhaltliche Auswahl der Materialien, die Altersstufe und das Unterrichtsziel genauestens abgestimmt werden, um ein adäquates Verständnis beim Lernen im Mathematikunterricht zu fördern (Baacke, 1997; Tulodziecki, 2006). Mithilfe der digitalen Medien wird nicht nur die Methodenvielfalt erweitert, sondern es werden neue Möglichkeiten der Wissensaneignung zur Verfügung gestellt, die bedeutende Potenziale beim Lernen hervorbringen können. So kann der Einsatz von digitalen Medien zu mehr Freude am Lernen im Mathematikunterricht führen und das eigenverantwortliche Lernen fördern (Brandhofer, 2012). Im Hinblick auf mögliche positive Effekte sollte zunächst betrachtet werden, wie die aktuelle Situation bezüglich des Lernens mit digitalen Medien im schulischen Kontext aussieht, welche im Folgenden angeführt wird.

1.1   Aktuelle Lage zum Einsatz von E-Learning im Schulunterricht

Ab dem Jahr 1976 wurden Taschenrechner zur Verwendung im Mathematikunterricht zugelassen. In den späten 1990er Jahren schafften immer mehr Schulen Laptops an, die in den Unterrichtsräumen Gebrauch finden sollten. Viele Laptops wurden in die Computerräume gelagert, sodass sich die Nutzung von digitalen Medien durch ihren Einsatz gegenüber der Arbeit mit den PCs nicht veränderte (Weigand, 2012; 2014; Weston & Bain, 2010). Anfang der 2000er Jahre begannen immer mehr Schulen, Tablet-PCs und Notebooks (ab 2010), meistens mit einer festverbauten Tastatur, anzuschaffen. Die digitalen Endgeräte wurden allerdings kaum im Schulunterricht berücksichtigt, sodass weiterhin vorwiegend ohne digitale Medien unterrichtet wurde (Sheehy et al., 2005; Welling & Stolpmann, 2012). Laut den Ergebnissen der „International Computer and Information Literacy Study" (ICILS) im Jahr 2013 konnten etwa 6.5 % der Schülerinnen und Schüler des achten Jahrgangs in deutschen Schulen Tablets nutzen, im Vergleich dazu sind es in Australien 63.6 %. In Deutschland wurden insgesamt seltener als in fast allen anderen Ländern digitale Medien (einschließlich Computern in Computerräumen) für Unterrichtszwecke eingesetzt (Bos et al., 2014; Heinen, 2017).

Lehr-Lern-Plattformen, wie z. B. „Modular Object-Oriented Dynamic Learning Environment" (Moodle), werden zwar im Schulunterricht eingesetzt, jedoch verläuft die Integration der digitalen Medien immer noch relativ schleppend (vgl. König, 2011; Schmerr, 2018). Bis heute ist der Einsatz von digitalen Medien im Bildungsbereich im Vergleich zur Industrie kaum verbreitet. Den Schulen fehlt es an langfristigen Strategien zur Integration der digitalen Medien in das Gesamtcurriculum. Zusätzlich existieren kaum empirische Untersuchungen bezüglich der langfristigen Wirkungen von E-Learning im Schulalltag (Heimann, 2020; Heitkamp, 2019a; Weigand, 2011; 2014). Laut der Befragung „Monitor Digitale Bildung" im Jahr 2017 der Bertelsmann Stiftung gaben etwa 40 % der Schülerinnen und Schüler an, in der Schule ausschließlich einmal einen Computer im Unterricht genutzt zu haben. Falls digitale Medien genutzt werden, lernen die Schülerinnen und Schüler primär mit standortfesten Desktop-Computern bzw. PCs in Computerräumen. Meistens werden Computer sogar nur im Rahmen eines speziellen Computerunterrichts zu etwa 74 % eingesetzt, z. B. im Zusammenhang mit einer informationstechnischen Ausbildung. Im Fach Mathematik finden im Vergleich zu anderen Schulfächern PCs zu etwa 35 % ihre Anwendung (Aufenanger & Bastian, 2017; Fraillon, Ainley, Schulz, Friedman, & Gebhardt, 2014; Lang & Schulz-Zander, 1998; Lorenz et al., 2017).

Die bedingte bzw. nicht erfolgte Einbindung der digitalen Medien im Schulunterricht lässt sich anhand der folgenden möglichen Gründe und Schwierigkeiten aus der Perspektive von Lehrpersonen ableiten:

Die vorwiegend digitale Umwelt würde die Forderung bei der jüngeren Generation begünstigen, weniger mit digitalen Medien im Schulalltag zu arbeiten, weil sie in ihrem alltäglichen Leben genug technische Geräte, wie Tablets und Smartphones, verwenden. Deshalb könnte die Einbindung von digitalen Medien im Schulunterricht für die Jugend eine untergeordnete Rolle spielen. Zudem müssten Freizeitaktivitäten und der Schulunterricht voneinander getrennt werden. Aus Sicht mancher Lehrpersonen sollten soziale Vernetzungen und Internetdienste außerhalb der Schule stattfinden. Deshalb sollten die Lernenden neben der digital geprägten Gesellschaft in der Schule keine ständige Lernbegleitung mit digitalen Medien erfahren.

In der Schule könnten die Lernenden besser mit analogen Medien neue Unterrichtsinhalte erlernen, indem sie z. B. Bücher in der Hand halten können, anstatt digitale E-Books zu nutzen. Digitale Medien könnten einerseits gruppendynamische Prozesse und die Kommunikation unter den Lernenden einschränken, andererseits ist ein gemeinsames Arbeiten im virtuellen Raum möglich. Trotzdem könnten Gruppenarbeiten online nicht die Situation im realen Klassenraum ersetzen. Demzufolge könnten einige analoge Lernmethoden, –formen und – inhalte im Präsenzunterricht nicht optimal in die digitale Welt übertragen werden (Freynhofer, 2018; Heimann, 2020; Hoffmann, 2018; Stöcklin, 2012).

Ein großer Nachteil beim Lernen mit digitalen Technologien, wie z. B. Tablets, würde sich durch den Ablenkungsfaktor ergeben. Die pädagogischen Inhalte würden nicht mehr im Fokus des Lernprozesses stehen, sondern das Ausprobieren und Bedienen der digitalen Technologien. Die Schülerinnen und Schüler könnten ihre Aufmerksamkeit auf die verschiedenen Funktionen der digitalen Endgeräte richten, wie z. B. das Fotografieren oder die Benutzung von Apps bei Tablets. Dahingehend könnte die Nutzung der Medien für außerunterrichtliche Zwecke im Unterrichtsgeschehen nicht vollständig von den Lehrenden kontrolliert und gebändigt werden (Geißlinger, 2020; Stöcklin, 2012).

Bei der Unterrichtsgestaltung präferierten die Lehrenden von Unterrichtsmaterialien mit analogen Medien im Vergleich zu digitalen Medien, weil eine Vielzahl in Papierform zur Verfügung stehen würde. Im Vergleich dazu mangelt es an praktischen Unterrichtskonzepten und insbesondere an fachspezifischen Ansätzen (z. B. in Mathematik) im digitalen Bildungsbereich. Da die Konstruktion von virtuellen Lernumgebungen (z. B. das Entwickeln von eigenen Lernvideos[1] oder die Auseinandersetzung mit einer Software) sehr zeitintensiv ist, könnten die Lehrkräfte diese aus organisatorischen und arbeitstechnischen Gründen nicht in den Mathematikunterricht einbinden. Diesen Mehraufwand an Arbeit und Zeit könnten sie nicht mit den anderen Anforderungen an den Lehrerberuf vereinbaren. Die Lehrenden bräuchten einerseits viel mehr Zeit, um digitale Projekte im Unterrichtsalltag zu realisieren, weil sie die Auswahl der digitalen Methoden auf den Inhalt abstimmen müssten. Die Bedenken gegenüber digitalen Medien würden andererseits aus der Unwissenheit und Unsicherheit resultieren, da den meisten Lehrpersonen bedeutende Medienkompetenzen fehlten.

In diesem Rahmen finden aktuell bundesweit kaum Fortbildungen zum Erwerb der Kompetenzen und ausschließlich sehr wenige fachspezifische Seminare mit praxisnahen Beispielen statt, obwohl 85 % der Lehrpersonen in der Studie „Monitor Digitale Bildung" im Jahr 2017 der Bertelsmann Stiftung Fortbildungen im digitalen Bildungsbereich als äußerst notwendig einstuften. Aus Sicht der Schulen könnten jedoch Lehrerfortbildungen für den digitalen Bildungsbereich nicht zusätzlich zu den bereits stattfindenden Schulungen aus den zur Verfügung stehenden Mitteln finanziert werden. Deshalb fühlen sich viele Lehrkräfte

---

[1] Unter dem Begriff „Lernvideo" wird ein digitales Medium verstanden, welches das Ziel verfolgt, Lerninhalte (z. B. Erklärungen von Fachbegriffen) audiovisuell zu vermitteln. Der Begriff „Lernvideo" wird häufig synonym mit „Erklärvideo" und „Videopodcast" verwendet (vgl. Borromeo Ferri & Szostek, 2020).

nicht nur beim Einsatz digitaler Medien allein gelassen, sondern auch bei technischen Problemen und Fragen seitens von Schülerinnen und Schülern überfordert (Brockmann, 2002; Drabe, 2002; Emmerich, 2018a; 2018b; Geißlinger, 2020; Heimann, 2020; Stöcklin, 2012).

Zwar existieren im Internet seit wenigen Jahren in Deutschland frei verfügbare Bildungsmaterialien mit offenen Lizenzen, die sogenannten „Open Educational Resources" (OER), allerdings sind diese meist nicht für den fachspezifischen Unterricht ausgerichtet. Bisher stellen OER im Bildungsbereich ein Randthema dar, weil sie bestimmte Bedingungen erfüllen müssen und gewisse Nachteile mit sich bringen können (Emmerich, 2018b; Hoffmann, 2015; 2016):

- Die Inhalte der Informationen aus den OER müssen vertrauenswürdig und qualitativ wertvoll für das Lernen sein, d. h. auch individualisiertes Lernen ermöglichen.
- Für den Einsatz von OER im Unterricht müssen die digitalen Endgeräte so ausgestattet sein, dass die Lernenden Dateien, Videos oder Programme unproblematisch aufrufen und nutzen können.
- Ausschließlich bei einer Verknüpfung der Materialien mit einem pädagogischen Konzept, welches an die Lerneinheit angepasst ist, können OER einen Mehrwert beim Lernprozess erzielen.
- Das außerschulische Lernen von OER (z. B. als Hausaufgabe) kann eine Chancenungleichheit hervorrufen, weil Kinder aus bildungsfernen Familien meist mit selbstgesteuertem Lernen und digitalen Medien Probleme haben und auf die persönliche Lernbegleitung durch die Lehrperson angewiesen sind.
- Die Materialien müssen für alle Lernenden beim schulischen und außerschulischen Lernen leicht auffindbar und nutzbar sein.
- Durch das Urheberrecht wird die Veröffentlichung und Weitergabe von Beiträgen eingeschränkt, sodass nur gewisse Materialien als OER aufgenommen werden. Dahingehend wird das Angebot stark eingegrenzt.

Da die digitale Infrastruktur anfällig auf Hackerangriffe bzw. Zugriffe von Dritten (z. B. durch Tracking-Funktionen oder Kamera-/ Mikrofonfunktion) ist, bedarf es weiterer Bedenken hinsichtlich des Datenschutzes. Diese besondere Verantwortung liegt im Handeln der Schule, welche eindeutige Regeln, Nutzungs- und Haftungsvereinbarungen festlegen muss. Vielen deutschen Schulen fehlt allerdings eine zentrale Anlaufstelle und ein klarer rechtssicherer Weg beim Einsatz von digitalen Medien. Ein technisches Personal kann aus Kostengründen oft nicht finanziert werden. Nach der Studie „Monitor Digitale Bildung" im Jahr

2017 der Bertelsmann Stiftung bemängeln 74 % der Lehrpersonen eine unzuver-
lässige Technik an den Schulen und 62 % der befragten Lehrenden vermissen
den professionellen Support durch IT-Experten (Böhme, 2020; Heimann, 2020;
Heitkamp, 2019b). 82 % der Lehrenden forderten neben einer Verbesserung
des Equipments von digitalen Medien, dass mehr Geld für die Medienpädagogik ausgegeben wird und flächendeckende Lehrerfortbildungen finanziert werden
(Heimann, 2020; Heitkamp, 2019a).

Aus den aktuellen Forderungen zu Investitionen im Bereich Digitalisierung
wurde seit Dezember 2019 ein Digitalpakt für fünf Jahre bis einschließlich
2024 über 5,5 Milliarden Euro für die digitale Infrastruktur (W-Lan und Lan),
Wartungs- und Prozesskosten, digitale Endgeräte für Lehrpersonen und Lernende
sowie Lehrerfortbildungen beschlossen. Ein großer Betrag soll dabei in den per-
sonalen Support-Dienst fließen, welcher die digitalen Medien an den Schulen
regelmäßig wartet und die Software auf den Endgeräten aktualisiert, wobei 20 %
der Fördermittel den digitalen Medien gewidmet ist. Trotz der Notwendigkeit lau-
fen die Zusagen für die Finanzierung an den Schulen schleppend, weil ein großer
bürokratischer Aufwand (z. B. bei der Antragstellung) überwunden werden muss.
Ein weiterer Nachteil besteht darin, dass die bereitgestellten finanziellen Mittel
nicht für den Ausbau der digitalen Infrastruktur an den allgemeinbildenden Schulen ausreichend sind, weil durch die finanziellen Mitteln nur etwa ein Viertel des
Gesamtbedarfs (21 Milliarden Euro) an allen deutschen Schulen abgedeckt wird.
Da die Einbindung der Digitalisierung im Schulalltag zukünftig dauerhaft gewährleistet sein sollte, muss für die Zeit ab 2025 ein zweiter Digitalpakt oder ein
ähnliches Projekt folgen, um eine gewisse Nachhaltigkeit zu garantieren (Dusse,
2020; Emmerich, 2019).

Die Bedeutung der Digitalisierung an Schulen hat in Zeiten der Corona-
Pandemie ab März 2020 einen besonderen Aufschwung in der Geschichte des
Bildungswesens erfahren, da die Lehrkräfte gezwungen wurden, ihre bisherigen Unterrichtskonzepte an das Lernen mittels digitaler Medien anzupassen. In
der Krisensituation profitieren ausschließlich wenige Schulen von den bereits
genutzten technischen Möglichkeiten, weil sie schon vor der Pandemie virtuelle Lernumgebungen im Schulalltag etabliert haben. Den meisten Schulen wird
jedoch bewusst, dass sie Entwicklungen im Bereich der Digitalisierung jahre-
lang versäumt haben. Den Lehrenden an diesen Schulen eröffnet die Pandemie
Freiheiten und Chancen, die verschiedenen Berührungspunkte zum Lernen mit
digitalen Technologien zu nutzen und unterschiedliche digitale Methoden auszuprobieren. Aus der aktuellen Situation heraus sollten die Lehrenden aber auch
zukünftige Visionen von digitalem Unterricht entwickeln, d. h. strategische Vor-
gehensweisen, eindeutige Richtlinien, verlässliche Rahmenstrukturen und reale ˙

Perspektiven nach der Krise fortführen. Damit der Mathematikunterricht im Kontext der Digitalisierung verändert und nachhaltig verbessert werden kann, müssen Lehrpersonen digitale Medien als unterstützende Hilfsmittel wahrnehmen (Falck, 2020; Heimann, 2020, Weigand, 2011).

Insgesamt führen die Bedenken der Lehrpersonen dazu, dass digitale Medien im eigenen Unterricht kaum eingesetzt werden. Bisher wurden zwar in der besonderen Situation der Pandemie digitale Medien im Rahmen des Homeschooling verstärkt eingesetzt, jedoch fehlt es den Lehrpersonen immer noch an konkreten unterrichtspraktischen Ideen. Aus der aktuellen Lage zum Einsatz der digitalen Medien im Schulalltag sollte nun geklärt werden, was für eine digitale Ausstattung deutsche Haushalte besitzen und welche Vorerfahrungen Lernende aus der außerschulischen Mediennutzung existieren.

1.2 Außerschulische Mediennutzung von Schülerinnen und Schülern

In der heutigen Gesellschaft gehören Smartphones und Tablets zum Medienrepertoire vieler Schülerinnen und Schüler im Kinder- und Jugendalter. Die Haushalte von Schülerinnen und Schülern in Deutschland verfügen über ein breites Angebot an digitalen Medien. Laut der repräsentativen Studien „Kinder Internet Medien" (KIM) und „Jugend, Information, (Multi-) Media" (JIM) besitzen die meisten Schülerinnen und Schüler u. a. die folgende Geräte-Ausstattungen im Haushalt:

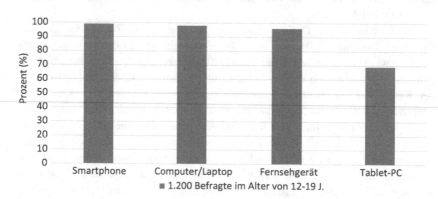

Abbildung 1.3 Geräte-Ausstattungen im Haushalt von Zwölf- bis 19-Jährigen im Jahr 2017 (in Anlehnung an den Medienpädagogischen Forschungsverbund Südwest, 2017b, S. 6)

Die Schülerinnen und Schüler im Alter von zwölf bis 19 Jahren sind mit digitalen Endgeräten ausreichend im Haushalt versorgt, da nahezu 100 % von ihnen Smartphones, Computer und Fernsehgeräte besitzen. Bei 69 % der Befragten gehören Tablets zunehmend zu den Grundausstattungen. Nach dem Projekt „Mobiles Lernen in Hessen" (MOLE) und „Medien, Interaktion, Kinder und Eltern" (MIKE) des Jahres 2015 stehen bereits 40 % der Schülerinnen und Schüler der Primarstufe Tablets zu Hause zur Verfügung (Feierabend, Plankenhorn, & Rathgeb, 2017; Medienpädagogischer Forschungsverbund Südwest, 2017b; Suter et al., 2015; Tillmann & Bremer, 2017).

Aufgrund der reichlichen Grundausstattungen im häuslichen Bereich (siehe Abbildung 1.3) findet ein Großteil der Bildung im digitalen Bereich außerschulisch statt (Emmerich, 2018a; Schütze, 2017). Seit 2014 erhöhte sich die Nutzung der Smartphones und Tablets um jeweils 9 %. In Zukunft wird die Entwicklung zur Ausstattung technischer Geräte in deutschen Haushalten weiter ansteigen. Dabei expandiert der Besitz digitaler Medien bei Schülerinnen und Schülern mit dem Alter und wenn sie an die weiterführenden Schulen kommen (Feierabend et al., 2017).

Nach der 17. Shell Jugendstudie besitzen nahezu alle Schülerinnen und Schüler in Deutschland einen Internet-Zugang (99 % der Befragten) und surfen durchschnittlich mehr als 18 Stunden pro Woche im Internet. Schülerinnen und Schüler aus dem Primarstufenbereich nutzen das Internet mindestens einmal pro Woche, um sich Informationen für Hausaufgaben oder für den Schulunterricht einzuholen (Lorenz & Gerick, 2014). Dies entspricht den Ergebnissen aus der Studie der „Programme for International Student Assessment" (PISA) im Jahr 2012 und der Erhebung der „Organisation for Economic Cooperation and Development" (OECD) im Jahr 2015 an 15-jährigen Schülerinnen und Schülern, welche regelmäßig Internetrecherchen mit den eigenen mobilen Geräten für unterrichtliche Aktivitäten (z. B. zur Informationsbeschaffung) betrieben (OECD, 2015; PISA, 2012).

Etwa 25 % der Schülerinnen und Schüler nutzen einmal pro Woche Video-Portale zur Weiterbildung von schulischen Themen. Neben YouTube schauen sich etwa 31 % der Schülerinnen und Schüler Mediatheken von Fernsehsendern (z. B. ARD und ZDF) und Videos auf sonstigen Internetseiten an. 48 % der befragten Schülerinnen und Schüler streamen Wissens- und Schulsendungen im TV und Internet, während Online-Angebote von Bibliotheken zu 12 % von Schülerinnen und Schülern genutzt werden (Feierabend et al., 2017; Holland-Letz, 2020a). Das Angebot von YouTube-Videos wird häufiger verwendet: Wenn Schülerinnen und Schüler ab zehn Jahren einen Internetzugang besitzen, fallen bereits

50 % der Internet-Tätigkeiten auf das Anschauen von YouTube-Videos (Feier-abend et al., 2017). In der Umfrage „Jugend/ YouTube/ Kulturelle Bildung" des Rates für kulturelle Bildung (2019) ergab sich, dass 75 % der Zwölf- bis 19-Jährigen YouTube-Videos ansehen. Neben der Unterhaltung wird Youtube für Informationsquellen (z. B. für schulische Zwecke) eingesetzt werden. Für diejenigen Schülerinnen und Schüler, welche YouTube-Videos für schulische Zwecke als sehr wichtig oder wichtig erachten, hat YouTube die folgenden schulische Belange und Zielsetzungen:

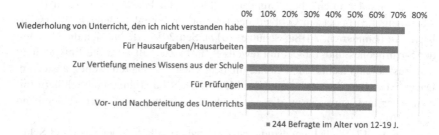

Abbildung 1.4 Nutzung von YouTube-Videos für Schulthemen bei Zwölf- bis 19-Jährigen im Jahr 2019 (in Anlehnung an den Rat für kulturelle Bildung, 2019, S. 28)

YouTube-Videos stellen somit einen hohen Stellenwert als Lernhilfe dar, weil sie für die Wiederholung von Unterricht (73 %), für Hausaufgaben/ Hausarbeiten (70 %), zur Vertiefung (66 %), für die Vorbereitung von Prüfungen (60 %) sowie für die Vor- und Nachbereitung des Unterrichts (58 %) genutzt werden (siehe Abbildung 1.4; Rat für kulturelle Bildung, 2019).

Nach der JIM-Untersuchung aus dem Jahr 2017 nutzen insgesamt 32 % der zwölf- bis 19-jährigen Schülerinnen und Schüler täglich oder mehrmals in der Woche Videos im außerschulischen Kontext. Nach der erneuten JIM-Studie im Jahr 2019 stieg das Ansehen von Lernvideos auf YouTube für schulische Zwecke deutlich auf 55 % der Zwölf- bis 19-Jährigen an. Die Tendenz für das Anschauen von Lernvideos im Internet ist aufsteigend mit zunehmendem Altem. Bei 18- bis 19-jährigen Schülerinnen und Schülern sind im Vergleich 93 %. In der pandemiebedingten Zeit ab März 2020 liegt bei der Nutzung medialer Angebote YouTube mit 83 % der befragten Schülerinnen und Schüler ganz oben (Feierabend et al.,

2017; Holland-Letz, 2020b; Medienpädagogischer Forschungsverbund Südwest, 2020)[2].

Während Lehrende Bedenken gegenüber den OER äußerten (siehe Abschnitt 1.1), nutzen Lernende auf den kostenlosen Internetportalen insbesondere regelmäßig das Angebot von verschiedenen Übungsaufgaben und Trainingsprogrammen. Dabei bilden sich Schülerinnen und Schüler durch E-Books von Schulbuchverlagen, virtuelle Vorlesungsaufzeichnungen (z. B. „Harvard College Lectures Online", „Udacity" und „Massive Open Lectures Online") und tutorielle Kurse (z. B. „National Centre for Excellence in the Teaching of Mathematics") weiter (Schmidt-Thieme & Weigand, 2015).

Insgesamt ergibt sich, dass die Nutzung von zahlreichen digitalen Geräten und des Internets als Hilfsmittel zur Wissensaneignung vermehrt Zuhause als im vorwiegend analog geführten Schulalltag stattfindet. Durch den Zugang zu verschiedenen digitalen Medien und den enormen Angeboten des Internets können Schülerinnen und Schüler außerschulisch individuelle Nutzungsroutinen ausbilden (Burden, Hopkins, Male, Martin, & Trala, 2012; Feierabend et al., 2017; Prasse, Egger, & Döbeli Honegger, 2017; Welling, Averbeck, Stolpmann, & Karbautzki, 2014).

Im Schulalltag kommen allerdings die vielseitigen Potenziale des Lernens mit digitalen Medien kaum zum Tragen (siehe Abschnitt 1.1; Aufenanger & Bastian, 2017; Fraillon et al., 2014). Dabei ist gerade das Zusammenspiel von schulischer und außerschulischer Mediennutzung zum Aufbau von Medienkompetenzen relevant, weil die bereits praktizierten Medienroutinen aus den Vorerfahrungen von Schülerinnen und Schülern als Lerngelegenheit in den Unterricht integriert werden können (Lang & Schulz-Zander, 1998; Lorenz et al., 2017; Weigand, 2011). Laut den Studien „Programme for International Student Assessment" (PISA) im Jahr 2014 und „International Computer and Information Literacy Study" (ICILS) im Jahr 2013 existiert sogar ein starker Zusammenhang zwischen den Vorerfahrungen aus der digital geprägten Lebenswelt von Schülerinnen und Schülern und der Ausbildung von informations- und technologiebasierten Kompetenzen im Schulalltag (Eickelmann, Bos, & Vennemann, 2015; Fraillon et al., 2014; OECD, 2015; PISA, 2014). Dabei ist der Aufbau von Medienkompetenzen ausschließlich eines der Potenziale beim Lernen mit digitalen Medien. Weitere Vorteile und Chancen werden im Folgenden im Zusammenhang mit der Bedeutung des Lernens mit digitalen Medien im Mathematikunterricht näher betrachtet.

---

[2] Eine nähere Beschreibung zur Bedeutung von Lernvideos im schulischen Kontext folgt im Abschnitt 1.3.2.

1.3   Bedeutung und Umsetzung des Lernens mit digitalen Medien im Mathematikunterricht

Digitale Medien gehören zum alltäglichen Leben von Kindern und Jugendlichen und stellen einen selbstverständlichen Bestandteil der Lebenswelt dar. Außerschulisch setzen sie sich aktiv mit unterschiedlichen Medien und E-Learning-Angeboten auseinander (siehe Abschnitt 1.1; Aufenanger, 2017a; Medienpädagogischer Forschungsverbund Südwest, 2017a, 2017b). Da digitale Medien ständige Begleiter der Kinder und Jugendlichen sind, spielen sie eine bedeutende Rolle für deren Entwicklung. Digitale Medien unterstützen sie sowohl bei der Identitätssuche als auch beim Verständnis der eigenen Persönlichkeit (Aufenanger, 2017a; Hoffmann, 2016).

Die bereits geschilderte Kluft zwischen der digital geprägten Lebenswelt der Kinder und Jugendlichen und dem vorwiegend analog geführten Schulalltag steht nicht nur im Kontrast zu der außerschulischen Mediennutzung und deren Vorerfahrungen (siehe Abschnitt 1.1 und 1.2), sondern auch zu den gesellschaftlichen Anforderungen im Ausbildungsbereich und Berufsleben: Nach der „Frankfurter Allgemeine Zeitung" (FAZ) (2019) wird es in wenigen Jahren kein Studium und keinen Beruf mehr geben, bei dem die Gesellschaft ohne digitale Kenntnisse auskommt. Aktuell befindet sich die Gesellschaft mitten in der digitalen Transformation. Die Nutzung von digitalen Endgeräten (z. B. Laptops und Tablets) ist in der digitalisierten Arbeitswelt selbstverständlich. Durch die Digitalisierung wird sich die Arbeitswelt in Zukunft weiter radikal verändern. Dadurch warten neue Herausforderungen auf die heutige Generation der Kinder und Jugendlichen, insbesondere beim Übergang zum Beruf oder Studium, die digital angegangen werden müssen.

Für eine optimale Medienausbildung werden alle Schulen in Deutschland aktuell anhand des Projektes „Digitalpakt" gefördert (siehe Abschnitt 1.1), wodurch die Forderung wächst, digitales Lernen mehr in den Schulunterricht (z. B. im Fach Mathematik) zu integrieren (vgl. Hessisches Kultusministerkonferenz, 2011a; 2011b). Der Umgang mit Multimedia und den damit verbundenen Medienbildungs- und Medienkompetenzen gehören deshalb zu den neuen Anforderungen in der Schul- und Weiterbildung. Darunter fallen u. a. das Wissen über die Strukturen und Funktionen der Medien, die Auswahl geeigneter Technologien zur Informationsbeschaffung, die konkrete Handhabung, die selbstbestimmte Nutzung und die kritische Reflexion von digitalen Medien. Speziell im Mathematikunterricht ist das E-Learning essentiell, weil die digitalen Medien und Kompetenzen in Verbindung zum Fach gesetzt werden können. So können

Medienkompetenzen beim Erwerb von mathematischen Kompetenzen unter Verwendung von Darstellungen (z. B. Tabellen und Abbildungen) und durch die Vernetzung von Darstellungsebenen beim Lernen mit digitalen Medien im Mathematikunterricht entwickelt werden (Barzel et al., 2013; Schulz & Walter, 2018; Walter, 2018; Weigand, 2011). Die Aufgabe der Mathematiklehrkräfte ist es, mathematische und mediale Kompetenzen mittels digitaler Technologien zu vermitteln und gleichzeitig zu fördern. Dafür sollten sie digitale Medien verwenden, welche über den Taschenrechner hinausgehen (z. B. Tablets) und die Kinder und Jugendlichen optimal auf die Anforderungen der Arbeitswelt vorbereiten (vgl. Aufenanger, 2017a; Bundesministerium für Bildung und Forschung, 2009; Kultusministerkonferenz, 2014; Länderkonferenz MedienBildung, 2015; Pickshaus, 2016).

Des Weiteren nehmen digitale Medien nicht nur im Arbeitsbereich, sondern in allen Lebensbereichen zu, weil heutzutage z. B. Informationen im Internet zielgerichtet und einfach abgerufen werden können (Schmollack, 2020). Kinder und Jugendliche nutzen das Internet bereits außerschulisch, weil es ihnen neben dem freizeitlichen Interesse (z. B. Spielen) auch Recherchen für die Schule ermöglicht, z. B. die Suche nach alltags- oder schulrelevanten Informationen (siehe Abschnitt 1.2). Dahingehend können Kinder und Jugendliche das Internet bei Hausaufgaben im Mathematikunterricht nutzen, um sich bspw. Informationen für Textaufgaben einzuholen oder bessere Abschätzungen von Größen bei Modellierungsaufgaben vorzunehmen. In sozialen Netzwerken können sich Kinder und Jugendliche miteinander vernetzen und z. B. in WhatsApp-Gruppen mit Mitschülerinnen und Mitschülern kommunizieren. Demzufolge können sie die mathematischen Kompetenzen des Kommunizierens und Begründens stärken, indem sie die mathematischen Sachverhalte in eigenen Worten beschreiben, begründen oder dokumentieren (Albert, Hurrelmann, & Quenzel, 2015; Kammerl, 2017; Suter et al., 2015).

Der Internetzugang stellt eine wichtige Voraussetzung für ein zeitgemäßes Lernen dar. Die Lernenden erhalten durch das Internet einen Zugriff auf eine Vielzahl an Materialien für nahezu alle mathematischen Themengebiete, Erklärungen von Begriffen, teilweise im Design eines virtuellen Klassenraumes (Schmidt-Thieme & Weigand, 2015; Weigand, 2012). Die außerschulische Nutzung der OER im Internet stellt dabei ein großes Potenzial zur Innovation im Bildungsbereich dar, weil sie eine umfangreiche und permanent wachsende Bandbreite an Lernhilfen im Internet besitzt und somit einen Mehrwert zur Vermittlung und Aneignung von Schulwissen schafft (siehe Abschnitt 1.2). Durch den offenen und kostenlosen Zugang leisten OER außerdem einen Beitrag zur Bildungsgerechtigkeit und Chancengleichheit. OER gewinnen somit immer mehr an Bedeutung bei den Kindern und Jugendlichen, weil gesamte Lernumgebungen zu fast allen Lerninhalten (z. B. für den Mathematikunterricht) existieren, welche u. a. als Lernhilfen zur Vorbereitung von Prüfungen verwendet werden können. Lehrende können ebenfalls von den OER profitieren, weil mithilfe der Materialien eine Neugestaltung der Lernprozesse sowie ein einfaches und schnelles Einbinden der OER in den eigenen Unterricht ermöglicht wird.

Im Fach Mathematik nutzen Kinder und Jugendliche im Besonderen Webseiten von Lehrpersonen, welche bspw. Probeklausuren und weitere hilfreiche Tipps zum Lernen bereitstellen. Darüber hinaus gibt es für den mathematischen Bereich eine umfangreiche Sammlung von Podcasts, Lernvideos[3] und Filmen, die das Erfassen von neuen Begriffen erleichtern. Wenn mathematische Inhalte bspw. in alltagsnahen Situationen dargestellt werden, können Kinder und Jugendlichen sie besser mit der eigenen Lebenswelt verknüpfen (Römer & Nührenbörger, 2018; Schreiber & Klose, 2017). Um das aktive Lernen zu fördern, können dynamische Geometrie-Programme (z. B. „GeoGebra") für schulische Zwecke eingesetzt werden. Diese ermöglichen das Untersuchen von mathematischen Problemen durch dynamische Veränderungen (bspw. Funktionsverschiebungen oder Winkeldarstellungen) und fördern das räumliche Vorstellungsvermögen im Geometrieunterricht (bspw. Veranschaulichungen von geometrischen Figuren und Körpern). Dahingehend können das neu gelernte Wissen gefestigt und die Lernprozesse individualisiert werden, weil die Materialien an heterogene Leistungsunterschiede anpassungsfähig sind und differenziertes Lernen ermöglichen (Hoffmann, 2015; 2016; Holland-Letz, 2020b; Schmidt-Thieme & Weigand, 2015).

Digitale Medien fördern nicht nur ein individualisiertes Lernen, sondern ermöglichen eine Vielzahl an Gestaltungsmöglichkeiten und Lernzugängen bei der Umsetzung von E-Learning-Angeboten, z. B. können unterschiedliche Lernsettings innerhalb des Klassenraumes realisiert werden (Aufenanger, 2017a; Hoffmann, 2016; 2018; Schmollack, 2020). Speziell für den Mathematikunterricht können digitale Lernmaterialien durch das Hochladen von Arbeitsblättern auf Online-Plattformen (z. B. Moodle oder „MATrix LABoratory" (MATLAB)) oder in Form von audiovisuellen Medien zur Verfügung gestellt werden. Dadurch können sich Kinder und Jugendliche ohne einen großen Aufwand relevante Informationen herbeischaffen und ihr Wissen schnell erweitern. Zudem können digitale Medien ein höheres Verständnis der neuen Lerninhalte und Zusammenhänge

---

[3] Eine nähere Beschreibung zur Bedeutung von Lernvideos für Schülerinnen und Schüler folgt im Abschnitt 1.3.2.

schaffen, weil in eigenen mathematischen Projekten das Wissen durch Selbsterkundung und Explorieren erworben, das Auffinden von Problemlösestrategien geschult und die neuen Inhalte durch das Präsentieren von Lernergebnissen reflektiert werden können. Durch das Lernen mit digitalen Medien kann damit insbesondere die Verantwortung für den eigenen Lernprozess sowie die mathematische Kompetenz des Problemlösens gestärkt werden, welche zusätzlich die Lernleistungen der Kinder und Jugendlichen erhöhen können (Herzig, Aßmann, & Grafe, 2010; Hillmayr, Reinhold, Ziernwald, & Reiss, 2017; Füller, 2020; Schulz & Walter, 2018; Walter, 2018).

Die Umsetzung von virtuellen Lernumgebungen liegt in den Maßnahmen der Lehrpersonen und ist von der Grundhaltung abhängig (Weigand, 2011). In einer digitalen Welt können Lehrende die Wissensvermittlung nicht ausschließlich auf analoge Art und Weise vermitteln. Kinder und Jugendliche dürfen in der digitalen Welt nicht allein gelassen werden. Die Integration und Schulung zum Umgang mit digitalen Medien stellen einen notwendigen Bestandteil der heutigen Bildung dar, weil die Lernenden nur anhand von Kenntnissen und Erfahrungen mit digitalen Technologien am politischen, kulturellen und sozialen Leben aktiv teilnehmen und mitgestalten können. Im Idealfall sollten sowohl analoge als auch digitale Medien im Mathematikunterricht ihre Verwendung finden, da digitale Medien analoge Methoden nicht ersetzen, sondern sinnvoll ergänzen sollen[4].

Die Grundvoraussetzung der Lehrenden ist dabei eine Akzeptanz gegenüber der digitalen Jugendkultur und der Digitalisierung als gewinnbringende Weiterentwicklung und Unterstützung des Lernprozesses im eigenen Unterricht (Aufenanger, 2017a; Dilk, 2019; Emmerich, 2018b; Hedtke, 2019; Heitkamp, 2019a; Weigand, 2011; 2014). Dahingehend müssen die bisherigen Bedenken (z. B. hinsichtlich der Gefahren und Risiken) gegenüber digitalen Medien abgelegt werden (siehe Abschnitt 1.1; Weigand, 2011). Ein gutes Beispiel liefert die Theodor-Heuss-Schule in Homberg, welche für die Lehrkräfte zusätzliche Kurse zur Medienerziehung anbietet, damit sie hinsichtlich der Gefahren im Internet geschult werden und diese dann den Kindern und Jugendlichen weitervermitteln können (Freynhofer, 2018). Außerdem ändert sich die Rolle der Lehrenden in den virtuellen Lernumgebungen, weil Kinder und Jugendliche teilweise auch ohne Anwesenheit der Lehrkräfte (z. B. außerschulisch) lernen können. Lehrende müssen daher akzeptieren, dass sie im Rahmen einer digitalen Lernumgebung als Lernbegleiter im Hintergrund agieren, weil ein Großteil der Wissensvermittlung durch die digitalen Medien selbst vollzogen wird (Böhme, 2020).

---

[4] Hierbei ist eine Kombination bzw. Verbindung von digitalen und analogen Medien denkbar (siehe Abschnitt 3.3).

Die Aufgabe der Lehrkräfte besteht insgesamt darin, digitale Medien aktiv in den Unterricht einzubeziehen und neue Ansätze und Unterrichtskonzepte zu wählen, die sich von der reinen „Buchkultur" (Stöcklin, 2012, S. 64) unterscheiden. Wenn sie offen und flexibel gegenüber digitalen Innovationen sind, können sich adäquate, neue pädagogische Wege durch das Lernen mit digitalen Medien ergeben. Zur Einbindung der digitalen Medien in den Schulunterricht müssen diese sowohl in den Lehrplan bzw. in die Bildungsstandards als auch in ein sinnvolles pädagogisches Konzept eingebettet sein, um die mathematischen Inhalte mit den digitalen Medien zu verbinden und gleichzeitig die Medienkompetenzen der Kinder und Jugendlichen zu fördern (Hedtke, 2019; Heitkamp, 2019a; Weigand, 2011). Die Lehrenden sollten also die Inhalte und Methoden so wählen, dass das eigenverantwortliche Lernen der Kinder und Jugendlichen unterstützt wird und optimale Lernergebnisse unter den bestmöglichen Bedingungen erzielt werden. Deshalb ist die Forschung zu pädagogischen Konzepten im Zusammenhang mit digitalen Lernumgebungen umso bedeutender für den Mathematikunterricht (Blaschitz, Brandhofer, Nosko, & Schwed, 2012; Dilk, 2019; Dusse, 2020; Mischko, 2019).

Aus den gesellschaftlichen Anforderungen an die Schulen, Lehrkräfte sowie Kinder und Jugendlichen ergibt sich, dass digitale Medien für das Lehren und Lernen ein gegenwärtiges und fundamentales Thema im Mathematikunterricht darstellen. In der Institution Schule müssen sich insbesondere die Rahmenbedingungen hinsichtlich des Einsatzes digitaler Technologien verändern und die bisherigen Lernsettings angepasst werden (siehe Abschnitt 1.1). Zum Erwerb von Medienkompetenzen sollten neben dem Computer weitere mobile Geräte (z. B. Tablets) in die Lernszenarien integriert werden (Johnson et al., 2013; Weigand, 2011). Da in der vorliegenden Studie Tablets als digitale Medien verwendet wurden, wird nun der Fokus auf die Bedeutung der Tablets gelegt und die Frage geklärt, welche Chancen und Möglichkeiten sich durch den Einsatz von Tablets im Schulunterricht ergeben.

1.3.1 Bedeutung von Tablets für schulische Zwecke

Tabletklassen sind in der heutigen Zeit trotz der digitalisierten Gesellschaft und der außerschulischen Mediennutzung von Tablets noch lange kein Standard in Deutschland (siehe Abschnitte 1.1 und 1.2). Es gibt jedoch einige wenige Schulen, welche die Möglichkeit zur Integration von Tablets nutzen: 20 digitale Pilotschulen in Thüringen erproben für fünf Jahre, welche Basisausstattung den bestmöglichen Lernerfolg hervorruft. In dem Projekt besitzen alle Lehrpersonen und Lernenden ein eigenes Tablet, welches sie nach Bedarf in jedem Unterrichtsfach verwenden können. Die Tablets sind bei den Schulen angemeldet und werden von technischen Administratoren in Bezug auf Apps und Nutzungsfunktionen verwaltet (Thüringer Schulportal, 2019).

Des Weiteren könnten nach dem Prinzip „Bring-your-own-device" (BYOD) eigene Tablets in den Unterricht mitgebracht werden, allerdings ist bisher die Nutzung privater Endgeräte für Unterrichtszwecke an vielen Schulen untersagt. Deshalb gibt es eine weitere Bewegung, die „Bring-your-rented-device" (BYRD), bei der Tablets von den Eltern bei einem Händler gemietet werden, welche am Ende der Mietlaufzeit abgekauft werden können. Im Vergleich zum BYOD sind der technische Support und Schullizenzen für alle Geräte garantiert. In einigen Schulen, z. B. der Theodor-Heuss-Schule in Homberg, werden immer häufiger Tablets im Schulunterricht verwendet, weil sie Schulbücher fast komplett ersetzen könnten. Zusätzlich sieht die Schule die Vorteile im Hinblick auf den Nachhaltigkeitsaspekt hinsichtlich des Ankaufs von neuen Schulbüchern. Tablets werden also heutzutage nicht mehr ausschließlich für außerschulische Zwecke genutzt (siehe Abschnitt 1.2), sondern gewinnen als innovative Medien immer mehr an Bedeutung im Schulunterricht (Emmerich, 2018b; Freynhofer, 2018; Heitkamp, 2019a, Prasse et al., 2017).

Für die Anschaffung der Tablets gibt es auf dem derzeitigen Markt viele verschiedene Modelle von unterschiedlichen Marken (wie z. B. Samsung und ASUS), insbesondere existiert neben iPads eine große Auswahl an kostengünstigeren Geräten. Trotzdem werden oft Apple-Produkte eingesetzt, obwohl andere Geräte kompatibler mit verschiedener Soft- und Hardware sind. Dabei würde die Ausstattung von bereits einem Klassensatz an Tablets für mehrere Klassen ausreichen, weil durch das geringe Gewicht und das kompakte Design der Tablets eine mobile und flexible Anwendung zum Lernen in verschiedenen Klassenräumen ermöglicht werden kann (Aufenanger & Bastian, 2017).

Die Anwendung der Tablets muss an die Jahrgangsstufe und das jeweilige Unterrichtsthema angepasst werden (siehe Abschnitt 1.3). Tablets sind nicht altersundifferenziert und in jeder Jahrgangsstufe anwendbar, bspw. ist in der Grundschule ein enaktives (d. h. handelndes) Lernen sinnvoller als das Lernen mittels digitaler Medien, weil Simulationen (z. B. von Bauklötzen) nicht das konkrete, reale Lernobjekt ersetzen können (vgl. Bruner, Oliver & Greenfield, 1971). Vor diesem Hintergrund können Tablets bei jüngeren Kindern (z. B. im ersten Jahrgang) ein Verständnis der neuen Lerninhalte erschweren oder für den Lernprozess überflüssig sein. Tablets werden Schülerinnen und Schülern des Sekundarbereiches I im Vergleich zur Primarstufe besonders gerecht, weil sie z. B. als Hilfsmittel zum interaktiven und virtuellen Agieren mit geometrischen Objekten genutzt werden können. Im Hinblick auf die Entwicklung eines Begriffsverständnisses im Geometrieunterricht können im Besonderen Tablets neue Möglichkeiten für eine bessere visuelle Darstellung geometrischer Zusammenhänge bieten, welche nachhaltig im Mathematikunterricht integriert werden können (siehe Teil II, Abschnitt 8.4.2; Weigand, 2011; 2012). Zusätzlich liegt die Besonderheit der Tablets in der Technologie und Bedienung der Tablets: Die Bedienung des Touchscreen-Bildschirmes ist einfach zu erlernen. Zudem besitzen die Lernenden Vorerfahrungen aus der außerschulischen Mediennutzung, die berücksichtigt werden können (siehe Abschnitt 1.2). Darüber hinaus weisen die Tablets eine hohe Akkuleistung und ein effizientes Energiemanagement auf, sodass ein mehrstündiges Arbeiten ohne stationäre Stromversorgung realisierbar ist (Aufenanger & Bastian, 2017; Emmerich, 2018b).

Von Tablets kann jeder Fachunterricht profitieren, da die Gestaltungs- und Anwendungsmöglichkeiten sehr vielseitig sind und sie sich direkt in den Unterricht einfügen lassen (Hedtke, 2019). Speziell im Mathematikunterricht besitzen Tablets ein großes Potenzial zur Unterstützung von Lernprozessen, weil im Fach Mathematik der kognitive Prozess der Verinnerlichung über das konkrete Handeln mit dem didaktischen Material erfolgt. Dahingehend können sich Lernende das Wissen selbst aneignen, indem sie z. B. Lernvideos zu neuen Unterrichtsinhalten anschauen. Trotz der selbstständigen Nutzung von Tablets durch die Lernenden (z. B. beim außerschulischen Lernen) sollten diese in der Schule vorzugsweise nicht ganz ohne Lehrpersonen eingesetzt werden. Schülerinnen und Schüler sind eher auf eine Kombination aus einer virtuellen Lernumgebung mit einer persönlichen Beziehung zur Lehrperson angewiesen, welche als Lernbegleiter fungiert (Freynhofer, 2018). Des Weiteren können Tablets optimal an die Lernermerkmale angepasst werden, indem z. B. jeder Lernende ein Tablet für sich nutzt und Aufgaben mit unterschiedlichen Schwierigkeitsgraden entsprechend seines Lernstands löst (vgl. Ladel, 2017). So konnten Untersuchungen von Tablet-Projekten nachweisen, dass Tablets zu einer höheren Bewältigungsfähigkeit von Aufgaben führen und gleichzeitig das selbstgesteuerte Lernen unterstützen. Tablets ermöglichen damit, dass die Schülerinnen und Schüler nach dem individuellen Lernstand differenziert werden konnten (Furió et al., 2015; Gerger, 2014; Heitkamp, 2019a; Lu et al., 2014).

Insgesamt bieten Tablets als mobile Lernwerkzeuge jederzeit einen verfügbaren Lernraum für zu Hause und in der Schule (Weigand, 2014). Mit einer umfangreichen Ausstattung schaffen die Multifunktionsgeräte eine Vielzahl an Möglichkeiten. Mithilfe der Tablets können unterschiedlichste Lernumgebungen und Übungsaufgaben im Schulunterricht realisiert werden, wie z. B. die Recherche im Internet und das Anschauen von Lernvideos (Jahnke, 2016). Um der Kluft zwischen der digital geprägten Lebenswelt der Schülerinnen und Schüler und des analog geführten Schulalltags entgegenzusteuern (siehe Abschnitte 1.1 und 1.2), könnten durch eine Integration von Tablets in den Unterricht das Potenzial für eine bessere Vernetzung zwischen schulischer und außerschulischer Lernpraktiken umgesetzt werden (Prasse et al., 2017). Lernvideos auf Tablets stellen dabei eine Möglichkeit zum Einsatz von digitalen Medien im Schulunterricht dar. Außerschulisch werden bereits Lernvideos von Schülerinnen und Schülern für schulische Zwecke genutzt (siehe Abschnitt 1.2). Lässt sich das Potenzial von Lernvideos auch im Schulunterricht verwenden? Welche Bedeutung haben Lernvideos im schulischen Kontext? Diesen Fragen hinsichtlich der Chancen und Möglichkeiten von Lernvideos im schulischen Kontext wird im Folgenden nachgegangen.

1.3.2 Bedeutung von Lernvideos für schulische Zwecke

Der kaum erfolgte Einsatz der digitalen Medien im Schulunterricht (siehe Abschnitt 1.1) bedingt auch die Verwendung von Video- und Audioaufnahmen, welche ebenfalls selten für unterrichtliche Zwecke genutzt werden (Bastian, 2017), obwohl bereits qualitative Studien zeigen, dass Schülerinnen und Schüler online vermehrt Lernvideos zum Erwerb von neuen Wissensinhalten schauen. Dies geschieht allerdings bisher fast ausschließlich außerschulisch über YouTube und andere Video-Kanäle (siehe Abschnitt 1.2; vgl. Aufenanger, 2017a; Rummler & Wolf, 2012). Nach der Studie „Jugend/ YouTube/ Kulturelle Bildung" des Rates für kulturelle Bildung (2019) haben sich durch die Digitalisierung die herkömmlichen Arten des Lernens und der Wissensaneignung grundsätzlich gewandelt. Von ARD und ZDF wird z. B. auf deren Homepages ein mediales Gemeinschaftsangebot für Schülerinnen und Schüler (im Alter von 14 bis 29 Jahren) und bei YouTube auf dem Kanal „Simplicissimus" zur Verfügung gestellt. Darin können sich die Lernenden sowohl über aktuelle Neuigkeiten informieren als auch ein eigenes Programm zusammenstellen und Sendungen in der Mediathek zu jeder Zeit wiederholt ansehen (Hedtke, 2014; Holland-Letz, 2020b).

Das Angebot von Lernvideos auf verschiedenen Tools und Webseiten hat in den letzten Jahren stark zugenommen, sodass Schülerinnen und Schüler vielfältige Möglichkeiten besitzen, Lerninhalte aus dem Schulunterricht noch einmal aufzuarbeiten. Am Beispiel der Nutzung der Video-Plattform YouTube konnte anhand der Erkenntnisse aus der KIM-Studie und der Studie „Jugend/ YouTube/ Kulturelle Bildung" (beide aus dem Jahr 2019) die große Rolle audiovisueller Formate aufgezeigt werden. Bei Internetrecherchen für Themen aus dem Schulunterricht wird YouTube immer bedeutsamer. Schülerinnen und Schüler können YouTube-Videos neben dem Unterhaltsfaktor dafür nutzen, um sich mathematische Begriffe und Sachverhalte wiederholt erklären zu lassen (siehe Abschnitt 1.2; Füller, 2020; Schmidt-Thieme & Weigand, 2015). Lernvideos können zudem im Schulunterricht als digitales Lernangebot eingebunden werden, wobei sie technisch, pädagogisch und inhaltlich aufeinander abgestimmt sein müssen (Heimann, 2020). Im Vergleich zu digitalen Schulbüchern (z. B. in PDF-Format) sind Lernvideos weniger statisch, weil sie neben Abbildungen auch dynamische Prozesse veranschaulichen können, welche speziell im Mathematikunterricht, z. B. in der Geometrie, verwendet werden können. Außerdem stellen Schulbuchverlage in den meisten Fällen digitale Materialien ausschließlich für eine begrenzte Zeit (z. B. für ein Schuljahr) zur Verfügung oder sie sind nur auf bestimmten Plattformen zugänglich. Im Gegenteil dazu können Schülerinnen und Schüler sowie Lehrpersonen Lernvideos über OER unter Lizenz selbst veröffentlichen und die Portale jederzeit kostenlos nutzen (siehe Abschnitt 1.3; Freynhofer, 2018; Heitkamp, 2019a; Hoffmann, 2015).

Die Begeisterung der Lernenden für Lernvideos sollte als Potenzial wahrgenommen und im Unterricht aufgegriffen werden, um eine Brücke zwischen der Erlebniswelt der Schülerinnen und Schüler und dem Umfeld der Schule zu bauen und das Lernen neuer Lerninhalte an die digital geprägte Gesellschaft zu adaptieren (Treumann, Meister, Sander, Burkatzki, & Hagedorn, 2007). Lernvideos wecken nicht nur das Interesse von Schülerinnen und Schülern, sondern bieten eine Vielzahl an Möglichkeiten für das E-Learning im schulischen Kontext:

Bei der Erklärung einiger Lerninhalte im Mathematikunterricht mittels analoger Medien können sich Grenzen hinsichtlich von Text- oder Bildmedien ergeben. Audiovisuelle Medien können wiederum durch die multisensorische Darstellung des neuen Wissens das Potenzial besitzen, diese Limitationen zu überwinden. Denn Vorgänge und Größen (z. B. von verschiedenen Winkeln im Geometricunterricht) lassen sich leichter abbilden und gleichzeitig mit der Sprache erklären als mit reinen auditiven oder bildhaften Elementen (vgl. Borromeo Ferri, 2017). Die neuen Lerninhalte besitzen durch Lernvideos eine große Anschaulichkeit, welche sich auf den Wissenserwerb und die Leistungsentwicklung positiv auswirken kann. Zudem besitzen Lernvideos im Vergleich zu einer reinen bildlichen oder sprachlichen Darstellung eine höhere Informationsdichte, wodurch auch ein vertiefendes Wissen vermittelt werden kann. Ein weiterer Vorteil besteht darin, dass Schülerinnen und Schüler beim audiovisuellen Unterricht den Lerngegenstand mit mehreren Sinnen intensiver wahrnehmen können. Die Kombination von Text- und Bildmaterial erfordert zudem unterschiedliche Ebenen der kognitiven Verarbeitung im Arbeitsgedächtnis, sodass die neuen Lerninhalte besser im Langzeitgedächtnis abgespeichert werden können (vgl. Beißwenger, 2010; Hubwieser, 2007; Niegemann, 2004; Underwood, Jebbert, & Roberts, 2004; Van Gerven, Paas, van Merriënboer, & Schmidt, 2006).

Durch die Verwendung von audiovisuellen Medien (z. B. Lernvideos) werden die Konzentrationsfähigkeit und Aufmerksamkeit beim Wissenserwerb erhöht (Böhringer, Bühler, & Schlaich, 2011). Die Lernenden agieren nicht nur als passive Zuschauer, sondern regulieren ihren Lernprozess selbstständig, indem sie z. B. das eigene Lerntempo bestimmen. Durch ein einfaches Betätigen von Tasten können die Schülerinnen und Schüler in das Videogeschehen eingreifen (z. B. über Start, Stopp, Pausieren, Wiederholen und Geschwindigkeitsänderungen). Die flexiblen Lerntemposteuerungen ermöglichen eine Individualisierung und Differenzierung, welche zu einem wirkungsvollen Lernprozess führen können (Borromeo Ferri & Szostek, 2020; Tulodziecki & Herzig, 2010).

Aus den Erkenntnissen der Studie „Jugend/ YouTube/ Kulturelle Bildung" können die Potenziale von Videos zu schulischen Zwecken im Vergleich zum analog geführten Schulunterricht wie folgt zusammengefasst werden:

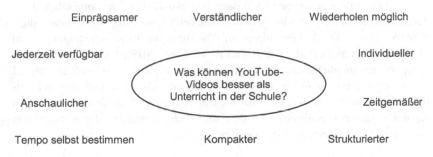

Abbildung 1.5 Vorteile von YouTube-Videos gegenüber der Schule nach der Einschätzung von Zwölf- bis 19-Jährigen im Jahr 2019 (in Anlehnung an den Rat für kulturelle Bildung, 2019, S. 30)

Schülerinnen und Schüler im Alter von zwölf bis 19 Jahren betonen vor allem die Anschaulichkeit, Verständlichkeit, Verfügbarkeit und flexible Nutzung von Tablets im Vergleich zu analogen Medien. Aus der hohen Bedeutsamkeit der YouTube-Videos für Schülerinnen und Schüler im Alter von zwölf bis 19 Jahren (siehe Abbildung 1.5) wird impliziert, dass Lernvideos nicht nur in der heutigen Gesellschaft relevant sind, sondern viel mehr beim Lernen im schulischen Bildungskontext miteinbezogen werden müssen. Falls Lernvideos aus bestimmten Gründen nicht im Unterricht eingesetzt werden können, bleibt immer noch die Möglichkeit, Lernvideos außerschulisch zur Vor- bzw. Nachbereitung des Unterrichts (z. B. auf einer Plattform) zu verwenden. Lehrkräfte können den Lernenden Verlinkungen oder den Zugang zu einer Plattform mit Lernvideos zur Verfügung stellen, die sie individuell zur Wiederholung und Vertiefung der Lerninhalte nutzen können. Das Friedrich-Gymnasium in Freiburg integriert z. B. Tablets im schulischen Unterricht und Lernvideos außerhalb der Schule:

Im siebten Jahrgang bereiten sich die Lernenden auf die neuen Lerninhalte durch das Anschauen von Lernvideos zu Hause vor. Im Schulunterricht erfolgt dann eine Kombination aus analogen und digitalen Medien, wobei alle Schülerinnen und Schüler sowohl ein eigenes Tablet besitzen als auch regulär in ihr Arbeitsheft schreiben (Emmerich, 2018b; Niegemann, 2004). Nach Füller (2020) sollte insbesondere die Verbindung zwischen analogen und digitalen Medien stärker ausgebaut werden, weil verschiedene Lerntypen angesprochen werden und sich mehr Schülerinnen und Schüler am Unterrichtsgeschehen beteiligen könnten. Nach Empfehlungen des Rates für kulturelle Bildung (2019) sollten Lehrpersonen speziell audiovisuelle Aufbereitungen zukünftig in ihrem Unterricht integrieren, weil diese Art von Lernen als sehr geeignet für die Wissensvermittlung und das Erlernen von neuem Wissen im Sekundarbereich I angesehen wird. Zudem verändern die aktuellen gesellschaftlichen Entwicklungen von neuen digitalen Angeboten (z. B. Lernvideos auf YouTube) die Rahmenbedingungen im Mathematikunterricht (vgl. auch Barzel & Weigand, 2019). Dahingehend sollten Lehrpersonen möglichst eigene Videokonstruktionen einsetzen, welche optimal an die Jahrgangsstufe (z. B. im Hinblick auf die Thematik und den Schwierigkeitsgrad) angepasst werden. Vor diesem Hintergrund werden im folgenden Kapitel mögliche Gestaltungsprinzipien und Bedingungen bei der Konstruktion von Video-Lernumgebungen thematisiert.

1.4   Konstruktion und Rahmenbedingungen von Video-Lernumgebungen

Unter einer *Lernumgebung* werden alle inneren und äußeren Faktoren der gesamten Umgebung der Lernenden verstanden, welche vor allem das Design der Lerninhalte umfasst. Lehrpersonen erschaffen Lernumgebungen als einen Raum, welcher die Lernenden im Idealfall kognitiv nachhaltig fördert (siehe

Abschnitt 2.1; Klieme, 2006). Lernumgebungen mit digitalen Medien müssen im Vergleich zu nicht-virtuellen Lerneinheiten anderweitige Erfordernisse und Bedingungen erfüllen, um den Lernprozess optimal zu unterstützen (Sassen, 2007). Grundsätzlich diskutieren medienpädagogische Ansätze das didaktische Design im Zusammenhang mit der Konstruktion und Durchführung der digitalen Lernumgebung sowie mit einem geeigneten Einsatz im Lehr- und Lernprozess. Das Lernen mit digitalen Medien sollte in jedem Fall an die Lernziele, Lerninhalte, Lehr-/ Lernmethoden und Sozialform angepasst werden. Die Auswahl des digitalen Mediums sollte im Besonderen mit der didaktischen Konzeption abgestimmt werden. Allgemeingültige Kriterien für „gute" Lernvideos oder eine konkrete Anleitung zur Gestaltung von digitalen Lernumgebungen kann aufgrund der Komplexität der individuellen Faktoren (z. B. persönliche Fähigkeiten und Einstellungen) nicht gegeben werden (vgl. Klein, 2000; Schön & Ebner, 2013; Tramm & Gramlinger, 2002). Trotzdem können die Professionalisierung von Lehrkräften (siehe Abschnitt 1.4.1), Voraussetzungen der Lernenden (siehe Abschnitte 1.4.2 und 1.4.3) und bedeutende Gestaltungseigenschaften für die Konstruktion einer virtuellen Lernumgebung mit Lernvideos zur Wissensvermittlung (siehe Abschnitte 1.4.4 bis 1.4.6) angeführt werden, welche die Lernprozesse anregen und unterstützen (vgl. Coenen, 2001).

1.4.1 Professionalisierung von Lehrkräften zur Konstruktion von Lernvideos

Zunächst werden zwei aktuelle Forschungsprojekte zur Professionalisierung von Lehrkräften hinsichtlich der Konstruktion von eigenen Lernvideos kurz vorgestellt und die zentralen Erkenntnisse zusammengefasst:

Im Projekt „Lernen mit Videopodcasts[5] im Mathematikunterricht" (LeViMM) von Borromeo Ferri (2017) wurde u. a. erforscht, wie angehende und praktizierende Lehrpersonen für den Einsatz von Lernvideos professionalisiert werden können. Im Studienseminar im Rahmen von LeViMM entwickelten Studierende ab dem vierten Semester des Grundschullehramts an der Universität Kassel eigene Lernvideos zu zentralen mathematischen Themen, wie z. B. zur „schriftlichen Subtraktion" sowie zu „Modellierungs- und Sachaufgaben". Von der Seminarleitung wurden sie im Entwicklungsprozess betreut, indem z. B. auf relevante Rahmenbedingungen einer Video-Lernumgebung im realen Mathematikunterricht

---

[5] Der Begriff „Videopodcast" wird gleichgesetzt mit einem Lernvideo zur Wissensvermittlung. Im Folgenden wird der Begriff „Lernvideo" verwendet.

eingegangen wurde. Darüber hinaus beurteilten praktizierende Lehrkräfte mithilfe eines Evaluationsbogens vier Beispiele von Lernvideos z. B. hinsichtlich der Aspekte „Präsentation" und „Inhalt". Daran anknüpfend wurde im Projekt „Professionalisierung von Lehrkräften für den Einsatz von Erklärvideos[6] im Mathematikunterricht" (PRO-VIMA) von Borromeo Ferri und Szostek (2020) u. a. untersucht, wie Lehrpersonen ausgebildet werden können, um „gute" Lernvideos nach bestimmten Kriterien auf Video-Portalen zu identifizieren. Im Projekt wurden u. a. die Einschätzungen von angehenden Lehrkräften zu ihren bisherigen Erfahrungen und Medienkompetenzen bezüglich der Konstruktion von Lernvideos erfasst.

Die zentralen Ergebnisse von beiden Projekten waren, dass Lehrkräfte unabhängig vom Alter eine positive Grundhaltung bezüglich der Verwendung von Lernvideos hatten, jedoch unsicher im Hinblick auf die Auswahl geeigneter Lernvideos für die eigene Unterrichtspraxis waren. Die im Projekt ausgewählten Lernvideos, welche aus verschiedenen Video-Plattformen verwendet wurden, wurden hinsichtlich der Präsentation, des Inhaltes, des Lernziels, der Motivation und Benutzerfreundlichkeit positiv bewertet. Als wichtige Kriterien für Lernvideos benannten die angehenden Lehrkräfte insbesondere die inhaltliche Klarheit und Korrektheit sowie die Verständlichkeit der Sprache. Hinsichtlich der Erstellung von eigenen Lernvideos und den Einsatzmöglichkeiten für den eigenen Unterricht waren sowohl die angehenden als auch die praktizierenden Lehrkräfte sehr unsicher. Damit wurde erneut bestätigt, dass die Mehrheit der Lehrkräfte wenig technologische und inhaltlich-methodische Kenntnisse zur Konstruktion von eigenen Lernvideos besitzen. Deshalb sind mediale Kompetenzen an die Lehrpersonen keinesfalls selbstverständlich (siehe Abschnitt 1.1), sondern müssen von Experten (z. B. in verpflichtenden Veranstaltungen) geschult werden. In der gesamten Produktionszeit müssen bei der Erstellung von eigenen Lernvideos die folgenden Anforderungen und Rahmenbedingungen erfüllt werden:

– Zur Vorbereitungzeit gehört die Auseinandersetzung mit dem Inhalt, dem Lernziel und der Struktur der Lernvideos (siehe Abschnitte 1.4.4 und 1.4.6) sowie das Konzipieren eines didaktischen Drehbuches im Message-Design, welches bei den Audio- bzw. Videoaufnahmen Vorgaben zum Sprechtext vorgibt. Pro Lernvideo sollte das Gesagte nicht über eine DIN-A4-Seite hinausgehen (Dörr & Schrittmatter, 2002).

---

[6] Der Begriff „Erklärvideo" wird mit einem Lernvideo zur Wissensvermittlung gleichgesetzt. Im Folgenden wird der Begriff „Lernvideo" verwendet.

- Für die Audio- bzw. Videoaufnahme sollte eine gewisse technische Ausstattung und eine ungestörte Atmosphäre für eine qualitative Wiedergabe
  vorhanden sein, z. B. ein externes Mikrophon zur optimalen Tonqualität und
  die Positionierung nahe der akustischen Quelle. Grammatikalische Fehler, Ver-
  sprecher oder ungewollte Pausen können leicht auftreten, sodass ausreichend
  Zeit für wiederholte Aufzeichnungen eingeplant werden sollte. Zur Aufrecht-
  erhaltung der Konzentrationsfähigkeit und Minimierung von Fehlern ist es
  empfehlenswert, die Aufnahme der Lernvideos über mehrere Tage zu verteilen und kleine Fehler, z. B. in der Aussprache, hinzunehmen (Böhringer et al.,
  2010; Bruns & Meyer-Wegener, 2005).
- Zur Nachbereitung können die Lernvideos mithilfe bestimmter Software-
  Programme nachträglich geschnitten, durch bessere bzw. (fast) fehlerfreie Ton-
  oder Videoaufnahmen ersetzt oder die Reihenfolge geändert werden. Neben
  aufwendigen Tools gibt es eine Vielzahl von einfachen Programmen, wie
  z. B. Active Presenter. Mit diesem Tool lässt sich gleichzeitig das Bild des
  Desktops (z. B. eine Power-Point-Präsentation) und der Ton des Mikrophons
  (z. B. Sprechtext) aufzeichnen. Die Verbindung zwischen der Power-Point-
  Präsentation und Audiodatei erfolgt unkompliziert per Klick und lässt sich auf
  einfache Weise als MPT 4-Videodatei abspeichern (Uptown, 2020).
- Vor dem Bespielen der Lernvideos muss ein geeignetes digitales Medium
  gefunden werden, welches den Lernenden im Schulunterricht zur Verfügung
  gestellt werden kann. Dabei erweisen sich z. B. Tablets als besonders nützlich,
  weil sie mobil eingesetzt werden können und das selbstständige Anschauen
  mit Kopfhörern ermöglichen (siehe Abschnitt 1.3.1; vgl. Bastian, 2017).

Insgesamt müssen die Lehrkräfte bei der Planung einer Video-Lernumgebung
die Entscheidung darüber treffen, ob bereits vorhandene Lernvideos in den
eigenen Unterricht integriert werden können oder eigene Lernvideos entwickelt
werden müssen. Lernvideos selbst zu erstellen, erfordert gewisse Medienkompetenzen, welche die Lehrenden in den meisten Fällen erst erwerben müssen
(siehe Abschnitt 1.1). Für die Produktion der Lernvideos, welche in mehreren
Phasen (Vorbereitung, Aufnahme und Bespielen der Lernvideos auf geeignete,
digitale Werkzeuge) verläuft, muss zwar genügend Zeit eingeräumt werden. Die
ausschlaggebenden Vorteile bei der eigenständigen Konstruktion bestehen jedoch
darin, dass eine optimale Qualität der Lernvideos (z. B. bezüglich der Korrektheit
und Verständlichkeit) gewährleistet (siehe Abschnitt 1.3.2) und die selbst konstruierten Lernvideos adäquat an den eigenen Unterricht und die Lerngruppe (z. B.
hinsichtlich der Vorkenntnisse der Lernenden) abgestimmt werden können.

1.4.2 Digitale und inhaltliche Vorkenntnisse von Schülerinnen und Schülern

Medienkompetenzen (z. B. das problemlose Bedienen von Tablets) können vor allem bei jüngeren Schülerinnen und Schülern nicht vorausgesetzt werden, selbst wenn bereits Vorerfahrungen aus der außerschulischen Mediennutzung mit Tablets oder anderen digitalen Medien vorhanden sind (vgl. Weigand, 2011). Zudem werden in der Primarstufe häufig digitale Medien aufgrund der Komplexität nicht eingesetzt, auch wenn in einigen deutschen Grundschulen sich aktuell der Trend durchsetzt, mit Tablets im Schulunterricht zu arbeiten (siehe Abschnitt 1.2; Hedtke, 2019). Umso wichtiger sollte der praktische Umgang und die Funktionen (z. B. Abspielen, Pausieren, Stoppen und Wiederholen von Lernvideos) vor dem eigentlichen Einsatz der Lernvideos geschult werden.

Eine kognitive Aktivierung der Lernenden durch die Lerninhalte kann erst erfolgen, wenn sie das eingesetzte digitale Medium bedienen können (vgl. Arnold, Kilian, Thilosen, & Zimmer, 2004; Weigand, 2014). Für Anfänger mit wenig Vorkenntnissen zum E-Learning ist es besonders ratsam, genaue Anweisungen zur Nutzung von Lernvideos zu geben und Hilfestellungen jederzeit anzubieten (z. B. bei Startschwierigkeiten eines Lernvideos). Technisch gesehen sollten die Funktionen der digitalen Medien für die Lernenden leicht bedienbar sein, z. B. das Abspielen eines Videos durch wenige Klicks. Dahingehend sollte bei jeder virtuellen Video-Lernumgebung eine Einweisung zur Handhabung der digitalen Medien (z. B. Tablets) für das Anschauen der Lernvideos zu Beginn der Lerneinheit gegeben werden (Thaller, 2002).

Der Inhalt der Lernvideos sollte wie in jeder Unterrichtsgestaltung an die bereits existierenden inhaltlichen Vorkenntnisse adaptiert werden, indem das Vorwissen der Schülerinnen und Schüler (z. B. aus dem Geometrieunterricht der Primarstufe) aufgegriffen wird (Niegemann, 2008). Bei wissenschaftlichen Untersuchungen ist die Anpassung an die inhaltlichen Lernvoraussetzungen bedingt möglich, weil Befragungen bzw. Tests vor der Entwicklung der Lernvideos meistens nicht realisierbar sind. Trotzdem kann die inhaltliche Konzeption der Lernvideos in Bezug auf die jeweilige Jahrgangsstufe (z. B. anhand von Schulbüchern) abgestimmt werden (Sassen, 2007). Schulbücher stellen eine gute Orientierungshilfe dar, weil sie die vorgesehenen Lerninhalte für ein bestimmtes Schuljahr enthalten und durch die Prüfungen von staatlichen Stellen an die Lehrpläne angepasst sind (Schmidt-Thieme & Weigand, 2015).

1.4.3 Aktives Lernen von Schülerinnen und Schülern

Das aktive Lernen mit Lernvideos auf Tablets kann das selbstgesteuerte bzw. eigenständige Lernen unterstützen (siehe Abschnitte 1.3.1 und 1.3.2). Die Befähigung zum eigenständigen Lernen muss allerdings in Grundzügen bei den Schülerinnen und Schülern vorhanden sein, sonst kann das Lernen mit Lernvideos zur Überforderung führen (vgl. Zumbach & Reimann, 2001).

Um das aktive Lernen zu fördern, muss eine gewisse Interaktivität zwischen den Schülerinnen und Schülern sowie dem digitalen Medium (z. B. Tablet) vorhanden sein. Demzufolge müssen z. B. die eingesetzten Tablets Eingriffs- und Steuermöglichkeiten besitzen. Zur Interaktivität gehört einerseits dazu, dass die Schülerinnen und Schüler einen Zugang zu allen Lerninhalten haben, welche z. B. in mehreren Lernvideos auf den Tablets zur Verfügung gestellt werden. Andererseits sollte das Lerntempo durch die Schülerinnen und Schüler selbst kontrolliert werden, z. B. durch die Tasten Starten, Stoppen und Pausieren (siehe Abschnitt 1.3.2; Borromeo Ferri & Szostek, 2020). Beim Anschauen von Lernvideos sollten die Funktionen des Zurückspulens und Wiederholens verfügbar sein, um einen erneuten Zugriff der neuen Wissensinhalte zu gewährleisten. Die Funktion zum wiederholten Abhören ist besonders für Kinder mit Migrationshintergrund oder wenig Deutschkenntnissen essentiell, um die Lerninhalte in Kombination mit Schlüsselbegriffen und Abbildungen besser zu verstehen (siehe Abschnitt 1.4.5; Haack, 2002; Ludwig, 2016; Schulmeister, 2002).

Die Interaktivität mit der Video-Lernumgebung stellt eine Voraussetzung für mediengestützte Lernprozesse dar und wirkt sich positiv auf den Lernprozess der Schülerinnen und Schüler aus. Ein zu hoher Interaktivitätsgrad könnte jedoch zur Überforderung der Schülerinnen und Schüler führen und den Lernprozess behindern. Damit sich die Schülerinnen und Schüler auf die Lerninhalte konzentrieren und nicht vom eigentlichen Lerngegenstand abgelenkt werden, sollten die Entscheidungsmöglichkeiten in Grenzen gehalten werden, z. B. sollten das digitale Medium und die Reihenfolge zum Anschauen der Lernvideos vorgegeben werden. Dadurch können sich die Schülerinnen und Schüler mit dem Erarbeiten der neuen Lerninhalte befassen und werden nicht durch zu viele Möglichkeiten überfordert (vgl. Kammerl, 2017).

Für das aktive Lernen sollten neben den Erarbeitungsphasen mittels Lernvideos Übungs- und Ergebnisphasen zum Festigen der Lerninhalte existieren. Das aktive Üben des neuen Wissens ist insbesondere ein ausschlaggebender Erfolgsfaktor beim virtuellen Lernen mit Lernvideos. Das Ansehen der Lernvideos sollte daher in Abwechslung mit Übungselementen (z. B. Aufgaben) ergänzt werden, um das Verständnis der Inhalte in den Lernvideos durch eine weitere eigenständige Auseinandersetzung mit dem Lerngegenstand zu vertiefen (Arnold et al., 2004; Issing, 2002; Sassen, 2007).

In der Ergebnisphase sollte genügend Zeit eingeplant werden, damit die Schülerinnen und Schüler Rückmeldungen über den aktuellen Lernerfolg bzw. über die Richtigkeit der Aufgaben erhalten und ihre Ergebnisse korrigieren können (vgl. Dörr & Schrittmatter, 2002).

1.4.4 Zielsetzung und zeitlicher Aspekt

Vor der Durchführung einer virtuellen Video-Lernumgebung müssen die Lernenden nicht nur bezüglich der Nutzung der Tablets eingewiesen werden, sondern sie sollten über den Zweck des E-Learning informiert werden. Den Lernenden muss deutlich gemacht werden, was genau sie beim Lernen mit den Lernvideos erwartet, was das Lernziel ist und warum sie mit Tablets arbeiten. Dadurch kann erst das Lernen für die Schülerinnen und Schüler bedeutsam werden und den unterrichtlichen Zweck erfüllen, dass die neue Wissensaneignung mittels Lernvideos von den Lernenden akzeptiert werden. Den Lernenden sollte zudem vermittelt werden, dass das Streamen von Lernvideos für schulische Zwecke von der außerschulischen Nutzung als Unterhaltungsmedium bzw. im Sinne des Spaßfaktors unterschieden werden sollte. Denn die Lernvideos sollten primär dafür dienen, den Lerngegenstand audiovisuell zu vermitteln (Niegemann, 2008).

Für das erfolgreiche Lernen in der virtuellen Video-Lernumgebung muss insgesamt mehr Zeit als gewöhnlich, z. B. aufgrund möglicher technischer Schwierigkeiten, eingeplant werden. Darüber hinaus benötigen die Lernenden wegen der neuen Methode und den vielfältigen Darstellungsformen ausreichend Zeit, um die Lerninhalte mit ihren verschiedenen Sinnesmodalitäten zu verarbeiten. Dabei sollte insbesondere für die Erscheinungen der Beispiele und Bilder in den Lernvideos genügend Zeit eingeräumt werden, damit die Schülerinnen und Schüler nicht durch das gleichzeitige Bild- oder Tonmaterial überfordert werden (Arnold et al., 2004; Niegemann, 2004).

1.4.5 Inhaltliche und sprachliche Umsetzung von Lernvideos

Lerninhalte in den Lernvideos müssen methodisch und didaktisch so umgesetzt werden, dass sie das Lernen unterstützen und nicht behindern. Dabei müssen die neuen Themen für die Umsetzung in die Lernvideos geeignet und mit dem jeweiligen pädagogischen Unterrichtskonzept abgestimmt sein, um ein sinnvolles Gesamtkonzept zu bilden. Der Einsatz der Lernvideos sollte also inhalts- und prozessbezogene mathematische Ziele verfolgen. Dadurch können alle Lernenden von einem Mehrwert beim Erwerb des neuen Wissens profitieren (Barzel & Weigand, 2019; Dilk, 2019; Dusse, 2020; Mischko, 2019, Weigand, 2011; 2012). Die Lehrpersonen sollten sich vor allem auf die Zielgruppe und den Inhalt fokussieren und sich nicht an dem technisch Machbaren bzw. an der neuesten Technologie im Sinne von „high-tech" oder multimedialen Technikmethoden orientieren (Arnold et al., 2004; Dörr & Schrittmatter, 2002). Die Komplexität sollte einerseits durch eine angepasste Benutzerfreundlichkeit technisch in Grenzen gehalten werden. Andererseits sollten die neuen Wissenselemente nicht zu komplex sein und an den Schwierigkeitsgrad der jeweiligen Jahrgangsstufe adaptiert werden, damit die Lernenden mit dem Ansehen der Lernvideos nicht überfordert werden. Zur Unterstützung des Lernens sollten die Lehrpersonen inhaltliche Schwerpunkte setzen und Unwichtiges kurz oder gar nicht erwähnen (Arnold et al., 2004; Sassen, 2007; Schröder, 2002).

Bei Audio-Aufnahmen kann die gesprochene Sprache im Besonderen dazu genutzt werden, die inhaltliche Schwerpunktesetzung sprachlich zu betonen. Somit kann die Sprache eine wahrnehmungslenkende Steuerungsfunktion einnehmen. Die Textmenge am Bildschirm kann durch den Sprechtext minimiert werden, allerdings sollte der gesprochene Text nicht zu lang sein. Die Variation der Sinnesmodalitäten (Hören und Sehen) sollte sinnvoll genutzt werden, indem eine gute Synchronisation und Koordination des Text- und Bildmaterials in den Lernvideos umgesetzt werden. Des Weiteren müssen gesprochene Sequenzen von den Schülerinnen und Schülern angehalten werden können und die Lautstärke regulierbar sein. Durch diese Funktionen lässt sich eine Überforderung der Lernenden minimieren (Arnold et al., 2004).

In den Lernvideos sollte langsam und deutlich gesprochen werden, damit auch Schülerinnen und Schüler mit Migrationshintergrund oder wenig Deutschkenntnissen dem Gesagten folgen und die Inhalte sprachlich verstanden werden können. Die Wissensvermittlung sollte zwar fachlich und sprachlich korrekt sein, jedoch eine altersgerechte Sprache und Komplexität aufweisen, d. h. es sollte eine angemessene Bildungssprache verwendet werden. Dahingehend sollten im mathematischen Kontext einfache Satzstellungen verwendet sowie Aussprachhinweise und nachvollziehbare Erklärungen von neuen Fachbegriffen gegeben werden. Im Fokus der Lernvideos sollte die Vermittlung von Schlüsselbegriffen und deren Bedeutungen stehen und auf unnötige Fremdwörter verzichtet werden (Grell & Grell, 1987; Ludwig, 2016; Niegemann, 2008). Lernvideos sollten möglichst so konzipiert werden, dass die Lehrkraft in den Videos nicht zu sehen, sondern nur zu hören ist. Dies hat den Vorteil, dass die Lernenden nicht durch die persönlichen Eigenschaften und Verhaltensweisen (z. B. Aussehen, Gestik, Mimik) abgelenkt werden (vgl. Corsten, Krug, & Moritz, 2010).

1.4.6 Design und Aufbau von Lernvideos

Zu einem barrierefreien Design gehört nicht nur das problemlose Bedienen der Lernvideos auf Tablets oder anderen Endgeräten (vgl. Drolshagen & Klein, 2003), sondern auch die Erhöhung der Konzentrationsfähigkeit auf die zu vermittelnden Lerninhalte. Durch ein einfaches Design kann das Potenzial der Lernvideos zur Unterstützung der Lernprozesse umso mehr genutzt werden, weil die Schülerinnen und Schüler nicht zusätzlich kognitiv belastet werden. Gewisse Funktionen der Tablets (z. B. Apps), die nicht für das Lernen benötigt werden, sollten für eine unnötige Ablenkung nicht zugänglich sein (Arnold et al., 2004).

Für eine multiperspektivische Präsentation der neuen Lerninhalte sollten verschiedene mediale Vermittlungsformen (z. B. Text- und Bildelemente) miteinander kombiniert werden. Eine bildreiche Präsentation ermöglicht den Lernenden selbst bei komplexen Inhalten ein tiefgreifendes Verstehen der neuen Begriffe z. B. durch das Einprägen von Abbildungen im Gedächtnis. Eine Vielzahl an Bildern könnte jedoch eine überfordernde Sinneswahrnehmung verursachen (Dörr & Schrittmatter, 2002; Schulmeister & Wessner, 2010). Deshalb sollten die Darstellungsformen an die neuen Inhalte abgestimmt werden (siehe Abschnitt 1.4.5) und ein geeignetes Textmaterial verwendet werden. Dieses kann z. B. an Schulbüchern aus der jeweiligen Jahrgangsstufe angelehnt sein. Die Kombination aus Textmaterial, der Sprache und visuellen Darstellungen des neuen Wissens kann den Wissenserwerb positiv beeinflussen, weil im Vergleich zu rein auditiven Medien eine erweiterte Verständnisebene ermöglicht werden kann. Dazu gehören anschauliche Beispiele, anhand derer die neuen Lerninhalte z. B. mit Infoboxen oder Merksätzen verständlich erklärt werden können (siehe Abschnitt 1.3.2; Barzel et al., 2013; Borromeo Ferri, 2017; Dörr & Schrittmatter, 2002).

Außerdem muss das neue Thema in den Lernvideos im Hinblick auf die inhaltliche Struktur sinnvoll repräsentiert werden (Sassen, 2007): Eine klare Videostruktur ist für das Erfassen des präsentierten Lerninhalts unabdingbar. Dafür sollte eine eindeutige Abgrenzung und Anordnung des Themenkomplexes hinsichtlich der verschiedenen Unterthemen in mehreren Videos erfolgen. Die einzelnen Unterthemen sollten auch visuell (z. B. durch Nummerierungen oder unterschiedliche Farben) voneinander getrennt werden, um die einzelnen

Wissensabschnitte für die Lernenden zu verdeutlichen. Die Einteilung der Lerninhalte in kleinere Abschnitte (Segmentierung) und eine vorgegebene Reihenfolge zur Vermittlung der Einheiten (Sequenzierung) bieten den Lernenden eine Orientierung beim Erwerb des neuen Wissens. Die Lernvideos sollten wenige Minuten dauern, damit die Schülerinnen und Schüler durch eine zu hohe Informationsdichte nicht überfordert werden. Zusammenfassungen und Merksätze sollten innerhalb der Lernvideos und am Ende der Lerneinheit zum Einsatz kommen, um relevante Wissensinhalte hervorzuheben und zu wiederholen. Dadurch kann die kognitive Verarbeitung in das Gedächtnis der Lernenden vereinfacht und der Lernprozess positiv beeinflusst werden (vgl. Hubwieser, 2007; Niegemann, 2004).

Insgesamt kann der bloße Einsatz von Lernvideos auf Tablets nicht das Lernen und die Leistungsentwicklung begünstigen. Ausschließlich in Kombination mit einem didaktisch wertvollen Unterrichtskonzept kann ein positiver Lernprozess erzeugt werden. Bei der Wissensaneignung spielt neben dem gewählten Unterrichtskonzept vor allem die kognitive Verarbeitung eine wichtige Rolle (Hartmann, Schramm, & Klimmt, 2004; Reeves & Nass, 1996).

Die kognitionspsychologische Forschung befasst sich im mediendidaktischen Kontext vorwiegend mit der Verbesserung der Lehre durch zielgerichtete, virtuelle Lernumgebungen, der bestmöglichen Adaption an die individuellen Lernermerkmale sowie der Untersuchung der Informationsverarbeitung beim Erwerb neuer Wissensinhalte. Dabei wird der Lernprozess aktiv von den Lernenden konstruiert und mit dem Vorwissen verknüpft, wobei mentale Vernetzungen im Gedächtnis entstehen (vgl. van Merrienboër, Seel, & Kirschner, 2002). Lernerfolg wird daher mit kognitiven Lernleistungen und einem Zuwachs an neuem Wissen in Verbindung gesetzt. Daran anknüpfend sollen im Folgenden Theorien zur kognitiven Lernverarbeitung, u. a. die Cognitive Load Theory (CLT) nach Sweller (siehe Abschnitt 2.2), angeführt werden.

Theorien zur kognitiven Lernverarbeitung

2

Um ein erfolgreiches Lernen aus lerntheoretischer Perspektive zu unterstützen, muss in einem erheblichen Maß die kognitive Eigenart der Lernenden berücksichtigt werden, da die kognitive Aktivierung den Grundstein eines lernwirksamen Unterrichts darstellt (Helmke & Schrader, 1998; Sweller et al., 2011). Ein kognitiv aktivierender Unterricht basiert darauf, dass die Schülerinnen und Schüler zu einem vertieften Nachdenken angeregt und das selbstständige Lernen gefördert wird (Kunter et al., 2005; Lipowsky, 2015). Dabei stellt das Lernen auf Tablets eine neue moderne Informationstechnik dar, welche in den Schulalltag integriert werden und selbstständiges Lernen (z. B. mittels Lernvideos) ermöglichen kann. Bei der Nutzung von Tablets können die Lerninhalte tiefer im Gedächtnis verarbeitet werden, sich positiv auf die Leistungen und das Verständnis des neu Gelernten auswirken (Klieme, Lipowsky, Rakoczy, & Ratzka, 2006).

Neben der Unterrichtsmethodik (z. B. digitale Medien) hat zudem das von der Lehrperson gewählte Unterrichtskonzept eine erhebliche Auswirkung auf die kognitiv nachhaltigen Lernprozesse. Um die kognitiven Lernprozesse als ein komplexes Themengebiet verstehen zu können, müssen weitere Erklärungen durch kognitive Theorien erfolgen, die im Folgenden näher betrachtet werden.

2.1 Kognitiv nachhaltiges Lernen

Robert Bjork als ein Vertreter der „wünschenswerten Erschwernisse"[1] definiert das *Lernen* im schulischen Kontext als eine ständige Veränderung des Wissens und Verstehens. Erfolgreiches Lernen zeichnet sich nicht nur durch die

---

[1] Die detaillierte Definition der wünschenswerten Erschwernisse wird an späterer Stelle angeführt (siehe Kapitel 3).

© Der/die Autor(en), exklusiv lizenziert durch Springer Fachmedien Wiesbaden GmbH, ein Teil von Springer Nature 2022
M. Afrooz, *Leistungseffekte beim verschachtelten und geblockten Lernen mittels Lernvideos auf Tablets*, Mathematikdidaktik im Fokus,
https://doi.org/10.1007/978-3-658-36482-3_2

flexible Anwendung des neuen Wissens und der erlernten Fähigkeiten in verschiedenen Kontexten aus, sondern besteht aus einem langfristigen Erhalt der erworbenen Inhalte. Kognitiv nachhaltiges Lernen besteht nach Bjork (1994; 1999) also aus einer erfolgreichen Leistungsentwicklung mit einem langfristigen Abruf des Gelernten, welche durch eine mentale Repräsentation des neuen Wissens im Langzeitgedächtnis bedingt ist[2].

Nach Ausubel, Novak und Hanesian (1980) können die Lernenden sich länger an die neu erlernten Inhalte erinnern, wenn sich die kognitiven Strukturen der bestehenden und neuen Informationen verbinden, wodurch kognitiv nachhaltiges Lernen entsteht (Hasselhorn & Gold, 2013). Dem Vorwissen zu den bereits themenrelevanten Inhalten aus den vorherigen Jahrgangsstufen (z. B. aus der Primarstufe) oder aus dem Alltag kommt eine entscheidende Rolle zu. Im Zusammenhang mit dem Gedächtnis ergeben sich folgende Implikationen: Je stärker das Vorwissen mit den neuen Wissensstrukturen vernetzt wird und je mehr die kognitive Struktur der Lernenden berücksichtigt wird, desto länger behalten die Lernenden die neuen Lerninhalte und desto eher können sie ihr Wissen langfristig abrufen (Ausubel et al., 1980).

Nach Brandhofer (2012) gehört zu einem gelingenden Unterricht, Lernumgebungen zu schaffen, welche die Lernprozesse mit dem neuen Wissen anregen und neue Zugänge zu den Lerninhalten eröffnen. Zukünftiges Lernen sollte darauf abzielen, kognitiv nachhaltiges Lernen mit einem Unterrichtskonzept und einer passenden Methode zu fördern, wobei die Verwendung von neuen Konzepten[3] oder Methoden (z. B. digitale Medien) sich als besonders sinnvoll erweisen können (siehe Kapitel 1). Digitale Medien müssen insbesondere im Rahmen der kognitiven Aktivierung von virtuellen Lernumgebungen beurteilt und evaluiert werden (Weigand, 2012). Im Kontext des Einsatzes von digitalen Medien können benachbarte Wissenschaften, wie die kognitive Psychologie genutzt werden, um mithilfe von pädagogischen Gedächtnistheorien das Aneignen von mathematischem Wissen, Fähigkeiten und Kenntnissen im Zusammenhang mit der Speicherung im Gedächtnis zu erklären (Barzel & Weigand, 2019; Leuders, 2007; Weigand et al., 2018). Nach Hasselhorn und Gold (2013) ist es besonders effektiv, verschiedene Lerneinheiten innerhalb eines Zeitraumes zu verteilen, wodurch das Lernen komplexer wird. Diese theoretische Annahme über die erhöhte Komplexität des Lerngegenstandes kann durch die CLT erklärt werden.

---

[2] Die kognitiven Vorgänge werden an späterer Stelle in der Theorie von Bjork erklärt (siehe Abschnitt 2.3).

[3] Neue Unterrichtskonzepte, wie das verschachtelte Lernen, können einen Beitrag zu einem „guten" Unterricht leisten (siehe Abschnitt 3.1).

2.2   Cognitive Load Theory nach Sweller

Die CLT erweist sich als eine bedeutsame Theorie für die Erforschung vom Lernprozess und beim Einsatz von digitalen Medien im schulischen Kontext (vgl.
Barzel & Weigand, 2019), weil die Lernprozesse mit den auftretenden kognitiven Belastungen bezüglich ihrer Informationsverarbeitung im Arbeitsgedächtnis
anschaulich erklärt werden können. Deshalb wird sie in der vorliegenden Arbeit
als zentrale Theorie für die wünschenswerten Erschwernisse[4] angeführt. Nach der
CLT bezieht sich die menschliche Kognition hauptsächlich auf die Art und Weise,
wie das Arbeits- und Langzeitgedächtnis organisiert sind. Einer der Begründer
und wichtigsten Vertreter der CLT ist John Sweller, der von einer Verarbeitung der
gelernten Wissensinhalte durch das kapazitätslimitierte Arbeitsgedächtnis und die
Speicherung dieser im kapazitätsunbegrenzten Langzeitgedächtnis ausgeht (vgl.
auch Atkinson & Shiffrin, 1968). Nach der CLT kann das Wissen hinsichtlich
zwei Arten kategorisiert werden, welche sich im Erwerb, der Organisation und
der Speicherung im Gedächtnis voneinander differenzieren lassen:

Sweller et al. (2011) unterscheiden zwischen *primärem* und *sekundärem Wissen*, weil sie Unterschiede im Hinblick auf die didaktischen Auswirkungen
aufweisen. Für den Umgang mit den verschiedenen Wissensarten wird ein Verständnis über gewisse Aspekte der menschlichen Kognition vorausgesetzt. Ein
Großteil der im Langzeitgedächtnis gespeicherten Informationen besteht aus primärem Wissen, weil diese Art des Wissens eine größere Wissensbasis erfordert.
Beim Zuhören wird bspw. auf primäres Wissen zurückgegriffen. Aktivitäten, die
ohne ein langwieriges Training einfach erlernt werden, beruhen ebenfalls auf der
primären Wissensbasis und den daraus resultierenden Fähigkeiten. Das Aneignen des primären Wissens erfolgt unbewusst und automatisch (z. B. das Erlernen
der Sprache in der frühen Kindheit). Durch das schnelle Lernen des primären
Wissens ergibt sich keine erkennbare kognitive Belastung beim Erwerb der Fähigkeiten und Fertigkeiten. Primäres Wissen bildet die Grundlage für die meisten
Aspekte der menschlichen Kognition, ist allerdings nicht lehrbar, d. h. es erfordert keine institutionelle Unterstützung durch Bildungseinrichtungen. Dadurch ist
es schwierig, das primäre Wissen z. B. mithilfe von Tests wissenschaftlich zu
erheben (Sweller et al., 2011).

Im Gegensatz dazu steht das sekundäre Wissen, welches eine bedeutende Rolle
für das Lernen im Schulalltag hat, da die Betrachtung des sekundären Wissens
zu neuen Einsichten in die Funktionsweise der Gedächtnisprozesse führt und

---

[4] Die Definition der wünschenswerten Erschwernisse wird an späterer Stelle angeführt (siehe
Kapitel 3).

pädagogische Ableitungen für den Schulunterricht liefern kann. Während das meiste gespeicherte Wissen im Langzeitgedächtnis aus primären Wissensanteilen besteht, ist die sekundäre Wissensbasis absolut gesehen immer noch sehr groß. Der Langzeitgedächtnisspeicher besitzt eine ausreichende Kapazität, um die Vielfalt der kognitiven Aktivitäten abzuspeichern, die sich aus primären und sekundären Wissenselementen ergeben (vgl. Chase & Simons, 1973; De Groot, 1965).

Im Unterschied zum primären Wissen handelt es sich beim Erlernen von sekundärem Wissen um einen aufwendigen und bewussten Wissenserwerb. Die Auswahl des Instruktionsdesigns bzw. die Art und Weise, wie das sekundäre Wissen gelehrt wird, nimmt eine wesentliche Bedeutung bei der Unterrichtsgestaltung ein. Der Mathematikunterricht besteht bspw. aus einem hohen Anteil an Sekundärwissen. Mathematische Fähigkeiten basieren aufgrund der Komplexität auf sekundärem Wissen, welches schwieriger zu erwerben ist. Deshalb sollte das primäre Ziel darin bestehen, die Lernenden beim Erwerb von sekundärem Wissen zu unterstützen (Sweller, 2004; Sweller & Sweller, 2006).

Das sekundäre Wissen umfasst insgesamt eine breite Palette von Informationen, welche von den Lernenden verarbeitet werden. Das hochentwickelte Informationsverarbeitungssystem der menschlichen Kognition kommt vor allem beim Erwerb des sekundären Wissens zum Tragen und kann weiterhin hinsichtlich verschiedener Grundprinzipien beschrieben werden, welche die Grundlagen der CLT zur Verarbeitung von neuen Informationen darstellen.

2.2.1 Grundprinzipien

Für das Lernen im Schulunterricht spielt das Langzeitgedächtnis eine besondere Rolle, weil es als ein großer Informationsspeicher fungiert und beim Erlernen neuer Inhalte eine Vergrößerung des Wissensspeichers im Langzeitgedächtnis erzielt werden sollte. Positive Veränderungen im Langzeitgedächtnis können ausschließlich aus einem Zuwachs an neu gespeicherten Informationen resultieren, welche auf den folgenden fünf Grundprinzipien beruhen:

Prinzip der engen Grenzen der Veränderung
Das „Prinzip der engen Grenzen der Veränderung" befasst sich mit dem Verlauf der Informationsverarbeitung aus der Umwelt über die sensorischen Register zum Arbeits- bzw. Kurzzeitgedächtnis (vgl. Atkinson & Shiffrin, 1968; Sweller et al., 2011). Über die Sinnesorgane werden Informationen als Reize aus der Umwelt

empfangen und kurzzeitig in den modalitätsspezifischen sensorischen Registern gehalten (siehe Abbildung 2.1).

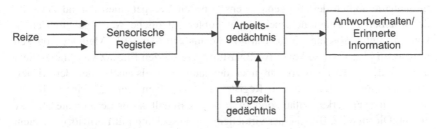

Abbildung 2.1 Modell der menschlichen Informationsverarbeitung (Hasselhorn & Gold, 2013, S. 52)

Die sensorischen Register bestehen aus voneinander unabhängigen auditiven und visuellen Arbeitsspeicher-Prozessoren. Bei auditiven Informationen (z. B. über Hörbücher) werden ausschließlich die Ressourcen im auditiven Arbeitsgedächtniskanal verwendet (siehe Abschnitt 1.4.5; Baddeley, 1986). Die bewusste Ausrichtung der Aufmerksamkeit auf die neu zu lernenden Informationen führt zur Weiterleitung und kurzfristigen Verarbeitung aufgrund der begrenzten Kapazität im Arbeitsgedächtnis (siehe Abbildung 2.1; vgl. auch Cowan, 2001; Hasselhorn & Gold, 2013; Miller, 1956; Peterson & Peterson, 1959). Zu einem Zeitpunkt können nicht mehr als drei neue Informationen gleichzeitig verwertet werden[5]. Neben der Verarbeitungsfunktion dient das Arbeitsgedächtnis auch der Speicherung von Zwischenprodukten bei der Organisation der Informationen (Sweller et al, 2011). Aufgrund der Verarbeitungsbeschränkungen des Arbeitsgedächtnisses könnte es für Lernende Probleme bereiten, kognitiv schwierige Lerninhalte zu verstehen. Das neue Wissen muss daher unverzüglich weiterverarbeitet werden, damit es nicht verloren geht und das weitere Verständnis der neuen Inhalte beeinträchtigt wird. Diejenigen Informationen, die vom Arbeitsgedächtnis zum Langzeitgedächtnis weitergeleitet werden, werden bewusst organisiert, mit dem existierenden Wissen transformiert und langfristig gespeichert. Diese Umformung ist entscheidend für den Lernprozess bzw. den Erwerb von neuem Wissen. Aus dem Arbeitsgedächtnis ergibt sich eine gesteuerte Reaktion, wie z. B. eine Erinnerung der neuen Information (siehe Abbildung 2.1; Zech, 2002).

---

[5] Dies sollte bei der Auswahl des Lernmaterials berücksichtigt werden, sodass nicht mehr als drei neue Informationen für die Lernenden gleichzeitig präsentiert werden sollten (siehe Teil II, Abschnitt 9.1).

Mit Blick auf den Schulunterricht unterstützt das mehrmalige Wiederholen eines neuen Themas das Arbeitsgedächtnis der Lernenden zum Behalten der Lerninhalte auf unbestimmte Zeit. Die Auswahl und Präsentation der neuen Lerninhalte sollten deshalb genauestens von den Lehrpersonen durchdacht sein, da dieselben Informationen meistens auf unterschiedliche Weise gelehrt werden können (siehe Abschnitt 3.2). Darüber hinaus erfordert jede Methode von den Lernenden eine gewisse kognitive Belastung. Durch den Einsatz von Materialien, die von den Lernenden sowohl über den auditiven als auch über den visuellen Prozessor der sensorischen Register aufgenommen werden, wird nicht nur die Arbeitsspeicherkapazität, sondern auch das Behalten der Lerninhalte effektiv erhöht. Dies wird z. B. bei einer virtuellen Lernumgebung mit Lernvideos erreicht (siehe Abschnitt 1.4.5). Insgesamt sollte das Instruktionsdesign unter Berücksichtigung des zeitlich- und kapazitätsbegrenzten Arbeitsgedächtnisses keine unnötige kognitive Belastung während des Lernprozesses verursachen. Der Lerninhalt sollte sich deshalb auf das Wesentliche beschränken (siehe Abschnitt 2.2.2; Sweller et al., 2011).

Informationsspeicherprinzip
Die Verarbeitung der Informationen im Langzeitgedächtnis (siehe Abbildung 2.1) erfolgt mithilfe des „Informationsspeicherprinzips" und anhand von Wissensstrukturen, den sogenannten *Schemata*, die als kognitive Konstrukte das neu erworbene Wissen abspeichern (vgl. Piaget, 1928; Bartlett, 1932; Chi, Glaser, & Rees, 1982; Luchins, 1942; Sweller, 1980; Sweller & Gee, 1978). Beim Lernen müssen Schemata mit neuem Wissen bewusst und teilweise mit erheblichem Aufwand verarbeitet werden. Durch vermehrtes Üben oder Wiederholen der Lerninhalte[6] (wie z. B. beim erneuten Abspielen von Lernvideos, siehe Abschnitt 1.4.3) werden die Schemata zunehmend automatisiert und weitgehend ohne Aufwand erworben. Die Anwendung des Gelernten kann dann zu kognitiv nachhaltigem Lernen führen (siehe Abschnitt 2.1; vgl. auch Kotovsky, Hayes, & Simon, 1985; Schneider & Shiffrin, 1977; Shiffrin & Schneider, 1977).

Im Mathematikunterricht sollten die Inhalte die Vorkenntnisse der Lernenden berücksichtigen, welche aus dem organisierten Langzeitgedächtnis abgerufen werden können. Lernende mit einem geringen Vorwissen für bestimmte mathematische Fähigkeiten müssen beim Erlernen neuer Inhalte ihre Denkfähigkeit mehr einsetzen als Experten, welche ihr sekundär erlangtes Wissen einfacher aus den abgespeicherten Informationen des Langzeitgedächtnisses abrufen können.

---

[6] Dies wird beim verschachtelten Lernen initiiert (siehe Abschnitt 3.2).

Dadurch könnte es den Experten deutlich leichter fallen, ihre spezifischen kognitiven Fähigkeiten in Übungen zu den neuen Inhalten anzuwenden. Für die Neulinge könnte dies ein Problem darstellen, weil sie ggf. keine spezifischen Lösungsstrategien aus ihren bisherigen Vorkenntnissen besitzen und sie neu erlernen müssen (siehe Abschnitt 3.3.2; Sweller et al., 2011).

Aufgrund der zentralen Bedeutung des Informationsspeichers besteht eine zentrale Funktion des Mathematikunterrichts darin, für die Lernenden effiziente Lernmethoden zur Erlangung von neuen Informationen bereitzustellen, sodass sie im Langzeitgedächtnis nachhaltig gespeichert werden. Lehrpersonen sollten vor diesem Hintergrund die geplanten Unterrichtstechniken dahingehend prüfen, inwiefern die Lernverfahren konstruktivistisch sind, damit sich das gespeicherte Wissen im Langzeitgedächtnis steigern kann (siehe Abschnitt 3.2; Kirschner, Sweller, & Clark, 2006).

Prinzip der Entlehnung und Reorganisation
Unter dem „Prinzip der Entlehnung und Reorganisation" wird ein Prozess zur Wissensgewinnung verstanden, bei dem die Informationen aus bereits bestehenden fremden Schemata gewonnen und zu eigenen neuartigen Informationsspeichern im Langzeitgedächtnis organisiert werden (Bandura, 1986; Sweller et al., 2011). Im Mathematikunterricht entstammt die Entlehnung der neuen Informationen aus der Vermittlung des sekundären Wissens durch die Lehrpersonen. Fast alle neuen Informationen werden anhand des Zuhörens, Lesens oder Anschauens von Diagrammen und Abbildungen erworben, z. B. beim Frontalunterricht oder bei selbstkonstruierten, angeleiteten Lernvideos (siehe Abschnitt 1.4).

Wenn sich die neuen Informationen im Hinblick auf das bereits existierende Wissen als vorteilhaft erweisen, wird das Vorwissen mit den neuen Inhalten vernetzt und in einem neuen Schema abgespeichert. Der Prozess der Reorganisation führt zur Veränderung der Wissensstrukturen und schließlich zu einem kognitiv nachhaltigen Lernen (siehe Abschnitt 2.1). Im Rahmen der Reorganisation des Wissens werden darüber hinaus diejenigen Informationen reduziert oder eliminiert, welche keinen direkten Bezug zum Vorwissen besitzen (siehe Abschnitte 2.3.3 und 3.3.2; Bartlett, 1932; Sweller et al., 2011). Die direkte und explizite Bereitstellung von relevanten Informationen erweist sich dabei als eine besonders vorteilhafte Unterstützung für die Verknüpfung der Lerninhalte mit dem Vorwissen. Zudem unterstützt eine audiovisuelle Darstellung eine wirksame Reorganisation des eigenen Wissens, wie z. B. bei der sprachlichen und visuellen Darstellung der Lerninhalte bei Lernvideos (siehe Abschnitt 1.4.5; Sweller et al., 2011).

Zufälligkeit als Genesungsprinzip

Die Prinzipien „Entlehnung und Reorganisation" und „Zufälligkeit als Genesungsprinzip" gehören zu den grundlegenden Prinzipien im Informationsverarbeitungssystem. Im Vergleich zum zuvor dargestellten Prinzip der Reorganisation werden beim Genesungsprinzip neue Informationen vom Individuum selbst geschaffen und nicht von einer anderen Person übertragen, wobei die Zufälligkeit die Quelle aller Neuheiten darstellt. Im Mathematikunterricht ist ein funktionierendes kognitives Informationsverarbeitungssystem aus einer Kombination von reorganisiertem Wissen im Langzeitgedächtnis und zufälligen Generierungen erforderlich, u. a. bei der Bildung von Analogien[7]. Ein Verständnis über Analogien kann entweder vonstatten gehen, wenn ein Vorwissen bzw. eine Erfahrung über die Wirksamkeit von Analogien vorhanden ist oder wenn durch eine gewisse Zufälligkeit (z. B. beim Ausprobieren) das Wissen erworben wird.

Mit Blick auf die Lösungsfindung bei Übungsaufgaben könnten sich Lernende mit einem geringen Vorwissen von Lernenden mit einem höheren Vorwissen unterscheiden, weil Letztere mit ihren themenspezifischen Vorkenntnissen schneller Aufgaben begreifen und lösen könnten (siehe Abschnitt 3.3.2). Im Mathematikunterricht müssen alle Lernenden daher genügend Zeit erhalten (siehe Abschnitt 1.4.4), um sich die neuen Lerninhalte anzueignen. Um ein zielgerichtetes und kognitiv nachhaltiges Lernen bei den Lernenden zu fördern, sollten insbesondere Anleitungen bzw. Anweisungen von der Lehrperson gegeben werden (siehe Abschnitt 1.4; Meadow, Parnes, & Reese, 1959; Osborn, 1953; Sweller et al., 2011). In diesem Zusammenhang eignen sich insbesondere selbstkonstruierte, angeleitete Lernvideos der Lehrpersonen.

Prinzip der Organisation und Verknüpfung mit der Umwelt

Das „Prinzip der Organisation und Verknüpfung mit der Umwelt" beschreibt den Vorgang, bei dem das gespeicherte Wissen aus dem kapazitätsunbegrenzten Langzeitgedächtnis in das Arbeitsgedächtnis zurückgeführt und zur Steuerung für Aktivitäten, z. B. für das Lösen von Übungsaufgaben, genutzt wird (siehe Abbildung 2.1). Vor diesem Hintergrund muss den Lernenden im Mathematikunterricht ausreichend Zeit gegeben werden, damit sie sich an die Anforderungen beim Erlernen der neuen Inhalte anpassen können[8]. Im Mathematikunterricht ist das Prinzip der Organisation und Verknüpfung mit der Umwelt am wirksamsten,

---

[7] Analogien müssen u. a. beim verschachtelten Lernen aufgrund der vernetzten Lerninhalte von den Schülerinnen und Schülern gebildet werden (siehe Abschnitt 3.1).

[8] Neben den neuen Lerninhalten müssen sich Lernende ggf. an ein neues Unterrichtskonzept (z. B. an das verschachtelte Lernen, siehe Abschnitt 3.1) oder an eine neue Unterrichtsmethode (z. B. Lernvideos) anpassen.

wenn eine Vielzahl an nützlichen Informationen zur Verfügung stehen und die Lernenden diese angemessen verwenden können (siehe Abschnitt 1.4.6; Sweller et al., 2011; Zech, 2002). In einer virtuellen Video-Lernumgebung können z. B. mehrere Lernvideos zu einzelnen Lerninhalten bereitgestellt werden, welche das neue Wissen mit angepassten Aufgaben üben und vertiefen.

Nach der Beschreibung der Grundprinzipien des Informationsverarbeitungssystems und der Kenntnis über die Verbindung zwischen dem Arbeitsgedächtnis und Langzeitgedächtnis werden im Folgenden zwei wesentliche Arten der CLT im Arbeitsgedächtnis angeführt, welche einen Einfluss auf das Lernen haben (Sweller et al., 2011): Die eigene „intrinsische" und die fremde „extrinsische kognitive Belastung". Anhand dieser zwei Arten lassen sich Erklärungen über das Funktionieren von bestimmten Unterrichtsverfahren ableiten und gewisse Unterrichtskonzepte (z. B. hinsichtlich eines kognitiv nachhaltigen Lernens) bewerten. In diesem Zusammenhang können ergänzend zum Abschnitt 2.2.1 weitere Empfehlungen für Lehrkräfte gegeben werden, um das Lernmaterial hinsichtlich eines kognitiv nachhaltigen Lernens zu optimieren.

2.2.2 Intrinsische Eigenbelastung vs. extrinsische Fremdbelastung

Die *intrinsische kognitive Eigenbelastung* („intrinsic cognitive load"; Sweller et al., 2011, S. 57) wird als die grundlegende Struktur der neuen Informationen definiert. Darüber hinaus setzt sie sich aus dem Vorwissen der Lernenden zusammen. Lernrelevante Informationen stellen intrinsische kognitive Belastungen dar, welche durch die sogenannten „germane resources" (Sweller et al., 2011, S. 58) im Arbeitsgedächtnis bewältigt werden. Eine erhöhte Komplexität der Lerninhalte, wie z. B. durch eine abwechselnde Anordnung und gleichzeitige Behandlung mehrerer Lerninhalte[9], resultiert in eine bessere Vernetzung der neuen Wissensinhalte mit dem Vorwissen im Langzeitgedächtnis.

Pädagogische Gestaltungsprinzipien der Lerninhalte, z. B. das Instruktionsdesign, beeinflussen nicht die intrinsische Belastung, sondern die sogenannte *extrinsische kognitive Fremdbelastung* („extraneous cognitive load"; Sweller et al., 2011, S. 57). Diese Belastungsquelle bezieht sich auf das Unterrichtsdesign und –material. Dazu zählen die Methoden zur Gestaltung und Vermittlung der neuen

---

[9] Die wünschenswerten Erschwernisse (darunter das verschachtelte Lernen) führen zu einem kurzzeitig komplexeren Lernen (siehe Kapitel 3).

Lerninhalte mittels analoger oder digitaler Medien. Die durch das Instruktionsdesign hervorgerufenen extrinsischen kognitiven Belastungen werden mit den
sogenannten „extraneous resources" (Sweller et al., 2011, S. 57) verarbeitet. Aus-
schlaggebend für die Verarbeitung der intrinsischen und extrinsischen kognitiven
Belastung ist die Elementinteraktivität, welche im Folgenden angeführt wird.

2.2.3 Elementinteraktivität und Schwierigkeit des Materials

Unter *Elementinteraktivität* („element interactivity"; Sweller et al., 2011, S. 58)
wird die gleichzeitige Verarbeitung von einzelnen oder interagierenden Elementen im Arbeitsgedächtnis verstanden. Ein Element fasst alles zusammen,
was an neuer Information gelernt und verarbeitet wird. Mehrere Elemente werden in Teilschemata aufgenommen, welche durch die Schemakonstruktion in
ein oder mehrere übergeordnete Schemata höherer Ordnung im Langzeitgedächtnis abgespeichert werden (siehe Abschnitt 2.2.1). Durch diesen Prozess
wird der Arbeitsspeicherpool entlastet und die Ressourcen für die lernrelevanten
Informationen freigegeben (Sweller et al., 2011; Sweller & Chandler, 1994).

Im Zusammenhang mit der Elementinteraktivität lassen sich weiterhin folgende Aussagen hinsichtlich der Schwierigkeit treffen, welche beim Lernen von
neuem Wissen bedeutend sind: Ein Material mit einer hohen Elementinteraktivität
kann selbst bei einer geringen Anzahl an lernrelevanten Elementen Schwierigkeiten bei der gleichzeitigen Verarbeitung aller Elemente verursachen. Bei einzelnen
Elementen (z. B. bei in sich geschlossenen Lerneinheiten[10]) ist die Elementinteraktivität gering, wodurch sie unabhängig voneinander im Arbeitsgedächtnis
verarbeitet werden können und dadurch die kognitive Eigenlast gering ausfällt.
Ziel ist es allerdings, die Unterrichtsprinzipien so zu gestalten, dass Lernende
eine erhöhte intrinsische kognitive Eigenlast bewältigen können[11] (Sweller et al.,
2011).

Der Grad der Elementinteraktivität und der Komplexität des Unterrichtsge-
genstandes wirken sich auf das Verständnis der neuen Lerninhalte aus, welches
ebenfalls durch die intrinsische und extrinsische Belastung erklärt werden kann
(siehe Abschnitt 2.2.2).

---

[10] Dies ist beim geblockten Lernen der Fall (siehe Abschnitt 3.1).

[11] Eine Möglichkeit wäre das verschachtelte Lernen, welches allerdings an die Komplexität
der Jahrgangsstufe angepasst werden müsste (siehe Abschnitt 3.2).

2.2.4 Verstehen im Kontext der gesamten kognitiven Last

Unter dem *Verstehen* ist das Nachvollziehen des Lernmaterials gemeint, welches eine hohe Elementinteraktivität beinhaltet und mit einer hohen intrinsischen kognitiven Eigenbelastung assoziiert wird. Ein vollständiges Verstehen der neuen Lerninhalte erfordert die gleichzeitige Verarbeitung aller Elemente des Lernmaterials im Arbeitsgedächtnis. Je schwieriger die neuen Informationen sind, desto mehr Elemente müssen simultan verarbeitet werden (siehe Abschnitt 2.2.3). Dadurch steigt die Anzahl der Elemente, welche in die bereits vorhandenen Schemata des Langzeitgedächtnisses integriert werden. Zusätzlich nimmt die Anzahl der interagierenden Elemente beim Verstehen zu.

Da die Verarbeitung der intrinsischen und extrinsischen Belastung im kapazitätsbegrenzten Arbeitsgedächtnis auf eine geringe Menge an Elementen begrenzt ist (siehe Abschnitt 2.2.1), können unter Umständen nicht alle neuen Wissenselemente begriffen bzw. verstanden werden. Dahingehend ist die Zusammensetzung der gesamten kognitiven Last entscheidend: Beide Belastungsarten befinden sich zeitgleich in demselben undifferenzierten, ressourcenlimitierten *Arbeitsspeicherpool* („working memory pool"; Sweller et al., 2011, S. 58) und werden zu einer gesamten kognitiven Belastung addiert, welche die erforderlichen Ressourcen zur Verarbeitung des neuen Wissens bestimmt. Wenn die kognitive Gesamtbelastung die verfügbaren Ressourcen übersteigt, kann das kognitive Informationsverarbeitungssystem nicht alle notwendigen Informationen speichern. Aufgrund des begrenzten Arbeitsspeicherpools sollte das Ziel verfolgt werden, die extrinsische kognitive Fremdlast durch das Instruktionsdesign zu minimieren[12], da die Verarbeitung von vielen Elementen bezüglich des Lernmaterials ein verständnisbasiertes und kognitiv nachhaltiges Lernen behindern könnte (siehe Abschnitt 2.1). Darunter werden alle kognitiven Aktivitäten zusammengefasst, die mit dem Lerngegenstand verbunden sind. Bei der Berücksichtigung einer geringen extrinsischen kognitiven Belastung können ausreichend Arbeitsspeicherressourcen für die lernrelevanten Aspekte verwendet werden, welche aus der intrinsischen kognitiven Eigenbelastung resultieren.

Die Erhöhung der intrinsischen kognitiven Belastung kann im Gegensatz dazu vorteilhaft sein, wenn sie durch die verfügbaren Ressourcen bewältigt werden kann. Dadurch kann ein erfolgreicher, kognitiv nachhaltiger Lernprozess

---

[12] Lernvideos auf Tablets als Instruktionsmaterial sollten nicht nur eine einfache Bedienung garantieren, sondern auch eine altersgerechte, sprachliche und inhaltliche Umsetzung aufweisen (siehe Abschnitte 1.4.3 bis 1.4.6).

initiiert werden[13]. Insgesamt sollte das neue Wissen so gelehrt werden, dass keine unnötige kognitive Verarbeitung durch extrinsische Belastungen erzeugt und gleichzeitig die intrinsische kognitive Eigenbelastung erhöht wird. Sweller und Chandler (1994) betonen die Fokussierung des Unterrichts auf eine einfache Gestaltung der Lernmaterialien und das Fördern von verständnisbasiertem Lernen, z. B. mit nachvollziehbaren Erklärungen und Anschauungen (Sweller et al., 2011). Vor diesem Hintergrund können Lernvideos auf Tablets z. B. anhand von Abbildungen den Lerngegenstand veranschaulichen und angemessene Erklärungen von Fachbegriffen und Beispielen liefern, welche ein kognitiv nachhaltiges Lernen fördern können (siehe Abschnitte 1.4.1 und 1.4.5).

Insgesamt kann das Lernen nach der CLT als ein positiver Prozess von der Verarbeitung im Arbeitsgedächtnis bis zur Speicherung im Langzeitgedächtnis aufgefasst werden:

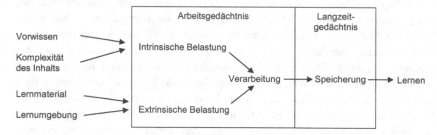

Abbildung 2.2 Zusammenfassung der Cognitive Load Theory nach Sweller. (Eigene Darstellung)

Die CLT erklärt den Lernprozess anhand von zwei kognitiven Belastungen: Die intrinsische Belastung entsteht aus dem Vorwissen und der Komplexität des Lerninhalts und sollte im Lernprozess erhöht werden. Im Gegensatz dazu wird die extrinsische Belastung durch das Lernmaterial und die –umgebung hervorgerufen, welche niedrig gehalten werden sollte. Nach einer erfolgreichen Verarbeitung im Arbeitsgedächtnis und Speicherung der Lerninhalte im Langzeitgedächtnis kommt es zum Wissenserwerb (siehe Abbildung 2.2; Sweller et al., 2011). Für den Zuwachs von mathematischem, sekundärem Wissen sind alle Grundprinzipien (siehe Abschnitt 2.2.1) erforderlich, um dieses langsam mit bewusster

---

[13] Die wünschenswerten Erschwernisse führen kurzfristig zu einer bewussten kognitiven Belastung beim Lernen (siehe Kapitel 3).

Anstrengung und unter Anleitung der Lehrperson zu erwerben. Für eine langfristige Speicherung und Nutzung der neuen Lerninhalte müssen alle Prinzipien beim Lernen im Mathematikunterricht berücksichtigt werden.

Trotz der umfangreichen Theorie der CLT zur Erklärung der Gedächtnisprozesse beim Lernen werden kaum Aussagen bezüglich der Leistung und dem Prozess des Erinnerns[14] getroffen, wodurch sich die folgenden weiterführenden Fragen ergeben:

- Welche Rolle spielt die Leistung beim kognitiv nachhaltigen Lernen?
- Unter welchen Bedingungen erinnern sich Lernende an die neuen Lerninhalte?

Die Klärung der Fragen ist im Besonderen für die vorliegende Studie relevant, da diese Aspekte eine entscheidende Rolle bei der Untersuchung von kognitiv nachhaltigem Lernen einnehmen (siehe Abschnitt 2.1). Neben der CLT nach Sweller ist die NTD nach Bjork eine bedeutende kognitionspsychologische Theorie für den schulischen Kontext, weil die Nachhaltigkeit der Lerneffekte im Fokus steht, welche mit einem geeigneten Unterrichtskonzept erreicht werden sollte[15]. Im Folgenden werden deshalb die wichtigsten theoretischen Annahmen der „New Theory of Disuse" (NTD; Bjork & Bjork, 1992, S. 35) nach Robert Bjork angeführt.

2.3 New Theory of Disuse nach Bjork

In der NTD wird wie bei der CLT die Verarbeitung der Gedächtnisprozesse beim Lernen von neuen Informationen kognitionspsychologisch erklärt. Anders als bei der CLT basiert die NTD auf die Repräsentation des neuen Wissens bezüglich zweier Stärken, welche im Fokus der Theorie stehen (siehe Abschnitt 2.3.2; Bjork & Bjork, 1992).

Bevor die Gedächtnisvorgänge näher beschrieben werden, soll zunächst die Bedeutung der Leistung im Zusammenhang mit dem Lernprozess angeführt werden (siehe Abschnitt 2.3.1). Nach Bjork (1999) kann das Lernen ausschließlich indirekt aus dem Üben der Lernenden erschlossen werden, weil es nicht direkt beobachtbar ist. Anstatt der Erhebung der Lernprozesse können die Leistungen

---

[14] In der CLT ist ausschließlich die Rede davon, dass wichtige Informationen zur Erinnerung im Langzeitgedächtnis abgespeichert werden, während unnötige Informationen eliminiert werden.

[15] Dahingehend prägte Bjork als erster Psychologe die wünschenswerten Erschwernisse, einen neuen Ansatz aus der kognitionspsychologischen Forschung (siehe Kapitel 3).

der Lernenden mithilfe von Tests erhoben werden, welche sowohl im schulischen als auch im wissenschaftlichen Kontext von großer Bedeutung sind.

2.3.1 Leistung im Zusammenhang mit dem Lernprozess

Nach Bjork (1994) gibt die *Leistung* als eine messbare Variable an, inwiefern die Lernenden auf ihr Wissen und ihre Fähigkeiten zugreifen können. Die Leistungsmessung bezieht sich immer auf den aktuellen Wissensstand und nicht auf das langfristige Erinnern der Lerninhalte. Dafür sind mehrere Messungen derselben Wissensinhalte zu unterschiedlichen Zeitpunkten notwendig[16] (vgl. Bjork & Bjork, 2011).

Veränderungen in der Leistung müssen jedoch nicht zwangsläufig zu Veränderungen im Lernprozess führen. Deshalb ist z. B. eine positive Leistung kein verlässliches Indiz dafür, dass ein Lernprozess stattfindet. Nach Bjork (1999) können die Schülerinnen und Schüler einerseits neue Inhalte ohne Veränderung bzw. Verschlechterung der Leistung erlernen, andererseits muss sich eine Verbesserung der Leistung nicht auf ein kognitiv nachhaltiges Lernen auswirken. Bjork und Bjork (2011) betonen daher, dass sowohl Lehrpersonen als auch Wissenschaftler bei der Interpretation der Leistung in Bezug auf das Lernen vorsichtig sein müssen. Die Beurteilung der Leistung als ein Indikator für den stattfindenden Lernprozess kann zu einem Fehlschluss führen.

Durch die Abfrage von Wissen in Wissenstests kann der Abruf des neuen Wissens vom Langzeit- ins Arbeitsgedächtnis in einem gewissen Maß erfasst werden (siehe Abbildung 2.1, Abschnitt 2.2.1). Eine Erhöhung der kognitiven Belastung während der Lernphase wirkt sich auf zukünftige Leistungen aus. Somit kann das Testen der Leistungen (z. B. nach der Lerneinheit) einen Aufschluss über die Lerneffekte von Schülerinnen und Schülern geben.

Um weitere Aussagen über die Leistungen und Auswirkungen auf das Lernen (z. B. hinsichtlich des Vergessens von Lerninhalten) treffen zu können, müssen die Gedächtnisprozesse anhand der zwei wesentlichen Stärken („strengths"; Bjork & Bjork, 1992, S. 45) der NTD weiter beschrieben werden.

---

[16] Bei Interventionsstudien eignen sich Testerhebungen im Prä-Post-Follow-up-Design zur Erfassung von Leistungsentwicklungen (siehe Teil II, Abschnitt 10).

2.3.2 Stärke der Speicherung vs. Stärke des Abrufs

Die *Stärke der Speicherung* („storage strength"; Bjork & Bjork, 1992, S. 45) bezeichnet die Art und Weise, wie gut neue Informationen (die sogenannten „Items") gelernt, im Langzeitgedächtnis gespeichert und mit den bisherigen Wissensstrukturen vernetzt werden. Bjork und Bjork (2011) teilen die Grundannahmen mit Sweller et al. (2011) über ein ressourcenunbegrenztes Langzeitgedächtnis und die Abhängigkeit des neuen Wissens vom Vorwissen (siehe Abschnitt 2.2.1):

Sobald die neu gelernten Items das Langzeitgedächtnis erreichen, werden sie unbegrenzt abgespeichert und bleiben dauerhaft erhalten. Die Stärke der Speicherung wächst bei einer Erhöhung der Möglichkeiten zum Lernen oder beim Erinnern von erlernten Items (z. B. durch Wiederholung des gelernten Stoffes). Dabei ist die Stärke der Speicherung durch die bereits existierenden Items im Langzeitgedächtnis bedingt. Die Stärke der Speicherung kann nicht ansteigen, wenn die existierenden Items bereits eine gewisse Höhe im Langzeitgedächtnis erreicht haben. Demzufolge steigt die Stärke der Speicherung bei Lernenden mit einem hohen Vorwissen nicht so hoch an wie bei Lernenden mit einem niedrigen Vorwissen während des Erlernens derselben neuen Lerninhalte. Die Stärke der Speicherung hat keinen Einfluss auf den Abruf der Lerninhalte aus dem Langzeitgedächtnis (Bjork, 1992; Bjork & Bjork, 1992).

Für den Zugriff auf die Informationen aus dem Langzeitgedächtnis ist eine andere Stärke zuständig: Die *Stärke des Abrufs* („retrieval strength"; Bjork & Bjork, 1992, S. 37). Diese beschreibt ein Maß dafür, wie einfach oder schwer die Items aus dem Langzeitgedächtnis abgerufen werden können. Anders als bei der Stärke der Speicherung ist der Zugriff auf eine bestimmte Anzahl an Items aus dem Langzeitgedächtnis limitiert: Die neu gelernten Items müssen einen stärkeren Reiz als die bereits vorhandenen Items auslösen, welche mit demselben Reiz verbunden sind. Bei der Aufnahme von neuen Items wird das Langzeitgedächtnis kognitiv belastet (siehe Abschnitt 2.2.1; vgl. Sweller et al., 2011), wodurch ausschließlich eine begrenzte Anzahl an zusätzlichen Items aufgenommen werden kann. Nach einer gewissen Zeit gehen diejenigen Items verloren, welche nicht mehr zur Anwendung des Gelernten benötigt werden. Durch diesen Vergessensprozess können neue Wissensinhalte gelernt und im Langzeitgedächtnis abgespeichert werden (siehe Abschnitt 2.3.3).

Nach Bjork und Bjork (1992) müssen die Stärken nicht aufeinander abgestimmt sein, jedoch hängen sie in einer gewissen Weise zusammen. Da ein relevanter Zusammenhang zwischen den beiden Stärken besteht, können sie nicht unabhängig voneinander betrachtet werden: Einerseits kann ein Anstieg der

Stärke der Speicherung eines Items zu einem Abstieg der Stärke des Abrufs für dieses Item führen, andererseits kann eine größer werdende Stärke des Abrufs eines Items das Wachstum der Stärke der Speicherung für das Item verzögern. Ein reines Wiederholen von Unterrichtsthemen und Übungsaufgaben könnte zur sogenannten „Kompetenzillusion" führen, weil die Lernenden davon ausgehen, dass sie die Lerninhalte in ihrer Gesamtheit verstanden haben. Bei dieser Art des Lernens wird allerdings nur die Stärke des Abrufs und nicht die Stärke der Speicherung erhöht. Im Gegensatz dazu steigen beim vernetzten Lernen von Lerninhalten[17] beide Stärken an. Die Stärke des Abrufs steigt umso stärker, je niedriger die momentane Stärke des Abrufs im Langzeitgedächtnis ist. In Folge dessen können die neuen Inhalte vernetzt abgespeichert werden, wobei die Stärke der Speicherung wächst. Die Vorgänge beim Erinnerungsprozess und bei der kognitiven Auseinandersetzung mit Items im Lernprozess führen ebenfalls zu einer Steigerung beider Stärken (siehe Abschnitt 2.3.3; Bjork & Bjork, 1992).

Zusammenfassend wird das Lernen von neuen Informationen durch beide Stärken reguliert. Die Stärke der Speicherung weist eine unbegrenzte Kapazität auf, während die Stärke des Abrufs durch die Anzahl der bereits erlernten Items begrenzt ist. Da die beiden Stärken in einem engen Zusammenhang zueinanderstehen, kann z. B. eine Erhöhung der Stärke der Speicherung die Stärke des Abrufs steigern. Ein kognitiv nachhaltiges Lernen äußert sich im Erinnern von Items, welches einen Anstieg beider Stärken für das Item hervorbringt. Dahingehend werden im folgenden Abschnitt die Gedächtnisprozesse beim Erinnerungs- und Vergessensprozess hinsichtlich der zwei Stärken näher beschrieben.

2.3.3 Vergessen und Erinnern im Lernprozess

Im Vergleich zur Abspeicherung von neuen Items im Lernprozess, handelt es sich beim Erinnerungsprozess der neu gelernten Items aus dem Langzeitgedächtnis um einen größeren Anstieg von beiden Stärken. Des Weiteren ergeben sich die folgenden Implikationen:

– Je schwieriger der Abruf bei einer hohen Stärke des Abrufs eines Items und je tiefer das Item durch eine hohe Stärke der Speicherung im Langzeitgedächtnis vernetzt ist, desto höher ist der erfolgreiche Abruf und das Erinnern von neu gelernten Informationen.

---

[17] Beim verschachtelten Lernen werden die Lerninhalte durch eine abwechselnde Anordnung miteinander vernetzt (siehe Abschnitt 3.1).

– Der erfolgreiche Erinnerungsvorgang ist umso größer, je schwieriger das neue Wissen durch die Stärke des Abrufs abzurufen und je mehr dieses mit dem Vorwissen bezüglich der Stärke der Speicherung verankert ist.

Wenn die Lernenden eine große kognitive Anstrengung für den Erinnerungsprozess aufwenden müssen, steigen beide Stärken an. Beim Abruf der Informationen handelt es sich um die Wiedererlangung von vernetzten Verarbeitungsvorgängen, welche beim kognitiv nachhaltigen Lernen entstehen. Neben Bjork und Bjork (2011) weisen zahlreiche Forschungsbefunde darauf hin, dass diejenigen Lerninhalte, welche im Arbeitsgedächtnis verarbeitet und im Langzeitgedächtnis abgespeichert werden, kaum mehr aus dem Langzeitgedächtnis verloren gehen. Die Ausnahme bildet die Nichtbenutzung von unwichtigen Inhalten, wodurch die momentane Stärke des Abrufs fällt. Das Vergessen von gelernten Informationen muss keinen Nachteil mit sich bringen, im Gegenteil kann es lernförderlich sein. Durch freie Kapazitäten können Items anhand der verfügbaren Ressourcen im Arbeitsgedächtnis verwertet und im Langzeitgedächtnis gespeichert werden (siehe Abschnitt 2.3.2).

Die NTD von Bjork, welche auf den Wirkungsmechanismen der Stärken der Speicherung und des Abrufs beruht, kann in der folgenden Abbildung übersichtlich veranschaulicht werden:

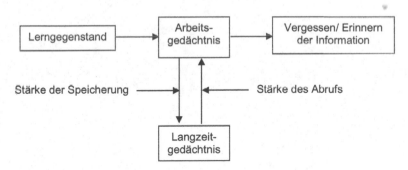

Abbildung 2.3 Zusammenfassung der New Theory of Disuse nach Bjork. (Eigene Darstellung)

Zusammenfassend beeinflusst die Stärke der Speicherung den Prozess vom Arbeits- ins Langzeitgedächtnis, während sich die Stärke des Abrufs auf die Weiterleitung der Informationen aus dem Langzeitgedächtnis zurück ins Arbeitsgedächtnis auswirkt. In Abhängigkeit von beiden Stärken resultiert am Ende des Lernprozesses ein Antwortverhalten bezüglich der behandelten Lerninhalte, welche entweder vergessen oder erinnert werden (siehe Abbildung 2.3).

Bei zunehmenden Zeitabständen zwischen den Lerninhalten erhöht sich das Vergessen des neuen Wissens. Demzufolge stellt die Verteilung der Lernzeit auf verschiedene Lerneinheiten innerhalb eines längeren Zeitraumes zwar ein komplexeres, jedoch wirkungsvolles Lernen dar (Hasselhorn & Gold, 2013). Laut der Theorie von Bjork (1994) führen Unterrichtskonzepte mit einer bewussten, kurzzeitigen Erschwernis langfristig zu einer erhöhten Erinnerungsfähigkeit aus dem Langzeitgedächtnis, weil durch die erhöhte kognitive Belastung tiefere Vernetzungen bei der Verarbeitung der Informationen initiiert werden. In der aktuellen kognitionspsychologischen Forschung werden in diesem Zusammenhang die sogenannten „wünschenswerten Erschwernisse" untersucht (vgl. Helmke, 2015; Lipowsky et al., 2015), welche im Folgenden vorgestellt werden.

Wünschenswerte Erschwernisse 3

Unter *wünschenswerten Erschwernissen* („desirable difficulties"; Bjork & Bjork, 2011, S. 56) werden didaktische Maßnahmen verstanden, welche mit einer kurzfristig schwierigen Aneignungsphase des Lernens einhergehen und den Abruf des neu Gelernten erschweren. Die wünschenswerten Erschwernisse erweisen sich langfristig gesehen als vorteilhaft, weil sie sich laut der NTD positiv auf die nachhaltige Behaltens- und Erinnerungsfähigkeit der Lernenden auswirken. Vor diesem Hintergrund empfehlen Bjork und Bjork (2011) den Lehrenden, sich von traditionellen Unterrichtsverfahren (z. B. dem geblockten Lernen, siehe Abschnitt 3.1) zu lösen und neue Konzepte (z. B. die wünschenswerten Erschwernisse) in die Unterrichtsgestaltung zu integrieren.

Bei der Erforschung der Auswirkungen der wünschenswerten Erschwernisse konnten bisher mehrere empirische Forschungsarbeiten eine Effektivität bezüglich der Lerneffekte belegen (vgl. Bjork & Bjork, 2011; Cepeda et al., 2006; Dunlosky et al., 2013; Lipowsky et al., 2015; Pashler et al., 2007; Pyc & Rawson, 2009): Die Gestaltung einer anspruchsvollen Unterrichtssequenz mit kurzzeitigen Erschwernissen des Lernens machte sich bereits nach kürzester Zeit (z. B. einem Tag nach der Lerneinheit) in den Leistungen positiv bemerkbar. Im Gegensatz zu traditionellen Unterrichtsmethoden wurde unter dem Lernen mit wünschenswerten Erschwernissen deutlich, dass Schülerinnen und Schüler das neue Wissen besser verstehen und transferieren können. Die positiven Effekte der wünschenswerten Erschwernisse werden auf die Verarbeitung der höheren kognitiven Belastung im Arbeitsgedächtnis und der anschließenden Speicherung im Langzeitgedächtnis zurückgeführt (siehe Abschnitt 2.2; vgl. Sweller et al., 2011). Die wünschenswerten Erschwernisse initiieren zudem eine Variabilität der Lerninhalte, wodurch eine intensivere Auseinandersetzung mit dem Lerngegenstand vollzogen wird und stärker vernetzte Wissensstrukturen in den Schemata des Langzeitgedächtnisses gebildet werden (siehe Abschnitt 2.2.1).

© Der/die Autor(en), exklusiv lizenziert durch Springer Fachmedien   53
Wiesbaden GmbH, ein Teil von Springer Nature 2022
M. Afrooz, *Leistungseffekte beim verschachtelten und geblockten Lernen mittels Lernvideos auf Tablets*, Mathematikdidaktik im Fokus,
https://doi.org/10.1007/978-3-658-36482-3_3

Langfristig gesehen (z. B. mehrere Wochen nach der Lerneinheit) verbessern sich sogar die Leistungen der Lernenden im Vergleich zu traditionellen Unterrichtskonzepten, weil Schülerinnen und Schüler das neu Gelernte aus dem Langzeitgedächtnis abrufen können. Beim Lernen mit wünschenswerten Erschwernissen ist ein erfolgreicher Erinnerungsprozess umso effektiver, je schwieriger der Abruf aus dem Langzeitgedächtnis ist. Die Stärke des Abrufs der Items ist umso höher, je vernetzter die neuen Informationen im Langzeitgedächtnis sind, wobei eine hohe Stärke der Speicherung vorausgesetzt ist (siehe Abschnitt 2.3; Pyc & Rawson, 2009).

Die wünschenswerten Erschwernisse lassen sich in verschiedene didaktische Verfahren kategorisieren, welche empirisch nachgewiesen wurden (Lipowsky et al., 2015):

- Generierungseffekt: Die wünschenswerte Erschwernis besteht darin, dass sich die Lernenden das neue Wissen selbst aneignen und eigene Lösungen entwickeln. Aus dem selbsterzeugten Wissen entsteht eine langfristige Erinnerungsfähigkeit.
- Testungseffekt: Tests werden wiederholend eingesetzt, um sie aus dem Langzeitgedächtnis abzurufen. Im Vergleich zu reinen Wiederholungen der Lerninhalte führt der Testungseffekt zu einem langfristigeren Behalten des Gelernten.
- Verteiltes Lernen: Die Lerninhalte werden entsprechend der verfügbaren Lernzeit auf verschiedene Phasen verteilt. Das verteilte Lernen erleichtert das Erinnern des neuen Wissens aus dem Langzeitgedächtnis und das Transferieren des Gelernten auf andere Kontexte.
- Verschachteltes Lernen: Als eine erweiterte Form des verteilten Lernens werden beim verschachtelten Lernen die Wissensinhalte so verteilt, dass sie in abwechselnder Reihenfolge angeordnet sind (siehe Abschnitt 3.1).

Die positiven Effekte, z. B. hinsichtlich langfristig besserer Leistungen, werden durch diejenigen Unterrichtskonzepte erzielt, welche gezielt eine wünschenswerte Erschwernis in den Unterricht integrieren. Beim Einsatz von zwei oder mehr kombinierten wünschenswerten Erschwernissen könnte vermutet werden, dass sich die positiven Effekte steigern. In bereits erfolgten Studien konnten allerdings keine besseren Wirkungen durch zwei oder mehr wünschenswerte Erschwernisse empirisch nachgewiesen werden (vgl. Birnbaum et al., 2012).

Nach Bjork und Bjork (2011) zeigt sich insbesondere das verschachtelte Lernen in Bezug auf das langfristige Erinnern als ein wirkungsvolles Unterrichtskonzept, weil durch das wiederholte Abwechseln der Themeninhalte innerhalb einer Themeneinheit das Verlorengehen der neuen Informationen minimiert wird. Da das verschachtelte Lernen im Fokus dieser Arbeit steht, wird auf eine weitere Beschreibung des Generierungseffekts, des Testungseffekts und des verteilten Lernens[1] verzichtet. Um das verschachtelte Lernen vollständig zu verstehen und von traditionellen Unterrichtskonzepten (z. B. dem geblockten Lernen) unterscheiden zu können, müssen beide Unterrichtskonzepte im Kontrast zueinander eingeführt werden.

3.1   Geblocktes vs. verschachteltes Lernen

Mathematikschulbücher üben einen bedeutenden Einfluss auf die Unterrichtspraxis von Lehrpersonen aus, weil sie bei der Unterrichtsplanung und -vorbereitung als Hilfe genutzt werden. Dabei basiert die Gestaltung der Schulbücher und der meisten traditionellen Unterrichtskonzepte auf einer Vereinfachung des Lernprozesses, indem die Unterthemen eines Lernkomplexes sequenziell in Blöcken behandelt werden. Diese Art des Lernens wird als „geblocktes Lernen" („blocked learning"; Bjork & Bjork, 2011, S. 59) bezeichnet. Allgemein kann das geblockte Lernen mit den Lernblöcken A, B und C, die beispielhaft jeweils zwei verschiedene Unterthemen beinhalten, wie folgt dargestellt werden (vgl. Lipowsky et al., 2015; Rohrer & Taylor, 2007; Ziegler & Stern, 2014):

Abbildung 3.1 Geblocktes Lernen mit den Blöcken A(aus A_1, A_2), B (aus B_1, B_2) und C (aus C_1, C_2). (Eigene Darstellung)

Zunächst wird das erste Unterthema (A_1) eines Blockes eingeführt, daraufhin folgen Übungsaufgaben zu diesem Unterthema. Nachdem Unterthema A_1 abgeschlossen ist, erlernen die Schülerinnen und Schüler das nächste Unterthema (A_2) des Lernblocks A (siehe Abbildung 3.1). Das Prozedere wird beim nächsten Block B aus B_1 und B_2 fortgeführt, bis die Lerneinheit mit dem Lernblock C in der sequenziellen Anordnung der Unterthemen C_1 und C_2 beendet wird (siehe

---

[1] Für eine nähere Beschreibung des Generierungseffektes siehe auch McDaniel, Waddill und Einstein (1988), des Testungseffektes siehe auch McDaniel, Roediger und McDermott (2007) und des verteilten Lernens siehe auch Cepeda, Pashler, Vul, Wixted und Rohrer (2006).

Abbildung 3.1; Rohrer & Taylor, 2007; Ziegler & Stern, 2014). Da sich die Lehrenden bei der Unterrichtsplanung und -durchführung an den Schulbüchern orientieren, gehen Lipowsky et al. (2015) davon aus, dass die Mehrheit aller Schülerinnen und Schüler unabhängig von der Jahrgangsstufe und der Schulform geblockt unterrichtet werden (vgl. auch Rohrer et al., 2014).

Beim verschachtelten Lernen („interleaved learning"; Bjork & Bjork, 2011, S. 59) werden Lerninhalte innerhalb eines Themenkomplexes so behandelt, dass die einzelnen Unterthemen abwechselnd und gleichzeitig angeeignet werden. Diese Vorgehensweise ähnelt dem Spiralprinzip, jedoch unterscheidet sich das verschachtelte Lernen in dem Aspekt der Komplexität. Während beim Spiralprinzip die Schülerinnen und Schüler die gleichen Lerninhalte in verschiedenen Jahrgängen wiederholt behandeln und sich der Schwierigkeitsgrad ändert, werden beim verschachtelten Lernen die Unterthemen eines Themenkomplexes gelehrt. Die Komplexität ergibt sich beim verschachtelten Lernen nicht aus dem Lerngegenstand, sondern aus der kurzzeitigen Erschwernis durch die vermischte Anordnung der Lerninhalte. Außerdem können die neuen Lerninhalte beim Spiralprinzip geblockt angeeignet werden (Brunner, 1974; Krauthausen & Scherer, 2007).

Eine mögliche, allgemeine Darstellung des verschachtelten Lernens mit einem ersten Themenkomplex aus A_1, C_1 und B_1 und einem zweiten Themenkomplex aus C_2, A_2 und B_2 zeigt die Abbildung 3.2:

Abbildung 3.2 Verschachteltes Lernen mit zwei Themenkomplexen und den Unterthemen A_1, C_1, B_1 sowie C_2, A_2, B_2. (Eigene Darstellung)

Die zwei Themenkomplexe symbolisieren eine beispielhafte Anordnung von Unterthemen beim verschachtelten Lernen. Diese simultane Auseinandersetzung mit mehreren unterschiedlichen Lerninhalten stellt aus kognitionspsychologischer Forschung eine Herausforderung bzw. Erschwernis für die Lernenden während des Lernprozesses dar. Das verschachtelte Lernen ist eine wünschenswerte Erschwernis, weil die Schülerinnen und Schüler aus der gezielten kurzfristigen Erschwernis auf langfristige Sicht bessere Leistungs- und Erinnerungsfähigkeiten des Gelernten entwickeln können (Rohrer & Taylor, 2007).

Daraus stellen sich die Fragen, welche weiteren Vorteile sich durch das verschachtelte Lernen im Vergleich zum geblockten Lernen ergeben und warum die meisten didaktischen Unterrichtsmaterialien dem geblockten Unterrichtskonzept entsprechen. Dahingehend sollen die Vor- und Nachteile des geblockten und verschachtelten Lernens insbesondere anhand der Grundlagen der CLT nach Sweller und der NTD nach Bjork erklärt werden, welche sich mit beiden Unterrichtskonzepten auseinandersetzen (siehe Abschnitte 2.1 und 2.3).

3.2 Verschachteltes Lernen – Effektiver als geblocktes Lernen?

Für den Einsatz des geblockten Lernens gibt es plausible Gründe, die sich einerseits auf die Lehrpersonen und andererseits auf die Lernenden beziehen (Bjork & Bjork, 2011). Zunächst werden die positiven Aspekte des geblockten Lernens angeführt, welche dem verschachtelten Lernen gegenübergestellt werden:

Die Lehrpersonen profitieren von der geblockten Unterrichtsform, da sie weit verbreitet und gut bekannt ist. Die vielen verfügbaren Materialien (z. B. Schulbücher) weisen eine geblockte Struktur auf, sodass sich die Lehrenden bei der Unterrichtsplanung an ihnen orientieren können. Beim verschachtelten Lernen handelt es sich hingegen um ein neu erforschtes Unterrichtsverfahren, welches kaum in den aktuellen Unterrichtsmaterialien zu finden ist. Die vermischten Aufgaben am Ende der Kapitel in Mathematikschulbüchern bieten keine Grundlage für verschachteltes Lernen, weil die geblockten Unterrichtsinhalte zum Schluss lediglich zur Übung wiederholt werden. Das Kreieren von Lerninhalten nach neuen Unterrichtskonzepten, wie beim verschachtelten Lernen, erfordert eine intensive zeitliche Auseinandersetzung. Diese Zeit müssen Lehrpersonen beim traditionellen geblockten Lernen nicht aufbringen und können sie anderweitig nutzen. Des Weiteren erweist sich eine sequenzielle Reihenfolge wie beim geblockten Lernen zur Organisation von mehreren Lerninhalten aufgrund der Übersichtlichkeit als vorteilhaft.

Das geblockte Unterrichtskonzept fördert ein einfaches und angenehmes Lernen für die Lernenden, weil sie nicht zusätzlich zum neuen Wissen durch ein neuartiges Unterrichtskonzept, wie beim verschachtelten Lernen, kognitiv belastet werden. Besonders für leistungsschwächere Lernende kann die gleichzeitige Behandlung von mehreren neuen Unterrichtsthemen zu komplex werden. Außerdem können die Lernenden beim geblockten Unterrichtskonzept ihre Aufmerksamkeit und Konzentration auf die Lerninhalte richten und intensiver die Aufgaben innerhalb eines Blockes üben. Für den kurzfristigen Lernerfolg bis zum Ende der Unterrichtseinheit hat sich das geblockte Lernen durchaus bewährt, weil die geblockt Lernenden während der Lerneinheit bessere Leistungen als die verschachtelt Unterrichteten erzielten (vgl. Rohrer & Taylor, 2007).

Nach der CLT nach Sweller wird die kognitive Belastung durch das geblockte Lernen reduziert und die geringere Elementinteraktivität lässt sich durch die frei verfügbaren Ressourcen im Arbeitsgedächtnis schnell verarbeiten. Durch den wenig kognitiv anspruchsvollen Unterricht beim geblockten Lernen werden der Lernvorgang anhand einer schnellen Integration der Elemente in die Schemata erleichtert und das Risiko einer kognitiven Überlastung minimiert. Im Vergleich dazu könnten beim verschachtelten Lernen durch die komplexe Anordnung der Lerninhalte die Ressourcen zur Verarbeitung des neuen Wissens derart ausgelastet werden, dass die Lerninhalte nicht ausreichend in Schemata des Langzeitgedächtnisses verwertet werden können und eine Überforderung zustande kommt (vgl. Ziegler & Stern, 2014).

Angesichts dieser Vorteile scheint das geblockte Lernen auf den ersten Blick ein bewährtes und effektives Unterrichtskonzept zu sein. Bei weiteren Überlegungen kommen die Fragen auf, inwiefern die Einfachheit der Unterrichtsgestaltung als ein allgegenwärtiges Konzept zur Erschließung von neuen Lerninhalten gelten kann und das geblockte Lernen langfristig gesehen (z. B. mehrere Wochen nach der Lerneinheit) die Erinnerungsfähigkeit gewährleisten kann. Zur Klärung der Fragen werden die Schwachstellen des geblockten Lernens und die Vorteile des verschachtelten Lernens diskutiert:

Diskriminatives Kontrastieren vs. Lernen ohne Vergleichen
Unter dem sogenannten *diskriminativen Kontrastieren* („discriminative contrast"; Kang & Pashler, 2012, S. 97) wird das Vergleichen und Unterscheiden von verschiedenen Lerninhalten verstanden. Die Hauptproblematik des geblockten Lernens besteht darin, dass kein diskriminatives Kontrastieren während des Lernprozesses stattfindet: Die Schülerinnen und Schüler lernen das neue Wissen ausschließlich innerhalb der Blöcke und deren spezifischen Aufgaben. Das Lehren über die Gemeinsamkeiten und Unterschiede der Unterthemen einer Lerneinheit wird beim geblockten Lernen kaum berücksichtigt (Rohrer et al., 2014).

Im Gegensatz dazu wird beim verschachtelten Lernen bereits zu Beginn der Übungsphase das diskriminative Kontrastieren integriert, welches als Erklärung für die positiven Effekte des verschachtelten Lernens fungiert. Nach Rohrer und Taylor (2007) stellt das diskriminative Kontrastieren sogar eine bedeutsame Notwendigkeit für den realen Mathematikunterricht dar, weil in der Übungsphase ähnlich aufgebaute Aufgaben unterschieden und gelöst werden müssen. Das Vergleichen und Unterscheiden von mehreren Wissensinhalten werden von Schülerinnen und Schülern nicht nur im Unterricht gefordert, sondern auch in Klassenarbeiten abgefragt. Da die geblockt Lernenden nicht zur Bewältigung dieser Anforderungen ausreichend vorbereitet werden, können sie Aufgabenstellungen über mehrere Themenblöcke hinweg bedingt lösen. Selbst wenn vermischte Übungen am Ende der Lerneinheit eingesetzt werden, sind sie meistens in Themenblöcken zusammengefasst und werden im Unterricht ausschließlich am Ende der Lerneinheit kurz behandelt. In den geblockt angeordneten Schulbüchern nehmen die gemischten Aufgaben hauptsächlich ein bis zwei Seiten ein, sodass sie weniger als 15 % der gesamten Lerneinheit ausmachen. Während die geblockt Lernenden Schwierigkeiten beim Lösen solcher Aufgaben haben, können die verschachtelt Lernenden durch die vorherige Lerneinheit mit den gleichzeitig behandelten Lerninhalten die Unterschiede der Lerninhalte einfacher identifizieren und Aufgaben dieser Art lösen. Das verschachtelte Lernen fördert somit im Vergleich zum geblockten Lernen eine Auseinandersetzung mit den unterschiedlichen Lerninhalten im direkten Vergleich zueinander (Rohrer et al., 2014; Taylor & Rohrer, 2010; Ziegler & Stern, 2014).

Kurzfristige vs. langfristige Leistungsverbesserungen
Nach Bjork und Bjork (2011) führt das diskriminative Kontrastieren beim verschachtelten Lernen empirisch nachweislich zu langfristig besseren Leistungen (z. B. mehrere Wochen nach der Lerneinheit) und einer erfolgreichen Leistungsentwicklung, während nach der geblockten Lerneinheit ausschließlich kurzfristige Verbesserungen der Lernleistungen (z. B. einem Tag nach der Lerneinheit) resultieren könnten. Dadurch tritt beim geblockten Lernen zusätzlich das Problem auf, dass aus den kurzfristig besseren Leistungen auf eine erfolgreiche Leistungsentwicklung geschlossen wird. Dieses Ungleichgewicht zwischen dem tatsächlichen Lernfortschritt und der Annahme einer positiven Leistungsentwicklung wird als „Kompetenzillusion" (Bjork, 1999, S. 438) bezeichnet. Dabei verwechseln die Lernenden die Stärke des Abrufs der neuen Inhalte mit der Stärke der Speicherung. Selbst Lehrpersonen können anhand der Leistungsverbesserungen getäuscht werden, weil sie aus den momentanen Leistungsergebnissen auf einen kognitiv langfristigen Lernfortschritt schließen. Somit beschränken sich die Lehrkräfte ausschließlich auf Leistungsbeurteilungen im Hinblick auf die Klassenarbeiten kurz nach der Lerneinheit. Auf langfristige Sicht kann sich allerdings das geblockte Lernen als ineffektiv erweisen, weil die Lerninhalte nicht ausreichend im Arbeitsgedächtnis verarbeitet und im Langzeitgedächtnis gespeichert werden. Aus der empirischen Forschung zum geblockten und verschachtelten

Lernen wurde nachgewiesen, dass der Erinnerungsprozess an die neuen Lerninhalte bereits einen Tag nach der Unterrichtseinheit stark abnimmt (vgl. Rohrer
et al., 2014; Ziegler & Stern, 2014).

Nach Bjork und Bjork (1992) wird beim geblockten Unterrichtskonzept insgesamt die Leistungsentwicklung aufgrund des Lernens innerhalb der Blöcke
eingeschränkt, weil die Stärke des Abrufs der zu lernenden Items und die Stärke
der Speicherung der jeweiligen Informationen sinken. Im Gegensatz dazu wächst
beim verschachtelten Lernen die Stärke des Abrufs, welche sich positiv auf die
Stärke der Speicherung auswirkt. Dahingehend steigt die Stärke des Abrufs beim
verschachtelten Lernen stärker als beim geblockten Lernen an. Das verschachtelte
Lernen initiiert nicht nur einen wiederholenden Abruf des neuen Wissens durch
die Verschachtelung der Lerninhalte, sondern führt auch zu einer tieferen the-
menübergreifenden Verarbeitung im Arbeitsgedächtnis. Die daran anschließende
Speicherung des Gelernten wird auf vielschichtigen Ebenen im Langzeitgedächtnis vollzogen, wodurch sich die verschachtelt Lernenden langfristig an die Inhalte
erinnern können (vgl. Dunlosky et al., 2013; Ziegler & Stern, 2014, S. 143).

Verteiltes Lernen vs. Lernen am Stück
Neben dem diskriminativen Kontrastieren lassen sich die positiven Effekte des
verschachtelten Lernens gegenüber dem geblockten Lernen auf den *Abstandseffekt* („spacing effect"; Kang & Pashler, 2012, S. 97) zurückführen. Darunter wird
der Lerneffekt verstanden, welcher durch die Wiederholung und die zeitliche
Verteilung der Lerninhalte entsteht. Im Vergleich zum geblockten Lernen kann
das Lernen mit einem Abstandseffekt zu einem erfolgreicheren Lernen führen.
Mit Blick auf das verschachtelte Lernen kann der Abstandseffekt, welcher durch
eine Verschachtelung der Lerninhalte zustande kommt, die Leistungsentwicklungen der Schülerinnen und Schüler begünstigen (Dunlosky et al., 2013; Rohrer
et al., 2014). Die positiven Wirkungen der verschachtelten Unterrichtspraxis sind
allerdings nicht ausschließlich auf den Abstandseffekt zurückzuführen. Bei Eliminierung des Abstandseffektes schneiden die verschachtelt Lernenden in der
langfristigen Leistungsentwicklung trotzdem signifikant besser als die geblockt
Lernenden ab (Taylor & Rohrer, 2010; Ziegler & Stern, 2014).

Außerdem wird beim geblockten Lernen aufgrund der fehlenden Verteilung
der Lerninhalte ein weiteres Problem verursacht: Nach Rohrer et al. (2014) erlernen die Schülerinnen und Schüler Lösungsstrategien von Aufgaben innerhalb
eines Blockes und könnten diese fälschlicherweise auf ein ähnliches Problem
generalisieren, ohne vorher die Aufgabe aufmerksam gelesen haben. Durch diese
Automatisierung können zum einen die Lernenden durch das unaufmerksame
Lesen möglicherweise nicht die passende Lösungsstrategie für die jeweilige

Aufgabe identifizieren, zum anderen wird die Schwierigkeit von mathematischen Lerninhalten und Aufgaben drastisch herabgesenkt. Dies wird auch als „sequenzielles Problem" (Ziegler & Stern, 2014, S. 133) bezeichnet. Dahingegen konfrontiert die verschachtelte Unterrichtspraxis die Lernenden während der gesamten Lerneinheit mit einer gemischten Anordnung der Inhalte und Aufgaben. Dem sequenziellen Problem wird somit entgegensteuert, weil die Lernenden bei jeder Aufgabe zunächst überlegen müssen, welche der gleichzeitig behandelten Lerninhalte abgefragt werden (vgl. Dunlosky et al., 2013; Lipowsky et al., 2015; McCloskey & Cohen, 1989).

Einfachheit vs. Komplexität

Eine weitere Problematik des geblockten Lernens besteht in der Einfachheit des Unterrichtskonzeptes: Nach Sweller et al. (2011) ist die intrinsische kognitive Belastung und damit die Elementinteraktivität durch das geblockte Lernen so sehr herabgesetzt, dass nicht genügend Elemente zur Unterscheidung der Wissensinhalte und zum Verständnis des gesamten Zusammenhangs der Lerneinheit im Arbeitsgedächtnis verwertet werden können. Das verschachtelte Lernen als eine wünschenswerte Erschwernis hingegen erhöht kurzfristig die Komplexität des Materials und die damit einhergehende intrinsische kognitive Belastung. Da das neue Wissen beim verschachtelten Lernen kognitiv anspruchsvoller als beim geblockten Lernen verarbeitet und gespeichert wird, ist die Stärke der Speicherung im Langzeitgedächtnis bei den verschachtelt Lernenden deutlich höher als bei den geblockt Lernenden (Bjork & Bjork, 2011; Kang & Pashler, 2012).

Zusammenfassend wird das geblockte Lernen hauptsächlich aufgrund der kurzfristigen Leistungsverbesserung, des fehlenden diskriminativen Kontrastierens und seiner einfachen Struktur kritisiert. Das verschachtelte Unterrichtskonzept erweist sich lerneffektiver als das geblockte Lernen, weil bei den verschachtelt Lernenden eine tiefere Verankerung der Lerninhalte ins Langzeitgedächtnis vollzogen wird und dadurch ein längerfristiges Behalten des neu Gelernten als bei den geblockt Lernenden resultiert. Auf der einen Seite sind Lehrpersonen zwar skeptisch gegenüber neuen Unterrichtskonzepten, die durch gezielte Erschwernisse die Lernschwierigkeiten der Schülerinnen und Schüler erhöhen. Auf der anderen Seite sollte das primäre Ziel eines sinnvoll aufgebauten Mathematikunterrichts darin bestehen, einen langfristigen Wissenserwerb von neuen Lerninhalten zu garantieren (vgl. Bönsch, 2015).

Im Zusammenhang mit der Frage nach einem kognitiv nachhaltigen Lernerfolg müssen das Unterrichtskonzept und die methodische Auswahl aufeinander abgestimmt werden. Da die Untersuchung der Auswirkungen des geblockten und verschachtelten Lernens in der vorliegenden Studie in Verbindung mit Lernvideos auf Tablets erfolgt, wird der Fokus auf die Gestaltung einer kognitiv nachhaltigen, virtuellen Lernumgebung gelegt. Neben dem Unterrichtskonzept und der Methodik ist eine langfristige Leistungsentwicklung von weiteren relevanten Faktoren (z. B. von persönlichen Merkmalen der Lernenden) abhängig, welche nun angeführt werden.

3.3   Ausgewählte Einflussfaktoren beim Lernen

Lernende, Lehrende, Lerninhalte und digitale Technologien beeinflussen sich wechselseitig. Die dabei auftretenden Wechselbeziehungen sollten bei der Integration von digitalen Medien im Unterricht und in der empirischen Forschung im Schulalltag berücksichtigt werden. Das „klassische" didaktische Dreieck zeigt durch eine Einbettung der digitalen Technologien mögliche Einflussrichtungen beim Lernen mit digitalen Technologien auf (Schmidt-Thieme & Weigand, 2015; Weigand, 2014):

Abbildung 3.3
Didaktisches Dreieck beim
Lernen mit digitalen
Technologien (in
Anlehnung an
Schmidt-Thieme &
Weigand, 2015, S. 480)

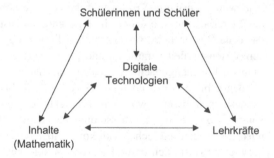

Den Leistungen der Lernenden kommt eine zentrale Bedeutung zu, welche in empirischen Untersuchungen anhand von Wissenstests erhoben werden können (siehe Abschnitte 2.1 und 2.3.1). Wird zusätzlich die Veränderung der Unterrichtsgestaltung bei einer Wissensvermittlung mit dem digitalen Medium Tablet analysiert, sollten die Ergebnisse der Leistungszuwächse oder -abnahmen durch die Variable der Tablet-Nutzung kontrolliert werden. Die Auswirkungen des Tablet-Einsatzes auf die subjektiven Einstellungen der Schülerinnen und Schüler können z. B. mithilfe eines Schülerfragebogens ermittelt werden (siehe Abschnitt 3.3.5; vgl. Tillmann & Bremer, 2017).

Die Veränderung der Unterrichtsgestaltung und Wahl der Methodik liegt bei der Lehrperson. Die Lehrervariable ist als Einflussfaktor in der vorliegenden

Studie allerdings sehr gering gehalten, damit die Interaktionen der Lernenden mit dem digitalen Medium Tablet und den Lerninhalten im Vordergrund stehen. Im Hinblick auf die Lerninhalte kann u. a. untersucht werden, wie traditionelle mit digitalen Medien verbunden werden können. Trotz des starken Wandels des Schulbuchmarktes werden zukünftig traditionelle Medien (wie z. B. Arbeitsblätter, Schulbücher etc.) weiterhin eine bedeutsame Rolle im Mathematikunterricht spielen. Nach Hoyles und Lagrange (2010) sollten deshalb digitale Medien (z. B. Tablets) und traditionelle Medien (z. B. Arbeitshefte) in einem sinnvollen Methodenmix miteinander vernetzt werden, um eine Beziehung zwischen traditionellem Unterricht und einer digitalen Lernumgebung herzustellen (vgl. Weigand, 2011; 2014). Dafür spricht auch, dass den Lernenden die Arbeitsweise im Paper-Pencil-Design bereits seit Beginn ihrer Schulzeit bekannt ist und digitale Medien z. B. im Mittelstufenkontext noch kaum eingesetzt wurden. Durch die Verbindung digitaler und analoger Medien kann das neue Wissen zu einer besseren Leistungsentwicklung führen als das Aneignen der neuen Lerninhalte ausschließlich mit digitalen Technologien bzw. mit analogen Medien[2].

Das Lernen zeigt sich zudem besonders effektiv, wenn das Material durch bildhafte Anschauungen unterstützt wird und einen angemessenen Grad an kognitiver Belastung erzeugt. Dabei ist die Frage besonders interessant, inwiefern das geblockte bzw. verschachtelte Material zu langfristigen Leistungsunterschieden zwischen den Vergleichsgruppen (geblockt und verschachtelt) führt. Im folgenden Abschnitt werden dahingehend zentrale Erkenntnisse aus empirischen Untersuchungen zu verschiedenen mathematischen Inhalten beschrieben.

3.3.1 Mathematische Inhalte

Im Fach Mathematik[3] ist die Untersuchung des geblockten und verschachtelten Lernens hinsichtlich der Leistungsunterschiede äußerst vielversprechend und interessant. Bereits zu unterschiedlichsten Themengebieten des Mathematikunterrichts wurden Studien durchgeführt:

---

[2] Dieser Ansatz zur Verbindung analoger Medien (z. B. eines Arbeitsheftes) und digitaler Medien (z. B. Tablets) wird in der vorliegenden Studie umgesetzt (siehe Teil II, Abschnitte 9.1 und 9.2).

[3] Im Fach Französisch zeigten z. B. die Studien von Schneider, Healy und Bourne (1998, 2002), dass sich die geblockt lernenden College-Studenten beim Lernen von Vokabeln kurz nach den Trainingseinheiten an mehr Vokabelübersetzungen erinnern konnten als die verschachtelte Gruppe. Nach einer Woche wurde ein weiterer Test durchgeführt, bei dem die geblockte und die verschachtelte Gruppe nahezu gleich abschlossen.

- Zuordnungen (Borromeo Ferri, Pede, & Lipowsky, 2020)
- Satz des Pythagoras (Rohrer, Dedrick & Burgess, 2014)
- Terme und Gleichungen (Rittle-Johnson & Star, 2007; Rohrer et al., 2014; Ziegler & Stern, 2014)
- Bruchrechnung (Rau, Aleven, & Rummel, 2013)
- Oberflächen- und Volumenberechnung von Körpern (Rohrer & Taylor, 2007; Taylor & Rohrer, 2010)

Die Untersuchungen zu den mathematischen Inhalten (z. B. in den Themenbereichen der Algebra und Geometrie) hatten gemeinsam, dass die verschachtelt Lernenden deutlich bessere Leistungsverbesserungen erzielten als die geblockt Lernenden, vor allem im Hinblick auf die langfristige Leistungsentwicklung ab einer Woche bis zu mehreren Monaten nach der Lerneinheit (vgl. Taylor & Rohrer, 2010; Ziegler & Stern, 2014).

Trotz der positiven Befunde können keine Verallgemeinerungen über die Effekte der Verschachtelung auf alle Themengebiete der Mathematik getroffen werden. Neben der Themenauswahl muss die Bedingung erfüllt sein, dass die einzelnen mathematischen Lerninhalte im gesamten Themenkomplex eine erfolgreiche Verschachtelung ermöglichen. Demzufolge können ausschließlich bestimmte Lerneinheiten, welche ähnliche Unterthemen und gleichzeitig verschiedene Konzepte beinhalten (z. B. ähnliche Volumina bei unterschiedlichen geometrischen Körpern), optimal verschachtelt werden (vgl. Rohrer & Taylor, 2007).

Außerdem muss vor jedem Einsatz einer verschachtelten Lerneinheit das Ausmaß der Komplexität des Materials an die Lernermerkmale (z. B. an das Vorwissen, siehe Abschnitt 3.3.2) angepasst werden, damit die Lernenden nicht kognitiv überfordert werden und deren Lernprozess behindert wird. Dementsprechend sollte die extrinsische kognitive Belastung des Materials gering ausgeprägt sein, damit ausreichend Ressourcen zur Verarbeitung der intrinsischen kognitiven Belastung verfügbar sind. Unter dieser Voraussetzung können die neuen Lerninhalte, welche durch die Verschachtelung zu einer kurzfristig höheren Komplexität des Materials als beim geblockten Lernen führen, im Arbeitsgedächtnis verarbeitet werden. Nach einer erfolgreichen Integration der neuen Wissensinhalte in das Langzeitgedächtnis kann sich erst das verschachtelte gegenüber dem geblockten Lernen vorteilhafter erweisen, weil dadurch ein langfristig erfolgreicher Abruf der Informationen ermöglicht wird (De Croock & van Merriënboer, 2007; Dobson, 2011; Goldstone, 1996; Sweller et al., 2011).

Neben den mathematischen Inhalten nehmen die Schülerinnen und Schüler als eine Komponente des didaktischen Dreiecks (siehe Abbildung 3.3, Abschnitt 3.3) eine zentrale Rolle ein, weil sie als Ausgangspunkt für jegliche Unterrichtsplanung und -gestaltung betrachtet werden. Neues Wissen wird in bereits vorhandene Schemata eingebaut, sodass nach dem Informationsspeicherprinzip der CLT ein gewisses Vorwissen zur neuen Thematik vorhanden sein sollte (siehe Abschnitt 2.2.2; Sweller et al., 2011). Da bisher das inhaltliche Vorwissen nicht explizit auf das verschachtelte Lernen bezogen wurde, wird im Folgenden die Rolle des Vorwissens im Zusammenhang mit dem Unterrichtskonzept angeführt.

3.3.2 Inhaltliches Vorwissen

Für eine kognitiv nachhaltige Leistungsentwicklung müssen nach Sweller et al. (2011) ausreichend Kapazitäten für die Verarbeitung im Arbeitsgedächtnis und Speicherung im Langzeitgedächtnis vorhanden sein. Ein gewisses Vorwissen zur neuen Thematik bietet eine optimale Basis für die Verwertung der intrinsischen kognitiven Belastung und verhindert eine kognitive Überbelastung. Denn beim Erlernen von neuen Wissensinhalten greifen die Lernenden immer wieder auf die bereits bekannten Wissensstrukturen zurück. Deshalb beeinflusst das Vorwissen das Erlernen von neuem Wissen und die Erinnerungsfähigkeit der Lerninhalte im Langzeitgedächtnis, insbesondere ist das verschachtelte Lernen stark vom Vorwissen abhängig (Gruber & Stamouli, 2009; Weigand, 2011):

Bei einem hohen Vorwissen fällt es den verschachtelt Lernenden leichter, die Wissensinhalte aus dem Gedächtnis zu rekonstruieren. Das Gelernte kann mit einem breiteren Vorwissen zu den behandelten Lerninhalten tiefer in die bereits existierenden Schemata im Langzeitgedächtnis eingearbeitet und vernetzt werden. Die stärkeren Vernetzungen zwischen dem Vorwissen und dem neu Gelernten führen dazu, dass sowohl Fehlkonzepte als auch Lücken im eigenen Wissen besser erkannt werden können. Außerdem wird der Wissenserwerb beim verschachtelten Lernen selbstständig gesteuert und die Leistungen der Lernenden können sich auf langfristige Sicht verbessern (Clark, Nguyen, & Sweller, 2006; Ziegler & Stern, 2014).

Lernende mit einem geringeren Vorwissen müssen bei der verschachtelten Unterrichtspraxis neue Schemata beim Wissenserwerb konstruieren, weil sie unter Umständen nicht auf bisherige Schemata zurückgreifen können. Dadurch kann eine kognitive Überbelastung ausgelöst werden, wenn die neuen Lerninhalte in viele Schemata verarbeitet werden müssen. Infolgedessen könnten der Lernprozess verlangsamt werden und Leistungsverschlechterungen resultieren (Sweller et al., 2011; Taylor & Rohrer, 2010). In den Studien von Mayfield und Chase (2002) sowie Ziegler und Stern (2014) wurde allerdings bewiesen, dass auch leistungsschwache Lernende mit einem geringen Vorwissen von der verschachtelten Lernbedingung profitieren können. Leistungsstarke und -schwache Probanden schnitten im Mathematikunterricht zum Themengebiet Algebra sogar gleichermaßen ab, d. h. sowohl leistungsstärkere als auch leistungsschwächere Lernende zeigten beim verschachtelten Lernen zu den Zeitpunkten kurz vor und kurz nach der Lerneinheit im Vergleich zueinander keine signifikanten Unterschiede im Leistungszuwachs.

Zusammenfassend kann sich die Verschachtelung positiv auswirken, wenn ein gewisses Vorwissen zu der neuen Thematik vorhanden ist, weil die Lernenden mit einem höheren Vorwissen die neuen Lerninhalte in ihr bestehendes Vorwissen integrieren können. Lernende mit keinem oder einem sehr geringen Vorwissen zur neuen Lerneinheit werden allerdings nicht zwangsläufig durch die Verschachtelung in ihrer Leistungsentwicklung gebremst. Das verschachtelte Lernen kann damit weitestgehend unabhängig vom inhaltlichen Vorwissen gelehrt werden.

Genauso wie das Vorwissen steht das Selbstkonzept im Hinblick auf mathematische Fähigkeiten in enger Verbindung zum Lernerfolg im Mathematikunterricht und damit zu den empirisch messbaren Leistungen. Im Folgenden wird das mathematische Selbstkonzept definiert und die Leistung als Determinante des Selbstkonzeptes thematisiert.

3.3.3 Mathematisches Selbstkonzept

Unter dem Begriff des Selbstkonzepts werden in der pädagogischen Psychologie die Einschätzungen der Eigenschaften, Fähigkeiten, Kompetenzen sowie die persönlichen Einstellungen sowohl auf die gesamte Person als auch zu einzelnen persönlichen Merkmalen verstanden (z. B. die Bewertung der eigenen Leistung im Fach Mathematik; Moschner, 2001). Wenn sich die Beschreibungen der eigenen Person auf einen speziellen Bereich beziehen (z. B. auf das schulbezogene oder mathematische Selbstkonzept), wird das Selbstkonzept als bereichsspezifisch bezeichnet (Möller & Trautwein, 2009). Zur Erfassung des mathematischen Selbstkonzepts werden in der mathematikdidaktischen Forschung Fragebögen eingesetzt, welche zu den gängigen Erhebungsinstrumenten zählen und in der Regel aus zwei empirisch kaum zu trennenden Komponenten bestehen (vgl. Marsh, 1990): Die affektive Komponente und die kognitiv-evaluative Komponente. Im eingesetzten Fragebogen der vorliegenden Studie wurden beide Komponenten einbezogen (siehe Teil II, Abschnitt 10.2). Die affektive Komponente wurde durch Items wie z. B. „Mathematik ist spannend" und die kognitiv-evaluative Komponente durch Items wie z. B. „Im Fach Mathematik bekomme ich gute Noten" umgesetzt.

Die Entwicklung des Selbstkonzepts bei Schülerinnen und Schülern ist von verschiedenen Komponenten abhängig, wie z. B. die Art des Lernens im Mathematikunterricht, die Vorerfahrungen mit dem Lerngegenstand aus der Primarstufe (siehe Abschnitt 3.3.2) sowie weiteren multiplen Faktoren (z. B. schulischer Kontext, Lehrpersonen, Eltern, soziale Vergleiche, Schulwechsel, Kausalattributionen, schulische Leistung). Daher kann das Selbstkonzept nicht in seiner Gesamtheit erfasst und abgebildet werden. Bei der Betrachtung des Selbstkonzepts in empirischen Untersuchungen ist es deshalb sinnvoll, ausgewählte Einflussfaktoren bezüglich des Selbstkonzepts zu untersuchen[4].

In der Forschung zum schulischen Selbstkonzept ist die Verbindung zwischen dem Selbstkonzept und der Leistung besonders interessant, da sich Diskrepanzen zwischen der objektiven Leistung und des subjektiven Selbstkonzepts ergeben könnten (vgl. Baumeister et al., 2003; Marsh & Craven, 2006; Valentine, DuBois, & Cooper, 2004; Wylie, 1979). Nach dem sogenannten *Skill-Development-Ansatz* könnten die fachlichen Leistungen (z. B. in Mathematik) das mathematische Selbstkonzept beeinflussen. Ein anderer kognitionspsychologischer Ansatz, der sogenannte *Self-Enhancement-Ansatz*, geht von der umgekehrten Richtung aus, dass mathematische Selbstkonzepte von Schülerinnen und Schülern als ursächlich für die mathematischen Leistungen der Lernenden sind (Helmke, 1992; Helmke & van Aken, 1995; Valentine et al., 2004).

Dahingehend könnten die mathematischen Selbstkonzepte und Leistungen in einem reziproken Zusammenhang zueinanderstehen, allerdings ist das mathematische Selbstkonzept normativ stabil, d. h. Selbstkonzepte derselben Personengruppe weisen eine gewisse Stabilität bei Korrelationen mit demselben Messinstrument bei zwei Messwiederholungen auf. Bereits im Grundschulalter zeigen empirisch gesehen die schulbezogenen mathematischen Selbstkonzepte eine normative Stabilität auf (vgl. Marsh, Craven, & Debus 1998). Mit dem zunehmenden Alter differenziert sich das Selbstkonzept, wodurch sich die Stabilität erhöht wird (Wigfield et al., 1997). Nach Marsh (1989) differenziert sich das Selbstkonzept bis etwa zur fünften Jahrgangsstufe. Ab dem fünften Jahrgang bildet sich meistens ein langanhaltendes Selbstkonzept aus, welches resistent gegenüber Änderungen in der Unterrichtsgestaltung (z. B. gegenüber neuen Unterrichtskonzepten) sein kann. Trotz der Stabilitätsannahme könnte das

---

[4] In der vorliegenden Studie wird der Fokus ausschließlich auf den Zusammenhang des mathematischen Selbstkonzepts und der mathematischen Leistung gelegt werden.

mathematische Selbstkonzept durch neue Methoden beeinflusst werden, jedoch müsste die neue Art des Lernens über mehrere Unterrichtseinheiten ununterbrochen durchgeführt werden, damit sich das Selbstkonzept im Laufe der Zeit ändern kann. Das Stattfinden einer kurzzeitigen Intervention im Rahmen einer empirischen Untersuchung könnte in dem Sinne nicht zwangsläufig zu Veränderungen der mathematischen Selbstkonzepte von Lernenden führen.

In enger Verbindung zum mathematischen Selbstkonzept steht das Lernverhalten, welches ebenfalls zur Komponente der Schülerinnen und Schüler im didaktischen Dreieck gehört (siehe Abbildung 3.3, Abschnitt 3.3) und einen erheblichen Einfluss auf eine erfolgreiche Leistungsentwicklung hat. Im Folgenden wird zunächst das Lernverhalten definiert und später auf die Anstrengungsbereitschaft spezialisiert. Das allgemeine Lernverhalten ist nämlich ein multidimensionales Konstrukt der Kognitionspsychologie und kann in seiner Gesamtheit nicht empirisch erfasst werden. Dabei ist die Anstrengungsbereitschaft ein wesentlicher Aspekt des allgemeinen Lernverhaltens, welche sich sowohl auf die geblockte als auch auf die verschachtelte Unterrichtspraxis auswirken und empirisch erhoben werden kann.

3.3.4 Lernverhalten und Anstrengungsbereitschaft

Unter „Verhalten" werden allgemein alle physischen Tätigkeiten verstanden, die äußerlich wahrnehmbar und beobachtbar sind (Häcker & Stapf, 2009). Nach Ettrich und Ettrich (2006) gehören zum Verhalten auch Erlebnis- und Denkprozesse. Das schulische „Lernverhalten" umfasst ein breit gefächertes Konstrukt, welches aus vielen Verhaltensweisen besteht. Darunter fallen Lernaktivitäten innerhalb und außerhalb der Schule sowie Einstellungen, welche sich vor, während und nach dem Lernprozess herausbilden können (vgl. Sparfeldt, Rost, Schleebusch, & Heise, 2012). Im Vergleich zum mathematischen Selbstkonzept ist das schulische Lernverhalten von Kindern und Jugendlichen kaum erforscht (vgl. Abschnitt 3.3.3):

Die aktuelle Forschungslage der pädagogischen Psychologie orientiert sich hauptsächlich an der Untersuchung selbstbezogener Kognitionen zu schulischen Kompetenzen, während der Einfluss des Lernverhaltens auf die Leistungen bisher nicht ausreichend erforscht ist (Hannover & Kessels, 2011). Bislang liegen aufgrund der umfangreichen Multidimensionalität[5] des Forschungsgegenstandes keine fundierten und hinreichend geprüften Analyseverfahren für das schulische Lernverhalten vor. Einige Studien weisen trotzdem auf einen möglichen Zusammenhang zwischen der Anstrengungsbereitschaft (als einem Aspekt des Lernverhaltens), der Abrufgeschwindigkeit aus dem Gedächtnis und den schulischen Leistungen hin (Hasselhorn & Gold, 2013; Petermann & Petermann, 2014; Schuchardt, Piekny, Grube, & Mähler, 2014).

Die mentale Anstrengung definiert sich als ein Aspekt der kognitiven Belastung, die durch die kognitive Kapazität des Arbeitsgedächtnisses limitiert ist und von den Anforderungen der Aufgaben abhängt. Dementsprechend entspricht die Anstrengung einem Abbild der intrinsischen kognitiven Eigenbelastung (siehe Abschnitt 2.2; vgl. Paas, Tuovinen, Tabbers, & Gerven, 2003). Die Anstrengungsbereitschaft beinhaltet den Aspekt, über Probleme nachzudenken und sich um Lösungen von anstrengenden Aufgaben zu bemühen[6]. Anhand von Likert-Skalen (z. B. vierstufig) kann die geistige Anstrengungsbereitschaft durch eine subjektive Beurteilung der Lernenden empirisch erhoben werden. Subjektive Skalen der mentalen Anstrengungsbereitschaft haben einen großen Nutzen (Moreno, 2004; van Merriënboer, Schuurman, De Croock, & Paas, 2002; Paas, 1992): Sie unterliegen generell einer einfachen Handhabung, indem alle Lernenden einzeln und ohne einen großen zusätzlichen Aufwand gleichzeitig befragt werden können. Fragebögen zur Anstrengungsbereitschaft können vor und nach der Lerneinheit in die normale Unterrichtspraxis integriert werden. Die Befragung eines Fragebogens kann unmittelbar nach einer Lernperiode bzw. im Anschluss an die Erhebung eines Wissenstests erfolgen. Durch die Erfassung der Anstrengungsbereitschaft lässt sich die kognitive Belastung als indirekte Größe darstellen, welche auf einem anderen Weg kaum empirisch überprüfbar ist (Sweller et al., 2011).

Ein traditionelles Unterrichtsverfahren, wie z. B. das geblockte Lernen, hat höchstwahrscheinlich einen geringen Einfluss auf die mentale Anstrengungsbereitschaft, weil Schülerinnen und Schüler die Art des Lernens aus der bisherigen Unterrichtspraxis gewohnt sind. Bei einer relativ konstanten Entwicklung der Anstrengungsbereitschaft vor und nach der Lerneinheit werden dahingehend

---

[5] Deshalb wird in der vorliegenden Arbeit der Fokus auf einen Aspekt des Konstruktes „Lernverhalten" gesetzt: Die Lern- bzw. Anstrengungsbereitschaft zum Nachdenken von Problemen.

[6] Die Anstrengungsbereitschaft sollte allerdings von der Anstrengungsrealisierung unterschieden werden, welche die Umsetzung der Anstrengung meint, also z. B. durch das Setzen eines konkreten Ziels und die Erhaltung der Anstrengung beim erschwerten Erreichen des Ziels.

keine erheblichen Auswirkungen auf die Leistungsergebnisse erwartet. Im Vergleich dazu könnte sich ein neues Unterrichtskonzept, wie z. B. das verschachtelte Lernen, auf die Anstrengungsbereitschaft auswirken. Da es durch die abwechselnde Anordnung der Lerninhalte zu einer erhöhten Elementaktivität kommt, werden die Lernenden beim verschachtelten Lernen vergleichsweise mehr als beim geblockten Lernen mental herausgefordert. Die höher aufzubringende Anstrengung bei der Speicherung und dem Abruf des Wissens aus dem Langzeitgedächtnis innerhalb der Lerneinheit können sich folglich negativ auf die Anstrengungsbereitschaft nach der Lerneinheit auswirken. Die Anstrengungsbereitschaft aus dem kurzzeitig erschwerten, verschachtelten Lernen muss allerdings nicht zwangsläufig die Leistungsergebnisse beeinflussen, da in Anlehnung an die meisten empirischen Interventionsstudien von einem kleinen Effekt zwischen der Anstrengungsbereitschaft und den Leistungen ausgegangen werden kann (siehe Abschnitte 2.2, 2.3 und 3.2; vgl. Lehrl & Richter, 2018; Ministerium für Bildung, Frauen und Jugend, 2003; Sweller et al., 2011).

Insgesamt ist das Untersuchen des Einflussfaktors Anstrengungsbereitschaft auf die Leistungen für das Interpretieren der Wirkungen des verschachtelten Lernens äußerst interessant. Aus Sicht der empirischen Forschung kann die subjektive Beurteilung der Anstrengungsbereitschaft ohne großen Aufwand mittels Fragebogen abgefragt und in den Erhebungszeitraum integriert werden. Neben der Anstrengungsbereitschaft umfasst das schulische Lernverhalten die Einstellungen der Lernenden. Im Hinblick auf das Lernen mit digitalen Medien (siehe Abbildung 3.3, Abschnitt 3.3) ist die Einstellung zum Lernen mit Tablets und Lernvideos, insbesondere seitens der Lernenden, bedeutend. In Anbetracht dessen ist didaktisch wertvoll zu wissen, wie sich die Einstellungen vor und kurz nach einer virtuellen Lernumgebung verändern können und inwiefern Lernende Tablets und Lernvideos für schulische Zwecke akzeptieren.

3.3.5 Einstellung gegenüber Tablets und Lernvideos

In engem Zusammenhang mit der Einstellung zum E-Learning steht die Akzeptanz von digitalen Maßnahmen (wie z. B. Lernvideos auf Tablets). Unter Akzeptanz wird im digitalen Kontext eine positive Einstellung der Nutzer gegenüber Innovationen verstanden, wobei sich die Innovation auf das Lernen mit neuen Medien beziehen kann (Simon, 2001). Eine wichtige Kategorie in der Akzeptanzforschung ist die Einstellungsakzeptanz. Darunter werden affektive und kognitive Komponenten zusammengefasst, welche motivational-emotionale sowie personale Aspekte (z. B. Eigennutzen durch das E-Learning) berücksichtigen (Bürg & Mandl, 2004). Die Einstellungsakzeptanz ist von außen nicht direkt beobachtbar und kann ausschließlich über die Einstellung zum E-Learning durch Selbsteinschätzungen der Lernenden erhoben werden[7]. Dafür eignen sich Befragungsmethoden, z. B. ein Fragebogen (Sassen, 2007).

Nach Bastian (2017) existiert bei Kindern und Jugendlichen generell eine positive Beurteilung und Akzeptanz von Tablets. Dies zeigt u. a. die im Auftrag vom rheinland-pfälzischen Ministerium für Bildung, Wissenschaft, Weiterbildung und Kultur gegebene Begleitforschung zum Landesprogramm „Medienkompetenz macht Schule":

In der Studie wurden fünf Gesamtschulen mit mehreren Klassensätzen an Tablets ausgestattet. Dann wurde eine quantitative Befragung an Schülerinnen und Schülern durchgeführt, welche die subjektive Einstellung zur unterrichtlichen Nutzung von Tablets erhob. Vor der Lerneinheit mit den Tablets wurden insgesamt 239 Schülerinnen und Schüler befragt, welche Erwartungen sie an die Effekte des Einsatzes von Tablets im Unterricht haben. Ein zentrales Ergebnis war, dass die Lernenden keine Vorerfahrungen mit Tablets im schulischen Kontext besaßen. 30 % der Schülerinnen und Schüler glaubten daran, dass der Unterricht durch Tablets abwechslungsreicher werden würde und nur 9 % vermuteten, dass sie abgelenkter vom Unterricht sein werden. Nach der Lerneinheit wurden die Einstellungen beim Einsatz von Tablets im Unterricht erneut erfragt. Die Erfahrungen nach der Nutzung mit Tablets waren für Unterrichtszwecke überwiegend positiv geprägt, weil 40 % der Probanden sehr gute, 50 % gute, 8 % schlechte und 2 % sehr schlechte Erfahrungen machten. Zudem fiel auf, dass sich die Einstellungen zum Einsatz von Tablets vor der virtuellen Lernumgebung im Vergleich zur Beurteilung nach der Intervention verbesserte: Die Einstellungen zur Nutzung von Tablets stieg im Hinblick auf einen abwechslungsreichen Unterricht von 30 % auf 42 % und verringerte sich hinsichtlich der Ablenkung im Unterricht von 9 % auf 7 %.

Aus den empirischen Befragungen vom Rat für kulturelle Bildung (2019) ließ sich außerdem ermitteln, dass Mittelstufenschülerinnen und –schüler die Kluft zwischen der Lebenswelt und dem Schulalltag demotiviert, weil sie fast ausschließlich mit analogen Lernmaterialien im Unterricht arbeiten müssen (siehe Abschnitt 1.2; vgl. Stöcklin, 2012). Im Gegensatz dazu nutzen Kinder und Jugendliche nach dem Rat für kulturelle Bildung (2019) YouTube umso mehr

---

[7] Die Einstellungsakzeptanz kann sich allerdings von der Verhaltensakzeptanz unterscheiden, z. B. kann aus einer positiven Einstellungsakzeptanz nicht zwangsläufig eine positive Einstellung zur Nutzung von digitalen Medien abgeleitet werden.

für außerschulische Zwecke. 50 % der befragten Kinder stufen YouTube sogar für schulische Belange als wichtig bis sehr wichtig ein. Wenn Schülerinnen und Schüler die Videos für Unterrichtszwecke verwenden, nutzen sie diese hauptsächlich zum tieferen Verständnis und zur Wiederholung der Lerninhalte aus dem Schulunterricht sowie zur Hilfestellung bei Hausaufgaben und zur Prüfungsvorbereitung. Die Hauptursache für die Nutzung und die positiven Einstellungen (z. B. gegenüber Tablets) sehen die Kinder und Jugendlichen in den unterschiedlichen Anwendungsmöglichkeiten, wie z. B. den Apps, Video- sowie Fotofunktionen. Sie wecken ihre Neugierde, begeistern sie und fördern ihre Interessen. Schülerinnen und Schüler heben vor allem diejenigen Lernvideos hervor, welche ihnen eine einfachere und bessere Aneignung von neuen Informationen ermöglichen. An Lernvideos schätzen die Lernenden besonders die Darstellung der Inhalte und die Funktionen, dass diese beliebig oft angesehen und gestoppt werden können (siehe Abschnitt 1.4.3).

Die Vorerfahrungen mit Lernvideos und dem selbstbestimmten Umgang mit digitalen Medien (z. B. Tablets) zu Hause könnten die Lehrpersonen für virtuelle Lernumgebungen im Schulalltag nutzen. Nach der MOLA-Studie wird die Arbeit mit Tablets von Schülerinnen und Schülern aufgrund der Vorkenntnisse aus der bisherigen außerschulischen Mediennutzung als leicht eingestuft. Dies stellt einerseits eine optimale Voraussetzung für die Einstellung und Akzeptanz der Lernenden für die Tablets dar, andererseits können sich Schülerinnen und Schüler im Unterricht auf die Bearbeitung von Aufgaben fokussieren, weil die Handhabung mit Tablets bereits bekannt ist.

Da sich Schülerinnen und Schüler wünschen, Tablets regelmäßig für Lernzwecke im Unterricht zu nutzen, kann sich die Verknüpfung der Wissensaneignung mit Lernvideos auf Tablets positiv auf kognitive Verarbeitungsprozesse und insbesondere auf zukünftige Lernprozesse auswirken (Tillmann & Bremer, 2017). Ein Zusammenhang zwischen den Einstellungen zum Einsatz von digitalen Medien im Mathematikunterricht und den fachlichen Leistungen kann, muss allerdings nicht zwangsläufig, bestehen. Davon abhängig sind bspw. die neuen Unterrichtsinhalte und die zeitliche Länge der virtuellen Lernumgebung. In Bezug auf die Untersuchung von geblockt vs. verschachtelt konstruierten E-Learning-Umgebungen lassen sich keine weiteren Aussagen über eine mögliche Korrelation treffen, da der Zusammenhang zwischen Einstellungen zum Einsatz digitaler Medien und mathematischen Leistungen bisher nicht untersucht wurde. Neben diesem Forschungsdesiderat gibt es weitere Forschungslücken, welche sich aus der aktuellen Forschungslage zum geblockten und verschachtelten Lernen ergeben und nun vorgestellt werden.

Aktuelle Forschungslage: Geblocktes vs. verschachteltes Lernen

4

Da das verschachtelte Lernen unter den wünschenswerten Erschwernissen sehr wenig erforscht ist, werden exemplarisch vier ausgewählte, relevante empirische Untersuchungen aus dem Mathematikbereich vorgestellt. Alle vier Studien werden einen Einblick zur Untersuchung des geblockten und verschachtelten Lernens im Mathematikunterricht geben und verschiedene Schwerpunkte in der aktuellen mathematikdidaktischen Forschung aufzeigen.

4.1 Ausgewählte Studien

Geblocktes vs. verschachteltes Lernen bei Erwachsenen im Paper-Pencil-Design[1]
Die meisten empirischen Untersuchungen wurden als Laborstudien an erwachsenen Probanden durchgeführt. Beispielhaft für diese Studien wird die empirische Untersuchung von Rohrer und Taylor (2007) zum Themenkomplex „Berechnung von Volumina geometrischer Körper" an studentischen Probanden (N = 18, davon 13 weiblich) angeführt. In der Interventionsstudie wurden die Lernenden randomisiert auf zwei Gruppen (geblockt und verschachtelt) aufgeteilt und lernten im Paper-Pencil-Design. Die theoretischen Grundlagen und 16 Aufgaben wurden den Probanden in Papierform dargeboten. Die Leistungen wurden mithilfe desselben Wissenstests innerhalb der Trainingsphase und eine Woche danach erhoben:

---

[1] Unter dem Paper-Pencil-Design wird verstanden, dass alle Arbeitsmaterialien und Erhebungsmethoden in Papierform dargeboten werden.

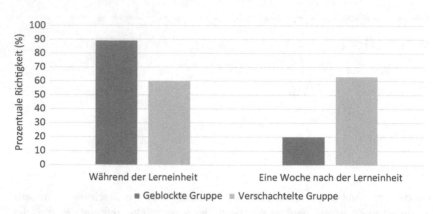

Abbildung 4.1 Prozentuale Richtigkeit der geblockt und verschachtelt Lernenden in den Wissenstests während der Lerneinheit und eine Woche danach (in Anlehnung an Rohrer & Taylor, 2007, S. 493)

Die Wissenstests ergaben folgende Ergebnisse:

Die Leistungsentwicklung ergab vom Zeitpunkt innerhalb der Übungsphase und eine Woche danach einen signifikanten Interaktionseffekt bezüglich der Lernbedingung (geblockt vs. verschachtelt; $F(1,16) = 35.08$, $p < .001$).

Innerhalb der Übungsphase erreichten die geblockt Unterrichteten $M = 89\,\%$ (SD = 4 %) und die verschachtelt Unterrichteten $M = 60\,\%$ (SD = 7 %) richtige Antworten im Wissenstest (siehe Abbildung 4.1). Der t-Test zwischen der geblockten und verschachtelten Lerngruppe führte zu einem signifikanten Unterschied mit einem großen Effekt, wobei sich das geblockte Lernen während der Lerneinheit als vorteilhafter erwies ($t(16) = 3.14$, $p < .01$, $d = 1.06$).

Eine Woche nach der Lerneinheit erzielten die verschachtelt Lernenden $M = 63\,\%$ (SD = 12 %) und die geblockt Unterrichteten $M = 20\,\%$ (SD = 9 %) richtige Antworten (siehe Abbildung 4.1). Dabei handelte es sich um einen signifikanten Unterschied zugunsten der verschachtelten Lernbedingung, der einen großen Effekt hervorbrachte ($t(14) = 2.64$, $p < .05$, $d = 1.34$).

Zusammenfassend zeigte sich in der Studie von Rohrer und Taylor (2007), dass sich das verschachtelte gegenüber dem geblockten Lernen mittelfristig als das effektivere Lernkonzept für Studentinnen und Studenten erwies. Die Ergebnisse bezogen sich auf eine mittelfristige Leistungsentwicklung aufgrund des Testens innerhalb der Lerneinheit und eine Woche danach. Insgesamt bleibt die Frage offen, inwiefern die positiven Befunde an erwachsenen Probanden auf den Schulkontext und im Hinblick auf eine langfristige Leistungsentwicklung (z. B.

nach mehreren Wochen) übertragbar sind. Deshalb wird im Folgenden eine der wenigen empirischen Untersuchungen im schulischen Mathematikunterricht mit einer Erhebung nach 30 Tagen vorgestellt.

Geblocktes vs. verschachteltes Lernen bei Kindern im Paper-Pencil-Design
In der Interventionsstudie von Rohrer et al. (2014) zum Themenkomplex „Rechnerisches und grafisches Lösen von linearen Gleichungen" nahmen Schülerinnen und Schüler des siebten Jahrgangs (N = 126, davon 61 weiblich) teil, welche den Lerngruppen geblockt oder verschachtelt randomisiert zugeteilt wurden. Das Erlernen der Theorie erfolgte durch drei Lehrpersonen der Schule im Frontalunterricht. In der Praxisphase lösten die Schülerinnen und Schüler 12 Aufgaben grafisch oder rechnerisch in Papierform. Die Leistungen wurden mit einem Wissenstest einen Tag und 30 Tagen nach der Lerneinheit gemessen, wobei in der Zeit zwischen den Tests das Thema nicht weiter behandelt wurde:

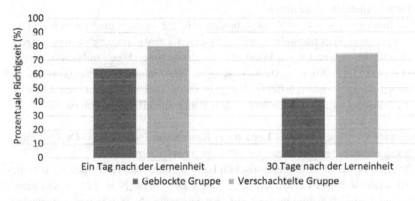

Abbildung 4.2 Prozentuale Richtigkeit der geblockt und verschachtelt Lernenden in den Wissenstests ein Tag und 30 Tage nach der Lerneinheit (in Anlehnung an Rohrer et al., 2014, S. 905)

Die Wissenstests lieferten folgende Resultate:
Der Interaktionseffekt zwischen dem zeitlichen Verlauf und der Lernbedingung (geblockt vs. verschachtelt) ergab einen signifikanten Unterschied mit einem großen Effekt zugunsten des verschachtelten Lernens (F(1.124) = 24.43, p < .001, η^2 = .165).

Das verschachtelte Lernen überzeugte bereits nach einem Tag, wo die verschachtelt Lernenden M = 80 % (SD = 33 %) erzielten, während die geblockt

Lernenden M = 64 % (SD = 42 %) erreichten (siehe Abbildung 4.2). Der t-Test bezüglich der geblockten und verschachtelten Experimentalgruppe führte zu einem signifikanten Unterschied mit einem kleinen Effekt, wobei die verschachtelte Gruppe besser als die geblockte Gruppe abschnitt (t(62) = 2.39, p = .02, d = .42).

Im Test nach 30 Tagen unterschieden sich die geblockt und verschachtelt Lernenden noch deutlicher als nach einem Tag voneinander: Die verschachtelt Lernenden erzielten M = 74 % (SD = 39 %) und die geblockt Unterrichteten M = 42 % (SD = 43 %) richtige Antworten (siehe Abbildung 4.2). Dabei handelte es sich um einen signifikanten Unterschied, welcher einen großen Effekt zugunsten der verschachtelten Experimentalbedingung hervorbrachte (t(62) = 4.54, p < .001, d = .79).

Insgesamt führte die Studie von Rohrer et al. (2014) zu der wichtigen Erkenntnis, dass im schulischen Kontext die verschachtelt Lernenden hinsichtlich der langfristigen Leistungsentwicklung (nach 30 Tagen) signifikant besser als die geblockt Lernenden abschnitten.

Die beiden vorgestellten Studien fanden wie die meisten empirischen Untersuchungen zum verschachtelten und geblockten Lernen im englischsprachigen Raum statt. Im Folgenden wird deshalb eine deutschsprachige Studie von Borromeo Ferri et al. (2020) vorgestellt, welche im schulischen Mathematikunterricht die langfristigen Leistungseffekte des geblockten und verschachtelten Lernens unter Berücksichtigung des Einflusses von Personenmerkmalen untersuchte.

Geblocktes vs. verschachteltes Lernen bei Kindern im Paper-Pencil-Design unter Berücksichtigung des Einflusses von Personenmerkmalen

Die Stichprobe der aktuellen empirischen Untersuchung von Borromeo Ferri et al. (2020) setzte sich aus Lernenden des siebten Jahrgangs (N = 124) zusammen, wobei die Lernenden randomisiert auf die geblockte (N = 62) und verschachtelte Lerngruppe (N = 62) verteilt wurden. Der Unterricht in der acht-stündigen Intervention fand im Wechsel von zwei Lehrkräften statt, um Einflüsse der Lehrperson auf die Leistungen zu kontrollieren. Zum Thema „Zuordnungen" lernten die Schülerinnen und Schüler sowohl das prozedurale Wissen (z. B. die Berechnung von unbekannten Größen) als auch das konzeptuelle Wissen (z. B. die Bestimmung einer Zuordnungsart anhand eines Graphen).

Die Zuordnungsarten der proportionalen, antiproportionalen und sonstigen Zuordnungen wurden in geblockter bzw. verschachtelter Anordnung theoretisch erarbeitet und geübt. Die Aufgaben und Lernmaterialien wurden im Paper-Pencil-Design dargeboten. Um die Wirksamkeit des geblockten und verschachtelten Lernens bezüglich einer kognitiven Nachhaltigkeit zu testen, wurde jeweils ein

Leistungstest zum prozeduralen Wissen viermal (kurz vor, kurz nach der Lerneinheit sowie drei und zehn Wochen danach) und zum konzeptuellen Wissen dreimal (kurz nach der Lerneinheit sowie drei und zehn Wochen danach) eingesetzt. Zunächst werden die Leistungen der geblockt und verschachtelt Lernenden hinsichtlich des prozeduralen Wissens grafisch dargestellt:

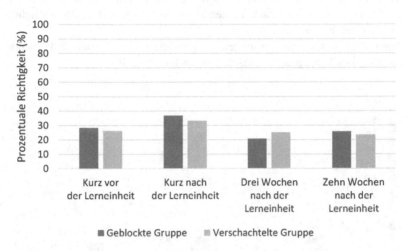

Abbildung 4.3 Prozentuale Richtigkeit der geblockt und verschachtelt Lernenden zum prozeduralen Wissen in den Tests kurz vor, kurz nach, drei Wochen sowie zehn Wochen nach der Lerneinheit. (Eigene Darstellung)

Die Testergebnisse zum prozeduralen Wissen lassen sich wie folgt zusammenfassen:

In der Entwicklung kurz vor bis kurz nach der Lerneinheit ergab sich kein signifikanter Interaktionseffekt zwischen der Zeit und der Lernbedingung ($F(1.89)$ = .772, p = .382, η^2 = .009). Im Prä-Test (kurz vor der Lerneinheit) erreichten die geblockt Lernenden M = 28 % (SD = 16 %) und die verschachtelt Lernenden M = 26 % richtige Antworten (SD = 13 %). Im Post-Test (kurz nach der Lerneinheit) erzielten die geblockt Lernenden M = 37 % (SD = 22 %) und die verschachtelt Lernenden M = 33 % (SD = 19 %) richtige Antworten (siehe Abbildung 4.3).

Im Zeitraum kurz nach bis drei Wochen nach der Lerneinheit war der Interaktionseffekt zwischen der Zeit und der Experimentalbedingung nicht signifikant ($F(1.89)$ = 1.248, p = .267, η^2 = .014). Im Follow-up 1-Test (drei Wochen nach der Lerneinheit) erreichten die geblockt Lernenden M = 21 % (SD = 23 %) und die verschachtelt Lernenden M = 25 % (SD = 23 %) richtige Antworten (siehe Abbildung 4.3).

In der Zeit zwischen drei und zehn Wochen nach der Lerneinheit kam kein signifikanter Interaktionseffekt zwischen der Zeit und der Lernbedingung zustande (F(1.89) = 1.636, p = .204, η^2 = .018). Im Follow-up 2-Test (zehn Wochen nach der Lerneinheit) erzielten die geblockt Lernenden M = 26 % (SD = 23 %) und die verschachtelt Lernenden M = 23 % (SD = 26 %) richtige Antworten (siehe Abbildung 4.3).

Schließlich werden die Leistungen der geblockt und verschachtelt Lernenden hinsichtlich des konzeptuellen Wissens grafisch dargestellt:

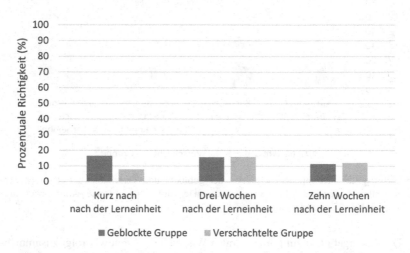

Abbildung 4.4 Prozentuale Richtigkeit der geblockt und verschachtelt Lernenden zum konzeptuellen Wissen in den Tests kurz vor, kurz nach, drei Wochen sowie zehn Wochen nach der Lerneinheit. (Eigene Darstellung)

In der Zeit zwischen dem Post- und Follow-up 1-Test ergab sich ein signifikanter Interaktionseffekt zwischen der Zeit und der Experimentalbedingung mit einer mittleren Effektstärke (F(1.89) = 8.221, p = .005, η^2 = .085). Die geblockt Lernenden erzielten zum Messzeitpunkt des Post-Tests mit M = 16 % (SD = 18 %) richtigen Antworten bessere Leistungen als die verschachtelt Lernenden mit M = 8 % (SD = 11 %) (siehe Abbildung 4.4). Der t-Test zwischen der geblockten und verschachtelten Lerngruppe führte zu einem signifikanten Unterschied mit einem mittleren Effekt zugunsten der geblockten Bedingung (t(91) = 2.750, p = .007).

Zwischen den beiden Follow-up-Tests ist kein signifikanter Interaktionseffekt zwischen der Zeit und der Lernbedingung feststellbar (F(1.89) = .007, p = .935, η^2 = .000). Beide Gruppen erzielten im Follow-up 1-Test M = 16 % (SD = 15 %) richtige Antworten. Im Follow-up 2-Test erreichten die geblockt Unterrichteten M = 11 % (SD = 12 %) und die verschachtelt Unterrichteten M = 12 % (SD = 11 %) richtige Antworten (siehe Abbildung 4.4).

Mit Blick auf die obigen Ausführungen zu den Leistungen lässt sich festhalten, dass sich die geblockt und verschachtelt Lernenden sowohl im prozeduralen als auch im konzeptuellen Wissen im gesamten Erhebungszeitraum gleichermaßen entwickelten und sich deshalb kaum unterschieden. Zusätzlich wurden das Interesse und die Selbstwahrnehmung des Lernerfolgs mittels vierstufigen Likert-Skalen erhoben und die Korrelation zwischen dem Interesse und Lernzuwachs untersucht. Ein Zusammenhang zwischen dem Interesse und dem Lernzuwachs konnte nicht nachgewiesen werden (Pede, Borromeo Ferri, Lipowsky, Vogel, & Schwabe, 2017; Pede & Borromeo Ferri, 2018). Trotzdem ergaben sich interessante Ergebnisse bezüglich der Selbstwahrnehmung des Lernerfolgs, bei der sich die geblockt und verschachtelt Lernenden voneinander unterschieden: Die geblockt Lernenden (M = 2.80, SD = .63) gaben zwar an, mehr Begriffe als die verschachtelt Lernenden (M = 2.71, SD = .83) gelernt zu haben. Im Hinblick auf das Wissen über die unterschiedlichen Arten der Zuordnungen schätzten sich jedoch die verschachtelt Lernenden (M = 3.05, SD = .72) im Vergleich zu den geblockt Lernenden (M = 2.80, SD = .58) besser ein (Pede, Brode, Borromeo Ferri, & Vogel, 2017).

Da die bisher vorgestellten Studien im Paper-Pencil-Design stattfanden und die Probanden die neuen Lerninhalte im Frontalunterricht erlernten, wird im Folgenden eine empirische Untersuchung von Ziegler und Stern (2014) aus der deutschsprachigen Schweiz vorgestellt, welche das Lernen mit einem digitalen Medium und selbstgesteuertem Lernen kombinierte.

Geblocktes vs. verschachteltes Lernen bei Kindern in Kombination mit digitaler und selbstlernender Komponente
Bei der empirischen Untersuchung von Ziegler und Stern (2014) bestand die Stichprobe aus Schülerinnen und Schülern des sechsten Jahrgangs (N = 154, davon 84 weiblich), welche randomisiert auf die verschachtelte und geblockte Gruppe verteilt wurden. Zu Beginn der Lerneinheit wurde der Themenkomplex „Addition und Multiplikation mit Variablen" mit einer digitalen Folienpräsentation eingeführt, danach eigneten sich die Schülerinnen und Schüler die neuen Lerninhalte mit einem selbstlernenden Programm in einer Paper-Pencil-Version

an. Anschließend lösten sie 18 Aufgaben, welche auf neun Arbeitsblättern verteilt wurden. Die erhobenen Leistungen einen Tag, eine Woche und drei Monate nach der Unterrichtseinheit werden in der folgenden Abbildung veranschaulicht:

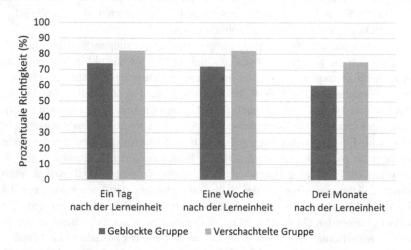

Abbildung 4.5 Prozentuale Richtigkeit der geblockt und verschachtelt Lernenden in den Tests ein Tag, eine Woche und drei Monate nach der Lerneinheit (in Anlehnung an Ziegler & Stern, 2014, S. 138)

Die Wissenstests ergaben folgende Befunde:
Der Interaktionseffekt zwischen den Leistungen über alle Messzeitpunkte hinweg und der Lernbedingung lieferte einen signifikanten Unterschied mit einer mittleren Effektstärke zugunsten der verschachtelten Lernbedingung ($F(1,151) = 15.59$, $p < .001$, $\eta^2 = .09$).

Die verschachtelt Unterrichteten schnitten einen Tag nach der Lerneinheit signifikant besser ab als die geblockt Unterrichteten ab (M = 82 % vs. M = 74 % richtige Antworten; siehe Abbildung 4.5), wobei es sich um einen mittleren Effekt handelte ($t(152) = 2.79$, $p = .003$, $d = .46$).

Eine Woche nach der Lerneinheit ergab sich ein signifikanter Unterschied zugunsten der verschachtelten Lernbedingung (M = 82 % vs. M = 72 % richtige Lösungen; siehe Abbildung 4.5), welcher ebenfalls zu einer mittleren Effektstärke führte ($t(152) = 3.08$, $p = .002$, $d = .50$).

Nach drei Monaten erzielten die verschachtelt Lernenden M = 75 % und die geblockt Lernenden M = 60 % richtige Antworten (siehe Abbildung 4.5). Dabei kam ein signifikanter Unterschied mit einem großen Effekt zum Vorteil der verschachtelten Experimentalbedingung zustande (t(152) = 4.65, p < .001, d = .76). Zusammenfassend konnte durch die Studie von Ziegler und Stern (2014) der langfristige Lernerfolg des verschachtelten Lernens zum Thema „Addition und Multiplikation mit Variablen" an Schülerinnen und Schülern bewiesen werden. Anders als bei den zuvor beschriebenen Studien erlernten die Probanden die Lerninhalte selbstständig, allerdings hauptsächlich mit Stift und Papier (bis auf die digitale Einführung in der Einführungsstunde). Die Ergebnisse aus den vorgestellten Untersuchungen sowie aus anderen Studien (wie z. B. Dobson, 2011; Dunlosky et al., 2013; Le Blanc & Simon, 2008; Rau, Aleven, & Rummel, 2013) zeigten bis auf die Studie von Borromeo Ferri et al. (2020), dass die Lernenden in der verschachtelten Lernbedingung mittel- und langfristig gesehen bessere Leistungen als die geblockt Lernenden erzielten. Insgesamt lässt sich aus den vier vorgestellten Untersuchungen, welche exemplarisch für die aktuelle Forschungslage zum verschachtelten und geblockten Lernen angeführt wurden, im Folgenden ein Überblick über die existierenden Forschungsdesiderate formulieren.

4.2 Forschungsüberblick und –desiderate

Aus der aktuellen Forschungslage und der Darstellung der obigen Studien ergeben sich mehrere Forschungslücken, welche sich auf verschiedene Aspekte (z. B. auf die Auswahl der Probanden und die Langfristigkeit der Effekte) beziehen. Im Folgenden werden diese Forschungsdesiderate übersichtlich dargestellt:

Ort der Studie
Die Mehrheit der Studien zum verschachtelten vs. geblockten Lernen findet im englischsprachigen Raum statt (Dobson, 2011; Dunlosky et al., 2013; Le Blanc & Simon, 2008; Rau et al., 2013; Rohrer et al., 2014; Rohrer & Taylor, 2007; Taylor & Rohrer, 2010), während im deutschsprachigen Raum bisher kaum Studien existieren (z. B. Ziegler & Stern, 2014). Die Ergebnisse aus dem englischsprachigen Raum lassen sich allerdings nicht auf den deutschsprachigen Raum übertragen, weil sich die Bildungsstandards und andere didaktische Konzepte unterscheiden (Hessisches Kultusministerium, 2011a; 2011b; Common Core State Standards Initiative, 2009).

Nach Bönsch (2015) wächst zudem an deutschen Schulen die Forderung, Lernkonzepte im Unterricht bezüglich eines kognitiv nachhaltigen Lernens zu orientieren und gegebenenfalls den herkömmlich aufgebauten Unterricht zu revidieren. Dazu muss die mathematikdidaktische Forschung auf das Testen von neuartigen Unterrichtskonzepten im deutschsprachigen Raum erweitert werden, um Veränderungen oder Anpassungen von „traditionellen" Unterrichtskonzepten (wie z. B. dem geblockten Lernen) vorzunehmen.

Probanden
Die meisten Studien untersuchen das verschachtelte und geblockte Lernen an erwachsenen Probanden, insbesondere an Studierenden (z. B. Birnbaum et al., 2013; Rohrer & Taylor, 2007). Die Befunde über die Wirkungen der beiden Unterrichtskonzepte lassen sich nicht auf jüngere Probanden übertragen, weil sie sich vor allem altersbedingt (z. B. von Schülerinnen und Schülern der Sekundarstufe I) unterscheiden können (Dunlosky et al., 2013).

Schul- und Mathematikbereich
Da bisher ausschließlich wenige Studien an Schülerinnen und Schülern durchgeführt wurden, besteht eine Forschungslücke in unterrichtspraktischen Untersuchungen im Schulalltag. Die Hauptursache liegt darin, dass Lehrpersonen und Schulleiter empirischen Projekten und der Anwendung des verschachtelten Lernens zweifelhaft gegenübertreten (siehe Abschnitt 3.2; Bjork & Bjork, 2011).
    Speziell im Bereich des Mathematikunterrichts existieren kaum Studien zum geblockten und verschachtelten Lernen (Borromeo Ferri et al., 2020; Rau et al., 2013; Rohrer et al., 2014; Rohrer & Taylor, 2007; Taylor & Rohrer, 2010; Ziegler & Stern, 2014). Demzufolge sollte die Forschung zu den Auswirkungen der verschachtelten vs. geblockten Praxis an Lernenden aus dem Mathematikunterricht unbedingt ausgebaut werden.

Setting und Material der Studie
Eine Vielzahl an Studien ist im Design einer Laborstudie rein experimentell angelegt, wodurch keine möglichst „realistische" Situation im natürlichen Klassenzimmer repräsentiert werden kann (Dobson, 2011; Rau et al., 2013; Rohrer & Taylor, 2007). Zudem bestehen die meisten Untersuchungen aus kurzen Lernphasen, welche nicht in der gewöhnlichen Klassenkonstellation der Schülerinnen und Schüler stattfinden (Rau et al., 2013; Ziegler & Stern, 2014). Meistens werden die Lerninhalte mittels des Frontalunterrichtes gelehrt (z. B. Borromeo Ferri et al., 2020). Dabei können zusätzlich Störvariablen durch die Art des Lehrens von verschiedenen Lehrpersonen auftreten, welche sich auf die Leistungsergebnisse der Lernenden auswirken können. Demzufolge enthalten viele Studien wenig bis keine selbstlernenden Möglichkeiten für Schülerinnen und Schüler. Interventionen im Rahmen empirischer Untersuchungen sollten vielmehr einen authentischen Charakter des Mathematikunterrichts im Schulalltag wiederspiegeln. Dazu gehört

seitens der Lernenden eine weitestgehend selbstständige Erarbeitung der Lerninhalte und das Lösen von Aufgaben zum Festigen des neuen Wissens, z. B. anhand
von Arbeitsblättern (Ziegler & Stern, 2014).

Kombination mit digitalen Medien
Seit 2010 finden zwar iPads im Bildungsbereich eine größere Verbreitung (siehe
Abschnitt 1.1; Sheehy et al., 2005; Welling & Stolpmann, 2012), trotzdem besteht
immer noch ein Forschungsdesiderat in der schulischen Digitalisierung. Bisher
existieren sehr wenige Studien zur Integration und Nutzung von Tablets, insbesondere von anderen Endgeräten außer iPads, wie z. B. von Samsung oder ASUS
(Jahnke, 2017; Prasse et al., 2016).

Die Komponente der Digitalisierung wird in der Forschung zum verschachtelten Lernen gegenüber dem geblockten Lernen kaum berücksichtigt. Die
Integration eines digitalen Mediums (z. B. eines Tablets) in die gesamte Lerneinheit wurde bisher nicht ausreichend erforscht. Deshalb können kaum Aussagen
über den Zusammenhang zwischen dem Unterrichtskonzept (z. B. verschachtelt
oder geblockt) und einer Anwendung des Tablets (z. B. Lernvideos) getroffen
werden, obwohl im schulischen Kontext die Kombination von pädagogischen
Konzepten mit digitalen Medien aktuell an Bedeutung zunimmt und zukünftig
eine stärkere Rolle spielen wird (siehe Abschnitte 1.3.1 und 1.3.2).

Einflussfaktoren beim Lernen
Der Schwerpunkt der meisten empirischen Untersuchungen zum verschachtelten und geblockten Lernen beschränkt sich auf die Erhebung der Leistungen
(Taylor & Rohrer, 2010; Dobson, 2011). Weitere Einflussfaktoren (z. B. Perso-
nenmerkmale) auf die Leistungsentwicklung werden nicht hinreichend untersucht.
Im Gegensatz dazu sind viele Studien zur Nutzung von Tablets im Mathema-
tikunterricht fast ausschließlich auf die Erwartungen, Akzeptanz, Zufriedenheit,
Nutzungsmuster und Einstellung zum Lernen mit Tablets ausgerichtet, wobei es
bei diesen empirischen Untersuchungen an Erhebungen von Leistungen mangelt
(Aufenanger, 2017b; Bastian, 2017).

Ein Forschungsdesiderat besteht demnach darin, in einer Video-Lernumgebung
unter dem geblockten vs. verschachtelten Lernen das Erfassen von objektiven
Leistungen mit subjektiven Beurteilungen in einem Forschungsprojekt zu ver-
einen. In der aktuellen Forschung des mathematikdidaktischen Bereichs sollte
also stärker der Einsatz von Tests und Meinungsabfragen kombiniert werden,
weil neben den Leistungseffekten z. B. der Einfluss der Einstellung zum Lernen
mit digitalen Medien auf die Leistungen interessanter und bedeutender für die
Interpretation der Leistungsentwicklungen ist.

Langfristigkeit der Effekte

Bisher existieren kaum Studien zu langfristigen Effekten des verschachtelten und geblockten Lernens sowie zu kognitiv nachhaltigen Wirkungen von digitalen Innovationen im Mathematikunterricht, insbesondere im Sekundarstufenbereich I (Jahnke, 2017). Die Leistungsentwicklungen werden in den meisten empirischen Untersuchungen ausschließlich mit einem Post- und einem Follow-up-Test erhoben (z. B. Rohrer & Taylor, 2007). Bei den überwiegenden Studien fehlt somit eine langfristige Darstellung der Lern- und Erinnerungsprozesse durch das wiederholte Messen der Leistungseffekte (z. B. über mehrere Wochen hinweg).

Schlussfolgernd sollten bei der Erforschung des geblockten vs. verschachtelten Lernens in einer virtuellen Lernumgebung sowohl Befragungen von persönlichen Merkmalen (z. B. die Akzeptanz von Tablets für schulische Zwecke) als auch Tests zu den langfristigen Leistungseffekten erfolgen. Dahingehend müssen die Unterrichtsinterventionen in empirischen Erhebungen unter Einsatz des digitalen Mediums (z. B. Tablet) theoretisch und konzeptionell adäquat durchdacht und zielgruppengerecht aufbereitet sein. Demzufolge sollte das digitale Medium die Rolle als Lernwerkzeug einnehmen und adaptiv in das Unterrichtsgeschehen eingebettet werden (vgl. Schmidt-Thieme & Weigand, 2015; Trenholm et al., 2018).

Insgesamt mangelt es an empirischen Untersuchungen im Mathematikunterricht, welche praxis- und anwendungsorientiert umgesetzt werden und konkrete didaktische Unterrichtskonzepte mit einer virtuellen Lernumgebung verbinden (Schmid et al., 2016). Aus der Notwendigkeit der empirischen Untersuchungen im Schulfach Mathematik testete die vorliegende Studie das verschachtelte Lernen im Vergleich zum geblockten Lernen und in Verbindung mit E-Learning an Lernenden aus zwei Gesamtschulen in einem weitestgehend authentischen Unterricht (siehe Teil II, Kapitel 10).

Zusammenfassung des theoretischen Rahmens 5

Die in Kapitel 1 dargestellte, aktuelle Lage des Einsatzes von E-Learning im Mathematikunterricht zeigt auf der einen Seite, dass einige Lehrpersonen z. B. aufgrund des hohen Zeitaufwandes zur Eigenkonstruktion einer Video-Lernumgebung Bedenken haben. Auf der anderen Seite sind von der digital geprägten Gesellschaft Medienkompetenzen und der selbstbestimmte Umgang mit digitalen Medien nicht wegzudenken. Die Diskrepanz zwischen dem analog praktizierten Schulunterricht und der außerschulischen Mediennutzung (z. B. von Laptops und Tablets) führt zur Notwendigkeit, digitale Lernumgebungen in den Schulalltag zu integrieren. Tablets als kompakte und flexibel anwendbare mobile Endgeräte ermöglichen die Nutzung vielfältiger Lernangebote, wie z. B. Lernvideos. Die eigenständige Entwicklung von Lernvideos ermöglicht eine adäquate Anpassung an das inhaltliche Vorwissen, an die digitalen Vorerfahrungen der Lernenden und im Besonderen an ein sinnvolles pädagogisches Unterrichtskonzept. Der Einsatz von Lernvideos auf Tablets im Mathematikunterricht kann nicht nur das aktive und individuelle Lernen unterstützen, sondern in Verbindung mit analogen Methoden (z. B. Arbeitsblättern) eine kognitiv langfristige Leistungsentwicklung fördern.

Kognitiv nachhaltiges Lernen hängt nicht nur von der Unterrichtsmethode, sondern auch von den Gedächtnisprozessen der Lernenden beim Erlernen der neuen Lerninhalte ab (siehe Kapitel 2). Nach der „Cognitive Load Theory" von Sweller et al. (2011) geht jedes Unterrichtsverfahren von einem gewissen Belastungseffekt aus. Das Ziel der Lehrpersonen soll es sein, die intrinsische kognitive Eigenbelastung zu erhöhen (z. B. durch komplexe Unterrichtskonzepte oder Übungsaufgaben) und die extrinsische kognitive Fremdbelastung zu minimieren (z. B. anhand eines einfachen Designs des Instruktionsmaterials). Dabei fokussieren Sweller et al. (2011) sich auf die im Arbeitsgedächtnis stattfindenden Lernprozesse.

M. Afrooz, *Leistungseffekte beim verschachtelten und geblockten Lernen mittels Lernvideos auf Tablets*, Mathematikdidaktik im Fokus, https://doi.org/10.1007/978-3-658-36482-3_5

Die Annahmen aus der „New Theory of Disuse" von Bjork (1994) beziehen sich stärker auf den Wissensabruf im Langzeitgedächtnis. Die Erinnerungsfähigkeit bezüglich der neuen Inhalte ist umso stärker, je wichtiger die Informationen für die Lernenden sind. Darüber hinaus können die Lernenden die Lerninhalte besser abrufen, je höher die Stärke des Abrufs der Informationen ist und je stärker diese im Langzeitgedächtnis gespeichert werden. Unwichtiges Wissen verliert an der Stärke des Abrufs und wird aufgrund der Nichtnutzung aus dem Speicher des Langzeitgedächtnisses entfernt.

Beide kognitionspsychologischen Theorien haben gemeinsam, dass die Leistungsergebnisse der Lernenden Indikatoren für ein kognitiv langfristiges Lernen darstellen und das verwendete Unterrichtskonzept eine große Bedeutung für eine erfolgreiche Leistungsentwicklung einnimmt. Dahingehend kann durch eine Änderung der Art der Übungsaufgaben bzw. Unterrichtskonzepte eine kognitiv nachhaltige Leistungsentwicklung erzielt werden (Bjork & Bjork, 2011; Sweller et al., 2011).

Ein neuer Ansatz in der kognitionspsychologischen Forschung sind die wünschenswerten Erschwernisse, welche durch Bjork (1994) geprägt worden sind (siehe Kapitel 3). Sie zeichnen sich aus kurzfristig erschwerten Bedingungen im Lernprozess und einer langfristigen Erinnerungsfähigkeit bezüglich der neuen Lerninhalte aus. Das verschachtelte Lernen, welches zu den wünschenswerten Erschwernissen zählt, steht im Fokus der Dissertation. Die Wirkungen des verschachtelten Lernens werden dem geblockten Lernen, einem traditionellen Unterrichtsverfahren, gegenübergestellt und durch die Gedächtnistheorien von Sweller et al. (2011) und Bjork und Bjork (2011) erklärt: Die positiven Effekte des verschachtelten Lernens werden zum einen auf das diskriminative Kontrastieren und zum anderen auf die Verteilung der Lerninhalte zurückgeführt, welche beim geblockten Lernen nicht umgesetzt werden.

Auf Basis des theoretischen Rahmens soll das folgende selbst entwickelte Modell die Wirkungsmechanismen der geblockten und verschachtelten Lernweise veranschaulichen. Ausgehend von einer virtuellen Lernumgebung werden die unterschiedlichen Wirkungsketten der beiden Unterrichtskonzepte gegenübergestellt:

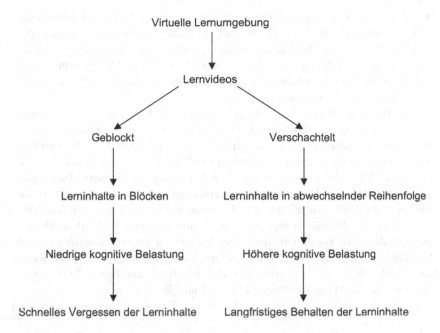

Abbildung 5.1 Modell zu den Wirkungsmechanismen der geblockten und verschachtelten Lernweise in einer virtuellen Lernumgebung mit Lernvideos. (Eigene Darstellung)

Die Darstellung einer virtuellen Lernumgebung mittels Lernvideos begründet sich darin, dass in der vorliegenden Studie die Lerninhalte geblockt bzw. verschachtelt mittels Lernvideos auf Tablets dargeboten wurden. Durch das geblockte Unterrichtskonzept wird ein einfaches Lernen in Blöcken initiiert, während das verschachtelte Lernen aufgrund der abwechselnden Reihenfolge der Lerninhalte komplexer gestaltet ist. Ausgehend von der CLT nach Sweller et al. (2011) und der NTD nach Bjork (1994) unterscheiden sich der geblockte und verschachtelte Lernansatz hinsichtlich der Verarbeitung des neuen Wissens im Arbeitsgedächtnis und der Speicherung im Langzeitgedächtnis: Bedingt durch die niedrige kognitive Belastung können die geblockt Lernenden die Lerninhalte schneller vergessen. Im Gegensatz dazu kann die höhere kognitive Belastung beim verschachtelten Lernen zu einem langfristigen Behalten der Inhalte führen (siehe Abbildung 5.1).

Da es sich um ein theoriegeleitetes Modell handelt, basieren die Wirkungsmechanismen der beiden Unterrichtskonzepte auf die theoretischen Grundlagen der CLT und NTD. Nachdem die Effekte des verschachtelten und geblockten Lernens in der durchgeführten Interventionsstudie getestet (siehe Teil II) und ausgewertet werden (siehe Teil III), kann das entwickelte Modell überprüft und anhand der Ergebnisse aus der durchgeführten Studie ergänzt werden. Dahingehend wird im Diskussionsteil der Arbeit (siehe Teil IV, Kapitel 18) ein Rückbezug zum Modell über die Wirkungsmechanismen der geblockten und verschachtelten Lernweise in einer virtuellen Lernumgebung erfolgen.

Die aktuelle Forschungslage zum geblockten und verschachtelten Lernen zeigt einerseits, dass das verschachtelte Lernen zu langfristig besseren Leistungen im Vergleich zum geblockten Lernen führen kann (siehe Kapitel 4). Andererseits ergeben sich aus den dargestellten Studien verbliebene Forschungsdesiderate, wie z. B. das Testen der Leistungseffekte von Lernenden im Mathematikunterricht und die Kombination des Unterrichtskonzeptes (geblockt bzw. verschachtelt) mit Tablets. Unter Berücksichtigung der Forschungslücken und weiterer Einflussfaktoren (z. B. der Einstellung zum Lernen mit digitalen Medien) wurde die vorliegende Studie konstruiert. Im Folgenden werden die Forschungsfragen und Hypothesen angeführt, welche die Forschungsdesiderate aufgreifen (siehe Kapitel 4) und sich auf die kognitiven Theorien von Bjork und Bjork (2011) sowie Sweller et al. (2011) stützen (siehe Kapitel 2 und 3).

Teil II

Methode

Auf den theoretischen Grundlagen basierend werden im sechsten Kapitel die Forschungsfragen und im siebten Kapitel der Projekthintergrund der Interventionsstudie vorgestellt. Das achte Kapitel umfasst eine detaillierte Beschreibung des Untersuchungsdesigns der quantitativen Erhebung. Daran anknüpfend werden im neunten Kapitel die verwendeten Arbeitsmethoden (Lernvideo und Arbeitsheft) und im zehnten Kapitel die Erhebungsmethoden (Wissenstests und Fragebögen) anhand von Beispielitems dargestellt. Die erhobenen Daten werden mittels Kodierungen und Skalenbildungen im elften Kapitel ausgewertet. Im zwölften Kapitel werden die zentralen Inhalte des Methodenteils zusammengefasst.

Forschungsfragen und Hypothesen 6

Das Ziel der vorliegenden empirischen Studie liegt unter Berücksichtigung der Forschungsdesiderate (siehe Teil I, Abschnitt 4.2) darin, einen Forschungsfortschritt zur Untersuchung des verschachtelten und geblockten Lernens im Zusammenhang mit E-Learning zu leisten. Vor diesem Hintergrund wird die Wirksamkeit der beiden Unterrichtskonzepte bei Lernenden der Sekundarstufe I im Geometrieunterricht mittels angeleiteter Lernvideos auf Tablets untersucht. Die Lernvideos wurden so konstruiert, dass sie im realen Geometrieunterricht eingesetzt werden können. Darüber hinaus wurde insbesondere untersucht, mit welchem der beiden Unterrichtskonzepte ein kognitiv nachhaltigeres Lernen gefördert werden kann.

Ausgehend von den theoretischen Überlegungen zu den Effekten des verschachtelten Lernens (siehe Teil I, Abschnitt 3.2) und der aktuellen empirischen Forschungslage (siehe Teil I, Kapitel 4) werden in dieser Forschungsarbeit insgesamt sechs Forschungsfragen empirisch analysiert. Dabei liegt der Fokus der Arbeit auf der Untersuchung der Leistungen von Schülerinnen und Schülern des fünften Jahrgangs zum Thema „Eigenschaften von Dreiecken und Vierecken". Die Leistungsergebnisse werden mithilfe eines wiederholten Wissenstests ausgewertet, welcher im Zeitraum von kurz vor der Lerneinheit bis fünf Wochen danach eingesetzt wurde. Zunächst werden die Forschungsfragen und Hypothesen bezüglich der Leistungsentwicklungen der geblockt und verschachtelt Lernenden im gesamten Erhebungszeitraum vorgestellt:

Leistungsentwicklungen der geblockt und verschachtelt Lernenden
Forschungsfrage 1a: Wie entwickeln sich die Leistungen der geblockten Lerngruppe in den Wissenstests beim E-Learning mit angeleiteten Lernvideos im Geometrieunterricht?

© Der/die Autor(en), exklusiv lizenziert durch Springer Fachmedien Wiesbaden GmbH, ein Teil von Springer Nature 2022
M. Afrooz, *Leistungseffekte beim verschachtelten und geblockten Lernen mittels Lernvideos auf Tablets*, Mathematikdidaktik im Fokus,
https://doi.org/10.1007/978-3-658-36482-3_6

<u>Forschungsfrage 1b:</u> Wie entwickeln sich die Leistungen der verschachtelten Lern-gruppe in den Wissenstests beim E-Learning mit angeleiteten Lernvideos im Geometrieunterricht?

Aus den Forschungsfragen wird die Hypothese aufgestellt, dass in beiden Lerngrup-pen Leistungsverbesserungen im Zeitraum vor und nach der Intervention erwartet werden. In Anlehnung an die Ergebnisse aus der Expertiseforschung (siehe Teil I, Abschnitt 4.1) werden die Hypothesen wie folgt begründet: Die Lernenden wer-den höchstwahrscheinlich in beiden Experimentalbedingungen ein vergleichbares, geringes Vorwissen zur Lerneinheit „Eigenschaften von Dreiecken und Vierecken" besitzen, da sie sich in Parallelklassen innerhalb der gleichen Schule bzw. in dem gleichen Bildungsgang befinden. Hinsichtlich der Themen vor der Intervention müssten sie ähnlich unterrichtet worden sein: In der Primarstufe werden ihnen ausschließlich einige wenige ebene geometrische Figuren (z. B. Rechtecke und Quadrate aus der Umwelt) bekannt sein. Nach dem Hessisches Kultusministerium (2011c) ist der „Winkelbegriff" in der Primarstufe noch nicht eingeführt[1].

Kurz nach der Lerneinheit müssten sich die Leistungen in beiden Lernbedingun-gen unabhängig vom didaktischen Unterrichtskonzept verbessern, weil in beiden Lerngruppen die gleichen Inhalte zu den „Eigenschaften von Dreiecken und Viere-cken" erlernt wurden, ausschließlich die Reihenfolge variierte. In Anlehnung an die empirischen Studien von Rau et al. (2014), Rohrer und Taylor (2007) sowie Ziegler und Stern (2014) wird davon ausgegangen, dass sich die Leistungen der geblockt Lernenden im Zeitraum von kurz nach der Lerneinheit bis fünf Wochen danach deutlich verschlechtern, während die Leistungen der verschachtelt Lernenden über den Zeitraum von fünf Wochen nach der Intervention weitestgehend unverändert bleiben. Im Anschluss an die separaten Leistungsentwicklungen sind im Besonde-ren die Leistungsunterschiede zwischen den verschachtelt und geblockt Lernenden interessant, welche in der folgenden Forschungsfrage untersucht werden:

Leistungsunterschiede zwischen den geblockt und verschachtelt Lernenden
<u>Forschungsfrage 2:</u> Wie unterscheiden sich die Leistungen der geblockt vs. ver-schachtelt unterrichteten Lernenden in den Wissenstests beim E-Learning mit angeleiteten Lernvideos im Geometrieunterricht voneinander?

---

[1] Selbstverständlich können Unterschiede zwischen den Merkmalen der Lernenden vorhan-den sein, z. B. bezüglich des Vorwissens aus den alltäglichen oder schulischen Vorerfah-rungen. Diese sollten jedoch innerhalb eines Jahrgangs nicht so stark variieren, dass sich signifikante Unterschiede zwischen den Experimentalgruppen ergeben. In dieser Untersu-chung werden die inhaltlichen Vorkenntnisse mit einem Vorwissenstest überprüft (siehe Teil III, Kapitel 13).

Aus der Expertiseforschung zum Vergleich von geblockt und verschachtelt lernenden Schülerinnen und Schülern (siehe Teil I, Abschnitt 4.1) lässt sich ableiten, dass sich einerseits die Leistungen zwischen der geblockten und verschachtelten Lerngruppe unterscheiden und andererseits bereits kurz nach der Intervention eine eindeutige Überlegenheit in den Leistungsergebnissen zugunsten der verschachtelten Lernbedingung zu erwarten ist (siehe Teil I, Abschnitt 4.1, Abbildungen 4.1, 4.2 und 4.5). Basierend auf dem diskriminativen Kontrastieren der Seiten- und Winkeleigenschaften[2] wird für die vorliegende empirische Untersuchung angenommen, dass die verschachtelt Lernenden eine höhere, intrinsische kognitive Belastung als die geblockt Lernenden aufwenden müssen, um sich die Lerninhalte anzueignen (siehe Teil I, Abschnitt 3.2). Durch das verschachtelte Lernen wird zwar die Komplexität erhöht, jedoch ist der Schwierigkeitsgrad durch die Verschachtelung von zwei Unterthemen (Seiten- und Winkeleigenschaften) pro geometrischer Figur gering gehalten[3]. Infolgedessen können die verschachtelt Lernenden nicht kognitiv überlastet werden, sondern im Gegenteil von der für die fünfte Jahrgangsstufe angemessenen geistigen Anstrengung profitieren. In Anlehnung an die Studien von Rohrer et al. (2014) sowie Ziegler und Stern (2014) kann die Unterschiedshypothese formuliert werden, dass die verschachtelt Lernenden bereits zum Zeitpunkt kurz nach der Intervention bessere Leistungen als die geblockt Unterrichteten erzielen könnten (siehe Teil I, Abschnitt 4.1).

Im weiteren zeitlichen Verlauf wird erwartet, dass die verschachtelt Lernenden im Vergleich zu den geblockt Lernenden erheblich besser in der mittelfristigen (zwei Wochen nach der Lerneinheit) sowie in der langfristigen Leistungsentwicklung (fünf Wochen nach der Lerneinheit) abschneiden. Die Überlegenheit der verschachtelten gegenüber der geblockten Praxis bezüglich der Leistungsentwicklungen nach der Intervention lässt sich mithilfe der theoretischen Annahmen von Bjork und Bjork (2011) erklären:

Nach der NTD wird davon ausgegangen, dass die geblockt Lernenden die neu gelernten Inhalte schneller als die verschachtelt Unterrichteten vergessen könnten, weil die einzelnen Lerninhalte beim Lernen in Blöcken kaum in Beziehung zueinander gesetzt werden. Währenddessen könnten die verschachtelt Lernenden bedingt durch das vernetzte Lernen der abwechselnd angeordneten Lerninhalte das neue Wissen langfristiger abrufen. Nach der NTD werden die Lerninhalte bei den verschachtelt Lernenden mit einer höheren Stärke des Abrufs im Arbeitsgedächtnis

---

[2] Die detaillierte Beschreibung der Verschachtelung in der Studie bzgl. der Lerninhalte des Themas „Eigenschaften von Dreiecken und Vierecken" erfolgt im Abschnitt 9.1.

[3] Nach der CLT sollten nicht mehr als drei neue Informationen gleichzeitig präsentiert werden, weil es sonst zu einer Überforderung des kapazitätsbegrenzten Arbeitsgedächtnisses kommen kann (siehe Teil I, Abschnitt 2.2.1).

verarbeitet und im Langzeitgedächtnis gespeichert, sodass ihnen der erneute Abruf der neu gelernten Inhalte leichter fallen könnte. Mit Blick auf die vorliegende Studie könnten sich die verschachtelt Lernenden somit langfristiger an die Seiten- und Winkeleigenschaften der Dreiecke und Vierecke als die geblockt Lernenden erinnern (vgl. Ziegler & Stern, 2011).

Ausgehend von dem Forschungsdesiderat zur Untersuchung von Einflussfaktoren auf die Leistungen beim verschachtelten und geblockten Lernen (siehe Teil I, Abschnitt 4.2), wurden zusätzlich zu den Wissenstests drei Einflussfaktoren anhand eines Fragebogens zweimal (kurz vor und kurz nach der Intervention) erhoben. Dahingehend soll überprüft werden, inwiefern das mathematische Selbstkonzept, die Anstrengungsbereitschaft und die Einstellung zum Lernen mit digitalen Medien einen Einfluss auf die Leistungen ausüben. Diese drei Einflussfaktoren wurden ausgewählt, weil sie als potenzielle Einflussvariablen hinsichtlich des geblockten und verschachtelten Lernens in der konstruierten Video-Lernumgebung relevant sind (siehe Teil I, Abschnitte 3.3.3 bis 3.3.5). Daraus ergeben sich die folgenden Forschungsfragen:

Einflussfaktoren auf die Leistungen der geblockt und verschachtelt Lernenden
Forschungsfrage 3a: Hat das mathematische Selbstkonzept einen Einfluss auf die Leistungen der geblockten vs. verschachtelten Lerngruppe beim E-Learning mit angeleiteten Lernvideos im Geometrieunterricht?
Forschungsfrage 3b: Hat die Anstrengungsbereitschaft einen Einfluss auf die Leistungen der geblockten vs. verschachtelten Lerngruppe beim E-Learning mit angeleiteten Lernvideos im Geometrieunterricht?
Forschungsfrage 3c: Hat die Einstellung zum Lernen mit digitalen Medien einen Einfluss auf die Leistungen der geblockten vs. verschachtelten Lerngruppe beim E-Learning mit angeleiteten Lernvideos im Geometrieunterricht?

Bei der Untersuchung der drei Forschungsfragen 3a bis 3c sollen die Entwicklungen der Einflussfaktoren vor und kurz nach der Lerneinheit betrachtet werden, um einen möglichen Einfluss der drei Faktoren auf die Leistungen zu untersuchen:

Aus den theoretischen Grundlagen zum mathematischen Selbstkonzept (siehe Teil I, Abschnitt 3.3.3) wird erwartet, dass sich sowohl in der geblockten als auch verschachtelten Lerngruppe das mathematische Selbstkonzept im Zeitraum kurz vor bis kurz nach der Intervention kaum ändert, weil bei Schülerinnen und Schülern der fünften Jahrgangsstufe eine gewisse normative Stabilität der fachlichen Selbstkonzepte besteht. Aufgrund der kurz angelegten Lerneinheit (siehe Teil III, Abschnitt 15.1) wird davon ausgegangen, dass sich die unterschiedlichen Arten des Lernens (geblockt bzw. verschachtelt) kaum auf die Entwicklung des mathematischen Selbstkonzeptes auswirken können. Dahingehend wird kein erheblicher Einfluss des mathematischen Selbstkonzeptes auf die Leistungen der geblockt und verschachtelt Unterrichteten angenommen.

Hinsichtlich der Anstrengungsbereitschaft wird bei den geblockt Lernenden erwartet, dass diese im Zeitraum kurz vor bis kurz nach der Intervention etwa gleich bleibt. Beim geblockten Lernen handelt es sich nämlich um ein einfaches und gewohntes Lernen für die Schülerinnen und Schüler, sodass sie keine erhöhte Anstrengung beim Erlernen der neuen Inhalte aufwenden müssen. Währenddessen wird beim verschachtelten Lernen eine geringe Verschlechterung der Anstrengungsbereitschaft nach der verschachtelten Lerneinheit angenommen, weil die verschachtelt Lernenden aufgrund der kurzzeitig erschwerten Bedingung durch die Verschachtelung der Lerninhalte eine höhere mentale Anstrengung beim Wissenserwerb aufbringen müssen. In Anbetracht dessen könnte ein kleiner Einfluss der Anstrengungsbereitschaft auf die Leistungen der verschachtelt Lernenden entstehen. Da es sich allerdings um eine kurze Intervention handelt, wird von keinem erheblichen Einfluss auf die Leistungen der verschachtelt Lernenden ausgegangen, welcher sich im Vergleich zu den geblockt Lernenden stark unterscheidet (siehe Teil I, Abschnitt 3.3.4).

Ausgehend von der außerschulischen Mediennutzung der Lernenden und den positiven Erfahrungen beim Lernen mit digitalen Medien aus den Ergebnissen der vorgestellten empirischen Studien (siehe Teil I, Abschnitte 1.2 und 3.3.5) wird angenommen, dass die Schülerinnen und Schüler in beiden Lernbedingungen das Lernen mittels Lernvideos auf Tablets akzeptieren. Infolgedessen könnten sich die Einstellungen zum Lernen mit digitalen Medien nach der Lerneinheit verbessern. Die positive Veränderung müsste jedoch gering ausfallen, da die Lernenden mit den Lernvideos auf Tablets ausschließlich kurzzeitig in Kontakt treten und die virtuelle Lernumgebung mit analogen Medien kombiniert wird. Zudem wurden sowohl beim geblockten als auch beim verschachtelten Lernen dieselben Lernvideos[4] mit der gleichen Dauer auf Tablets eingesetzt, wodurch sich die Einstellungen zum Lernen mit digitalen Medien in beiden Experimentalbedingungen ähnlich entwickeln müssten. Vor diesem Hintergrund wird kein erheblicher Einfluss der Einstellung zum Lernen mit digitalen Medien auf die Leistungen zwischen den geblockt und verschachtelt Lernenden erwartet.

---

[4] Bis auf die Reihenfolge der Lernvideos handelte es sich um exakt die gleichen Lernvideos (siehe Abschnitt 9.1).

Projekthintergrund der Studie

7

Das Forschungsprojekt „Wünschenswerte Erschwernisse beim Lernen" an der Universität Kassel wurde im Zeitraum zwischen Januar 2015 bis Dezember 2018 durchgeführt und durch die „Landes-Offensive zur Entwicklung Wissenschaftlich-ökonomischer Exzellenz" (LOEWE) gefördert. Das gesamte LOEWE-Projekt bestand aus sieben Teilprojekten, welche die Wirksamkeit der wünschenswerten Erschwernisse für die Gestaltung eines effektiven und langfristigen Lernerfolgs bei Schülerinnen und Schülern im mathematisch-naturwissenschaftlichen Unterricht testeten. Im Projekt „Lernen im Mathematikunterricht" (LIMIT) unter der Projektleitung von Prof. Dr. Borromeo Ferri (Didaktik der Mathematik) und Prof. Dr. Lipowsky (Empirische Schul- und Unterrichtsforschung) wurden die Effekte des verschachtelten Lernens im Vergleich zum geblockten Lernen mithilfe von mehreren empirischen Unterrichtsstudien im Mathematikunterricht an hessischen Grund-, Haupt- und Realschulkindern untersucht.

Das dritte Teilprojekt von LIMIT umfasste die Untersuchung von Borromeo Ferri et al. (2020) an geblockt und verschachtelt lernenden Schülerinnen und Schülern in der Sekundarstufe I. Sechs Haupt- und Realschulklassen der siebten Jahrgangsstufe lernten zum Thema „Zuordnungen" die verschiedenen Zuordnungsarten in geblockter bzw. verschachtelter Anordnung. Der Unterricht wurde frontal praktiziert und die Lernmaterialien im Paper-Pencil-Design dargeboten. In der Studie wurden die Leistungen der geblockten und verschachtelten Experimentalgruppe, der Zusammenhang zwischen dem Interesse und dem Lernzuwachs sowie der Selbstwahrnehmung des Lernerfolgs untersucht (siehe Teil I, Abschnitt 4.1; Pede et al., 2017; Pede & Borromeo Ferri, 2018).

Aus dem dritten Teilprojekt der LIMIT-Studie heraus entwickelte sich die Studie der vorliegenden Arbeit mit dem primären Ziel, die Leistungen von geblockt und verschachtelt lernenden Schülerinnen und Schülern des fünften Jahrgangs unter Berücksichtigung weiterer Einflussfaktoren (z. B. des mathematischen

© Der/die Autor(en), exklusiv lizenziert durch Springer Fachmedien Wiesbaden GmbH, ein Teil von Springer Nature 2022
M. Afrooz, *Leistungseffekte beim verschachtelten und geblockten Lernen mittels Lernvideos auf Tablets*, Mathematikdidaktik im Fokus,
https://doi.org/10.1007/978-3-658-36482-3_7

Selbstkonzeptes) zu untersuchen. Im Vergleich zur empirischen Untersuchung von Borromeo Ferri et al. (2020) wurde der Schwerpunkt dieser Interventionsstudie auf die Wirksamkeit der beiden Unterrichtskonzepte (geblockt und verschachtelt) in Kombination mit digital unterstütztem Lernen auf ein anderes Teilgebiet der Mathematik gelegt, wobei der Unterricht ohne Lehrervariable stattfand: Die Interventionsstudie wurde zum Thema „Eigenschaften von Dreiecken und Vierecken" durchgeführt, bei dem sich die Lernenden die Inhalte unter Einsatz von Lernvideos auf Tablets selbstständig aneigneten. Die nähere Beschreibung des Studiendesigns folgt im nächsten Kapitel.

Forschungsdesign

8

Die Originalität der vorliegenden empirischen Untersuchung liegt darin, dass unter Berücksichtigung der Forschungsdesiderate (siehe Teil I, Abschnitt 4.2) eine selbst konstruierte virtuelle Lernumgebung mit Lernvideos auf Tablets in den realen Geometrieunterricht integriert wurde. Durch das Studiendesign wird ein Forschungsbeitrag zur Untersuchung des langfristigen Lernerfolgs beim geblockten und verschachtelten Lernen im Zusammenhang mit E-Learning geleistet, indem die Leistungseffekte mehrere Wochen nach der Intervention erhoben wurden.

Im Folgenden wird nach der Positionierung der Studie in der quantitativen Forschung (siehe Abschnitt 8.1) ein Überblick über die Interventionsstudie gegeben (siehe Abschnitt 8.2). Im Abschnitt 8.3 wird die Stichprobe und im Abschnitt 8.4 der Inhalt der Intervention beschrieben. Das dritte Kapitel schließt mit einer Ausführung von Rahmenbedingungen bei der Durchführung der Interventionsstudie (siehe Abschnitt 8.5).

8.1 Verortung in der quantitativen empirischen Forschung

Die Konstruktion der Studie zielt darauf ab, unter kontrollierten Bedingungen die theoretischen Konzepte des geblockten und verschachtelten Lernens sowie deren Wirkungen auf die Leistungsentwicklungen von Schülerinnen und Schülern zu erforschen. In der quantitativen empirischen Forschung nehmen die Unabhängigkeit des Beobachters vom Forschungsgegenstand und möglichst konstante Versuchsbedingungen in den Experimentalgruppen eine zentrale Bedeutung ein, welche in dieser Studie umgesetzt wurden (siehe Abschnitt 8.5; Stein, 2019). Die Wahl der quantitativ-empirischen Interventionsstudie mit Längsschnittdesign

© Der/die Autor(en), exklusiv lizenziert durch Springer Fachmedien Wiesbaden GmbH, ein Teil von Springer Nature 2022
M. Afrooz, *Leistungseffekte beim verschachtelten und geblockten Lernen mittels Lernvideos auf Tablets*, Mathematikdidaktik im Fokus, https://doi.org/10.1007/978-3-658-36482-3_8

begründet sich darin, dass zur Klärung des Forschungsproblems die Leistungen und persönliche Merkmale (z. B. das mathematische Selbstkonzept) derselben Probanden wiederholt[1] innerhalb des gesamten Erhebungszeitraumes untersucht wurden (siehe Abbildung 8.1; vgl. Krauss et al., 2015).

Da sich die Studie auf eine systematische Messung und Auswertung der Daten stützt, verlangt sie empirische Erkenntnisse mit einem quantitativen Zugang. Um die vorab konkret festgelegten, inhaltlichen Forschungsfragen und die theoretisch abgeleiteten Hypothesen (siehe Kapitel 1) beantworten zu können, wurden die Leistungen und persönlichen Merkmale mittels statistischer Erhebungsmethoden erhoben. Die schriftlichen Test- und Fragebogenmethoden wurden so konzipiert, dass die Reihenfolge der Items fest vorgegeben war und sie anhand von numerischen Messwerten quantitativ ausgewertet werden konnten (siehe Teil III; Schumann, 2018). Für den quantitativen Forschungsansatz spricht im Kontext der spezifischen Forschungsfragen zusätzlich die Betrachtung von einzelnen Variablen (z. B. die Leistungsentwicklungen und der Einfluss auf die Leistung der beiden Experimentalgruppen).

Des Weiteren wird die durchgeführte Interventionsstudie aufgrund der vergleichend-statistischen Datenauswertung in einem quantitativen Paradigma verortet, bei der die Unterschiedshypothesen anhand von Signifikanztests geprüft und mittels Effektstärken statistisch interpretiert wurden, um den Nutzen der signifikanten Ergebnissen einordnen zu können (siehe Teil III; Döring & Bortz, 2016; Stein, 2019). Durch die Verwendung der standardisierten Effektstärken des Cohen's d und des partiellen Eta-Quadrats können Vergleiche mit anderen quantitativen Studien gezogen werden (siehe Abschnitt 11.5; Keppel, 1991; Cohen, 1988). In Anbetracht der aktuellen Forschung zum geblockten und verschachtelten Lernen besaßen die meisten empirischen Untersuchungen ebenfalls ein quantitatives Design (siehe Teil I, Kapitel 4; Borromeo Ferri et al., 2020; Rohrer & Taylor, 2007; Ziegler & Stern, 2014).

Insgesamt würde eine qualitative Forschung keine adäquate methodologische Basis bilden, um im Rahmen des Forschungsproblems und des Designs der Studie den angestrebten Erkenntnisgewinn hinsichtlich der theoriegestützten Forschungsfragen und Hypothesen zu erhalten. Qualitative Forschungsmethoden fokussieren sich auf die Untersuchung der subjektiven Wahrnehmungen von Einzelfällen, indem eine theorieentdeckende Forschung zur Generierung von Hypothesen aus

---

[1] In der vorliegenden Studie wurde der selbst erstellte Wissenstest viermal und der Fragebogen zweimal erhoben (siehe Abbildung 8.1, Abschnitt 8.2).

den empirischen Erkenntnissen betrieben wird (Döring & Bortz, 2016). Für weiterführende Forschungsfragen in Anschlussstudien können durchaus qualitative Forschungsmethoden hinzugezogen werden (siehe Teil IV, Kapitel 21).

8.2 Überblick über die Interventionsstudie

Die Studie entspricht einem authentischen Design eines möglichst realen Mathematikunterrichts, bei dem die Lernenden in ihren eigenen Klassenräumen wie gewohnt unterrichtet wurden. Zudem wurden die Lerninhalte alters- und jahrgangsspezifisch konstruiert, indem sie sich an hessischen Schulbüchern und den Bildungsstandards des hessischen Kultusministeriums (2011a; 2011b) orientierten (siehe Abschnitt 9.1).

An der Untersuchung zum Thema „Eigenschaften von Dreiecken und Vierecken" haben zwei Gesamtschulen des Landkreises Kassel mit einer gesamten Probandenanzahl (N) von 93 Schülerinnen und Schülern der Jahrgangsstufe fünf teilgenommen[2]. Die Zuweisung der Lernenden zu den beiden Lernbedingungen erfolgte vor dem Beginn der Erhebung (*a-priori*). Zur Umsetzung von vergleichbaren Experimentalbedingungen wurden die Klassen randomisiert auf die beiden Bedingungen aufgeteilt:

Experimentalgruppe 1: 52 Schülerinnen und Schüler lernten die Inhalte verschachtelt.

- Experimentalgruppe 2: 41 Schülerinnen und Schüler lernten die Inhalte geblockt[3].

Die Wirksamkeit des geblockten und verschachtelten Lernkonzepts wurde im Rahmen einer sechs-stündigen Intervention getestet. Die Interventionsstudie umfasste insgesamt fünf Messzeitpunkte, um eine möglichst langfristige Leistungsentwicklung der Lernenden zu erfassen (vgl. Döring & Bortz, 2016). Die Abbildung 8.1 gibt einen Überblick über die Studie mit Angabe der Stichprobe, der Messzeitpunkte und der Zeitintervalle:

---

[2] Eine nähere Beschreibung der Stichprobe erfolgt im Abschnitt 8.3.

[3] Von der gleichmäßigen Verteilung zu Beginn der Interventionsstudie (verschachtelte Gruppe: $N_1 = 52$ und geblockte Gruppe: $N_2 = 51$) konnten insgesamt 12 Probanden nicht berücksichtigt werden, weil sie z. B. aus krankheitsbedingten Gründen nicht an allen Messzeitpunkten teilnahmen.

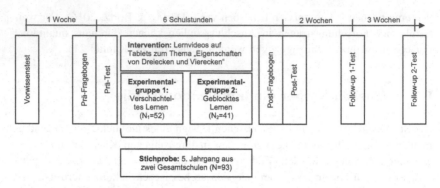

Abbildung 8.1   Überblick über die Interventionsstudie

Die Interventionsstunde umfasste insgesamt 13 Schulstunden. Neben den sechs Schulstunden für die Intervention wurde für jede Bearbeitung eines Tests bzw. Fragebogens eine Schulstunde eingeplant (siehe Abbildung 8.1).

Zur Kontrolle der Vorkenntnisse zum Thema „Dreiecke und Vierecke" aus der Primarstufe wurde ein Vorwissenstest[4] eine Woche vor der Intervention eingesetzt. Zur Beantwortung der ersten beiden Forschungsfragen (siehe Kapitel 6) bearbeiteten die Lernenden einen Prä-Test, welcher an die Lerneinheit angepasst und selbst konstruiert wurde. Derselbe Test wurde im gesamten Erhebungszeitraum mehrmals eingesetzt (Prä-Post-Follow-up-Design)[5]. Im Anschluss an die Intervention erfolgte der Post-Test, welcher den kurzfristigen Lernerfolg ermittelte. Ergänzend zu diesen zwei Messzeitpunkten wurde zur Überprüfung interventionsbedingter, mittelfristiger Leistungseffekte zwei Wochen nach der Intervention der Follow-up 1-Test durchgeführt (vgl. Döring & Bortz, 2016). Der Follow-up 2-Test lieferte fünf Wochen nach der Lerneinheit wichtige Informationen darüber, wie nachhaltig die Wirkungen des verschachtelten und geblockten Unterrichtskonzeptes sind (siehe Abbildung 8.1; vgl. Krauss et al., 2015).

Zur Untersuchung weiterer Einflussfaktoren füllten die Probanden einen Fragebogen zur Anstrengungsbereitschaft, zum mathematischen Selbstkonzept und zur Einstellung zum Lernen mit digitalen Medien aus, welcher im Prä-Post-Design[6] erhoben wurde (siehe Abbildung 8.1).

---

[4] Eine nähere Beschreibung des Vorwissenstests erfolgt im Abschnitt 10.1.1.

[5] Eine nähere Beschreibung des Wissenstests im Prä-Post-Follow-up-Design erfolgt im Abschnitt 10.1.2.

[6] Eine nähere Beschreibung des Fragebogens im Prä-Post-Design erfolgt im Abschnitt 10.2.

8.3   Stichprobe

Vor der Durchführung der Interventionsstudie wurde mithilfe einer Poweranalyse[7] die Stichprobengröße auf Basis der folgenden Effektstärken von vergleichbaren Studien ermittelt (siehe Teil I, Abschnitt 4.1): Die Studie von Ziegler und Stern (2014) brachte mit N = 74 im Follow-up-Test eine Woche nach der Lerneinheit einen signifikanten Unterschied zwischen den verschachtelt und geblockt Unterrichteten mit einer mittleren Effektstärke (d = .53) hervor. Rohrer et al. (2014) konnten im zweiten Follow-up-Test 30 Tage nach der Intervention bei N = 126 einen signifikanten Unterschied zwischen den verschachtelt und geblockt Lernenden mit einem großen Effekt (d = .79) nachweisen. Mithilfe der Poweranalyse wurde abhängig von den verwendeten Analyseverfahren (Varianzanalyse mit vier Messwiederholungen und t-Tests) die Stichprobengröße anhand der Parameter des α-Fehlers (0.05) und der Teststärke 1 − β (0.95) abgeschätzt (vgl. Cohen, 1988). Unter der Annahme von mittleren bis großen Effektstärken können mit der vorhandenen Stichprobe Effekte von mindestens d = .50 und f = .25 aufgedeckt werden.

An der Interventionsstudie haben insgesamt fünf Klassen mit 105 Schülerinnen und Schülern des fünften Jahrganges teilgenommen. 12 Probanden konnten, wie bereits oben erwähnt, nicht berücksichtigt werden, weil sie z. B. aus krankheitsbedingten Gründen nicht an allen Messzeitpunkten teilnehmen konnten. Die finale Gesamtstichprobe setzte sich aus N = 93 Schülerinnen und Schülern zusammen. Darunter waren 49 männliche (52.7 %) und 44 weibliche Probanden (47.3 %) im durchschnittlichen Alter von zehn bis elf Jahren (M = 10.8 Jahre, SD = .678).

Die Zuteilung der fünf Klassen zu den Experimentalbedingungen geblockt und verschachtelt erfolgte vor Beginn der Intervention klassenweise und zufällig. Vier Gesamtschulklassen wurden den beiden Lernbedingungen derart zugewiesen, dass pro Gesamtschule je eine Klasse geblockt und eine andere Klasse verschachtelt unterrichtet wurde. Eine weitere zufällig ausgewählte Klasse wurde in zwei Hälften aufgeteilt. Die eine Hälfte dieser Klasse wurde verschachtelt und die andere Hälfte geblockt in zwei unterschiedlichen Räumen zeitgleich unterrichtet. Nach dem Ende der Intervention kehrten die Schülerinnen und Schüler der aufgeteilten Klasse wieder in ihren ursprünglichen Klassenverband zurück.

Die Auswahl der beiden Gesamtschulen wurde hinsichtlich vergleichbarer Bedingungen getroffen, damit die Schulklassen in eine gesamte Stichprobe zusammengefasst werden können: Bei den ausgewählten Schulen handelte es

---

[7] Die Poweranalyse wurde mit dem Programm G*Power 3.1. durchgeführt.

sich um Gesamtschulen aus dem Landkreis Kassel, welche die Schülerinnen und Schüler im fünften Jahrgang noch nicht in Haupt- und Realschulzweigen differenzieren[8]. Weitere Faktoren zur Vergleichbarkeit der Gruppen (z. B. das Vorwissen zur Thematik und die Vorerfahrungen zum Umgang mit digitalen Medien) werden in Teil III (Kapitel 13) vorgestellt.

8.4   Inhalt der Intervention

Ausgehend von den empirischen Forschungslücken (siehe Teil I, Abschnitt 4.2) umfasst die Untersuchung zum verschachtelten und geblockten Lernen ein Forschungsdesiderat hinsichtlich Themen aus dem Geometrieunterricht. Zum Themenkomplex „Eigenschaften von Dreiecken und Vierecken" existieren bisher keine empirischen Untersuchungen (siehe Teil I, Abschnitt 3.3.1).

Im Folgenden wird zunächst der inhaltliche Schwerpunkt des Themas „Eigenschaften von Dreiecken und Vierecken" aus fachlicher Perspektive mittels einer Sachanalyse dargestellt (siehe Abschnitt 8.4.1). Danach wird das Thema aus mathematikdidaktischer Sicht analysiert, u. a. hinsichtlich der Relevanz für den Geometrieunterricht (siehe Abschnitt 8.4.2).

8.4.1 Fachlich-inhaltlicher Schwerpunkt des Themas „Eigenschaften von Dreiecken und Vierecken"

Die inhaltliche Schwerpunktsetzung zum Thema „Eigenschaften von Dreiecken und Vierecken" orientierte sich an einer Auswahl von hessischen Schulbüchern der Jahrgänge fünf und sechs (Abele et al., 2008; Golenia & Neubert, 2010; Griesel, Postel, & vom Hofe, 2011, 2019; Herling, Koepsell, Kuhlmann, Scheele, & Wilke, 2014; Kliemann et al., 2014; Körner, Lergenmüller, Schmidt, & Zacharias, 2013). In der fünften Jahrgangsstufe werden die geometrischen Grundformen und besondere Dreiecke und Vierecke behandelt, wie z. B. das Quadrat und das gleichseitige Dreieck (Franke, 2016; Hessisches Kultusministerium, 2011a; 2011b). Da es sich um eine sechs-stündige Intervention handelte, wurden der Winkelbegriff und die Winkelarten definiert und nach einer allgemeinen Einführung von Dreiecken und Vierecken ausgewählte geometrische Figuren behandelt:

---

[8] Die Aufteilung in Haupt- und Realschulklassen erfolgt an beiden Schulen erst ab dem sechsten Jahrgang.

Winkelbegriff und Winkelarten

Nach Krainer (1989) wird die *Ebene* E als Punktmenge aufgefasst. Ein Winkel wird ebenfalls als Punktmenge eingeführt. Da die Definition des Winkels im Zusammenhang mit Strahlen erfolgt, wird zunächst erläutert, was unter einem Strahl zu verstehen ist:

Für eine *Gerade* $g \subset E$, welche durch zwei Punkte $A, B \in E$ mit $A \neq B$ verläuft, wird auch

$g = AB$ geschrieben. Eine *Relation* „<" ist für jede Gerade $g \subset E$ derart definiert, dass

1. Für kein $A \in g$ gilt: $A < A$.
2. Für $A, B, C \in g$ mit $A < B$ und $B < C$ gilt: $A < C$.
3. Für $A, B \in g$ mit $A \neq B$ entweder $A < B$ oder $B < A$ gilt.
4. Für $A, B \in g$ mit $A < B$ gilt: Es gibt $C, D, E \in g$ mit $C < A < D < B < E$.

Für zwei Punkte $A, B \in E$ mit $A \neq B$ gilt dann:

Unter $[AB := \{X \in AB \mid (X = A) \vee (A < X)\}$ wird ein *Strahl* mit dem Anfangspunkt A der Geraden AB verstanden. Dann wird ein Winkel anhand von zwei Strahlen mit einem gemeinsamen Anfangspunkt S definiert.

Für die Punkte $A, B, S \in E$ mit $S \notin \{A, B\}$ werden die Strahlen $[SA$ und $[SB$ betrachtet. Unter einem *Winkel* $\angle ASB = [SA \cup [SB$ wird diejenige Punktmenge verstanden, welche überstrichen wird, wenn $[SA$ gegen den Uhrzeigersinn um S auf $[SB$ gedreht wird. S wird auch als *Scheitel* des Winkels $\angle ASB$ bezeichnet und $[SA, [SB$ heißen *Schenkel* des Winkels. Dabei werden $[SA$ und $[SB$ als Teilmengen des Winkels verstanden (vgl. Meister, 2006).

Jedem Winkel $\angle ASB$ lässt sich eindeutig eine Zahl $|\angle ASB| \in [0, 360[$ zuordnen, das sogenannte *Winkelmaß*. Nach dem Winkelmaß $|\angle ASB|$ können verschiedene Winkelarten unterschieden werden (vgl. Ludwig, Filler, & Lambert, 2015):

1. Bei $|\angle ASB| = 0$ handelt es sich um einem *Nullwinkel*.
2. Gilt $0 < |\angle ASB| < 90$, handelt es sich um einen *spitzen* Winkel.
3. Bei $|\angle ASB| = 90$ handelt es sich um einen *rechten* Winkel.
4. Gilt $90 < |\angle ASB| < 180$, handelt es sich um einen *stumpfen* Winkel.
5. Bei $|\angle ASB| = 180$ handelt es sich um einen *gestreckten* Winkel.
6. Gilt $180 < |\angle ASB| < 360$, handelt es sich um einen *überstumpfen* Winkel.

Dreiecke

Dreiecke sind geometrische Figuren in der Ebene E. Es werden drei Punkte A, B, C ∈ E betrachtet, die nicht auf einer Geraden liegen. Für drei Geraden AB, BC, CA ⊂ E mit AB ≠ BC gilt:

Unter [AB] := {X ∈ AB | (X = A) ∨ (X = B) ∨ A < X < B} wird die *Strecke* mit dem Anfangspunkt A und dem Endpunkt B verstanden. Dies gilt analog für die Strecken [BC] und [CA].

Dann wird ABC = [AB] ∪ [BC] ∪ [CA] als *Dreieck* mit den *Seiten* [AB], [BC] und [CA] bezeichnet. Die Punkte A, B, C ∈ E werden als *Ecken* des Dreiecks bezeichnet.

Dem Winkel ∠A = ∠BAC wird das Innenwinkelmaß |∠BAC| = α, dem Winkel ∠B = ∠CBA wird das Innenwinkelmaß |∠CBA| = β und dem Winkel ∠C = ∠ACB wird das Innenwinkelmaß |∠ACB| = γ zugeordnet.

Dann gilt folgender Satz: Die Summe der drei Innenwinkelmaße beträgt in jedem Dreieck 180[9]. Über die allgemeine Definition hinaus werden die folgenden speziellen Dreiecke eingeführt (Agricola & Friedrich, 2015; Benölken, Gorski, & Müller-Philipp, 2018; Krauter & Bescherer, 2013; Meister, 2006; Zeuge, 2018):

1. Ein Dreieck mit den Seiten [AB], [BC] und [CA], bei dem zwei Seiten (z. B. [BC] und [CA]) gleich lang sind, nennt man ein *gleichschenkliges* Dreieck. Die dritte Seite (z. B. [AB]) wird als *Basis* bezeichnet. Die beiden auf der Basis liegenden Innenwinkelmaße (z. B. α, β) sind gleich groß.
2. Ein Dreieck, bei dem alle Seiten gleich lang sind, nennt man ein *gleichseitiges* Dreieck. Alle Innenwinkelmaße sind gleich groß und es gilt: $\alpha = \beta = \gamma = 60$.

Vierecke

Vierecke sind geometrische Figuren in der Ebene E. Es werden vier Punkte A, B, C, D ∈ E betrachtet, von denen jeweils drei nicht auf einer Geraden liegen. Für vier Geraden AB, BC, CD,

DA ⊂ E gilt AB ≠ BC, AB ≠ CD, BC ≠ CD.

Dann wird [AB] ∪ [BC] ∪ [CD] ∪ [DA] als *Viereck* mit den *Seiten* [*AB*], [BC], [CD] und [D*A*] bezeichnet. Die Punkte A, B, C, D ∈ E werden als *Ecken* des Vierecks bezeichnet. Dem Winkel ∠A = ∠BAD wird das Innenwinkelmaß |∠BAD| = α, dem Winkel ∠B = ∠CBA wird das Innenwinkelmaß |∠CBA| = β,

---

[9] Der Satz wird an dieser Stelle nicht bewiesen. Der Beweis der Innenwinkelsumme von Dreiecken findet sich u. a. in Agricola und Friedrich (2015, S. 11).

dem Winkel $\angle C = \angle DCB$ wird das Innenwinkelmaß $|\angle DCB| = \gamma$ und dem Winkel $\angle D = \angle ADC$ wird das Innenwinkelmaß $|\angle ADC| = \delta$ zugeordnet. Die Summe der vier Innenwinkelmaße beträgt in jedem Viereck 360. Über die allgemeine Definition hinaus werden besondere Vierecke eingeführt, welche die Eigenschaft der Parallelität aufweisen (Benölken, Gorski, & Müller-Philipp, 2018; Meister, 2006):

Zwei Geraden AB, CD $\subset$ E werden als *parallel* bezeichnet, wenn AB $\cap$ CD $=$ $\emptyset$ oder AB $=$ CD gilt. Zwei Seiten [AB] und [CD] sind parallel zueinander, wenn die Geraden AB und CD parallel zueinander sind. Dann gilt für drei spezielle Vierecke (Krauter & Bescherer, 2013; Zeuge, 2018):

1. Ein Viereck mit den Seiten [AB], [BC], [CD] und [DA], bei dem die Seiten [AB] und [CD] sowie [BC] und [DA] parallel zueinander sind, nennt man ein *Parallelogramm*. Die Innenwinkelmaße α und γ sowie β und δ sind gleich groß. Die Seiten [AB] und [CD] sowie [BC] und [DA] sind gleich lang.
2. Ein Parallelogramm, bei dem alle Innenwinkelmaße gleich groß sind, nennt man ein *Rechteck*. Es gilt: $\alpha = \beta = \gamma = \delta = 90$.
3. Ein Rechteck, bei dem alle Seiten gleich lang sind, nennt man ein Quadrat.

Insgesamt wurde der inhaltliche Fokus zum Thema „Eigenschaften von Dreiecken und Vierecken" auf zwei besondere Dreiecke und drei spezielle Vierecke gesetzt. Da die Seiten- und Winkeleigenschaften von Dreiecken und Vierecken sowie der Winkelbegriff im Mathematikunterricht systematisch und ganzheitlich gelehrt werden (Krainer, 1989), müssen die Lerninhalte nach der Intervention im realen Mathematikunterricht vertieft werden, indem weitere geometrische Figuren (z. B. das Trapez und das rechtwinklige Dreieck) und das Haus der Vierecke behandelt werden (Weigand et al., 2018).

8.4.2 Mathematikdidaktische Überlegungen zum Thema „Eigenschaften von Dreiecken und Vierecken"

Das Thema „Eigenschaften von Dreiecken und Vierecken" ist ein essentieller Bestandteil des Geometrieunterrichts, weil das Verständnis von grundlegenden geometrischen Begriffen und Objekten als primäres Ziel im Mathematikunterricht verfolgt werden sollte. Dahingehend sollten die Schülerinnen und Schüler das Wissen über geometrische Figuren so aneignen, dass im Lernprozess Denkstrukturen und angemessene Vorstellungen von geometrischen Begriffen entwickelt

werden. Die Vierecks- und Dreiecksgrundformen spielen als Grundbausteine insbesondere eine wichtige Rolle, weil der Themenkomplex eine Basis für weitere
Inhalte des Geometrieunterrichts in Folgejahren bildet, u. a. bei Flächeninhal-
ten und Umfängen an ebenen Figuren sowie Oberflächen und Volumina von
geometrischen Körpern (Weigand et al., 2018). Aus zeitlichen Gründen konnte
ausschließlich eine Auswahl der ebenen Figuren (Rechteck, Quadrat, Parallelogramm, gleichseitiges und gleichschenkliges Dreieck) hinsichtlich der Seiten- und
Winkeleigenschaften unterrichtet werden (siehe auch Tabelle 9.1, Abschnitt 9.1).
Auf eine Thematisierung weiterer geometrischer Figuren (z. B. dem Trapez und
dem rechtwinkligen Dreieck) oder von Symmetrieeigenschaften wurde in der
durchgeführten Intervention aus zeitlichen Gründen verzichtet.

Ziel der Intervention war insbesondere die Förderung des deklarativen Wissens, indem ein Verständnis über die geometrischen Begriffe (z. B. Parallelität
und Orthogonalität) im Zusammenhang mit den Seiten- und Winkeleigenschaften
der ausgewählten ebenen Figuren vermittelt wird (Hessisches Kultusministerium,
2011a; 2011b). In dem Kontext sollen z. B. mit dem Parallelogramm die Kenntnisse aufgebaut werden, dass in der geometrischen Figur die gegenüberliegenden
Seiten parallel sind. Zudem besitzt das Parallelogramm die Eigenschaften, dass
gegenüberliegende Seiten gleich lang und die gegenüberliegenden Winkel gleich
groß sind (siehe Abschnitt 8.4.1). Des Weiteren sollten Schülerinnen und Schüler
anhand der Eigenschaften zuordnen können, um welche geometrische Figur es
sich handelt, z. B. ist ein Parallelogramm mit vier rechten Winkeln ein Rechteck
(Weigand et al., 2018).

Die Entwicklung des Begriffsverständnisses im Geometrieunterricht ist vom
Vorwissen der Schülerinnen und Schüler abhängig (Weigand, 2012): In der
Primarstufe ist der Geometrieunterricht schwerpunktmäßig darauf ausgerichtet,
dass die Schülerinnen und Schüler geometrische Figuren und Eigenschaften
als visuelle Schemata durch den Umgang mit Gegenständen (aus dem Alltag)
erlernen.

Laut der curricularen Anforderungen für das Fach Mathematik des Gesamt-
schulbereichs besitzen die Lernenden im ersten Halbjahr des fünften Jahrgangs
keine umfangreichen Vorkenntnisse zu allen ebenen Figuren (z. B. dem Parallelogramm und dem gleichschenkligen Dreieck) und allen geometrischen
Grundbegriffen (wie z. B. der Parallelität und Orthogonalität). Zum Zeitpunkt
der Untersuchung sollten die Schülerinnen und Schüler der Jahrgangsstufe fünf
das Thema „Eigenschaften von Dreiecken und Vierecken" nach dem hessischen
Kultusministerium (2011a; 2011b; 2011c) also noch nicht behandelt haben. Ab
der fünften Jahrgangsstufe werden die geometrischen Figuren hinsichtlich der
relevanten Seiten- und Winkeleigenschaften definiert und Unterschiede zwischen

zwei Figuren (z. B. dem Quadrat und Rechteck) thematisiert (Weigand et al., 2018). Der Themenkomplex zum „Winkelbegriff" (dazu gehören auch die Winkelarten und Winkelbestimmungen in geometrischen Figuren) werden erst in der Jahrgangsstufe sechs im zweiten Halbjahr behandelt.

In Anbetracht des Vorwissens wurde die Intervention zum Unterrichtsthema „Eigenschaften von Dreiecken und Vierecken" bewusst in der Jahrgangsstufe fünf im ersten Halbjahr durchgeführt, damit der Themenkomplex neu eingeführt wird (Hessisches Kultusministerium, 2011a; 2011b). Dies stellte die Grundlage von möglichst gleichen Lernvoraussetzungen der Lernenden dar, allerdings können Unterschiede z. B. bezüglich des Vorwissens aus dem vorangegangenen Schulunterricht in der Primarstufe oder Vorkenntnissen aus dem Alltag nicht ausgeschlossen werden. Aus der Primarstufe kann z. B. ein Grundverständnis von Rechtecken und Quadraten bereits existieren (Hessisches Kultusministerium, 2011c). Zur Erfassung und Kontrolle des propädeutischen Wissens wurde der Vorwissenstest eingesetzt und in der statistischen Analyse berücksichtigt, bspw. bei der Vergleichbarkeit der beiden Experimentalgruppen (siehe Teil III, Kapitel 13).

Bei der Auswahl der Thematik für die Umsetzung einer geblockten und verschachtelten Lernweise muss die Bedingung erfüllt sein, dass sich die Inhalte optimal verschachteln lassen können. Dafür eignen sich Lerninhalte, welche sich strukturell unterscheiden, jedoch ähnliche Prinzipien behandeln (siehe Teil I, Abschnitt 3.2). Dabei stellt das Thema „Eigenschaften von Dreiecken und Vierecken" einen geeigneten Themenkomplex dar, bei dem sich die geometrischen Figuren im Hinblick auf ihre Seiten- und Winkeleigenschaften didaktisch sinnvoll sowohl verschachtelt als auch geblockt aufbauen lassen. Der Themenkomplex zu den „Eigenschaften von Dreiecken und Vierecken" lässt sich adäquat in Teilbereiche aufteilen, die nacheinander (geblockt) oder kombiniert (verschachtelt) gelehrt werden können. In den Teilbereichen handelt es sich um ähnliche Prinzipien bezüglich der Eigenschaften an geometrischen Figuren. Die detaillierten Aufteilungen der geblockt und verschachtelt angeordneten Lerninhalte zum Themenkomplex „Eigenschaften von Dreiecken und Vierecken" werden im Abschnitt 9.1 behandelt.

8.5 Durchführung der Interventionsstudie

Die Untersuchung entspricht keiner „klassischen" Laborstudie, bei der alle Bedingungen kontrolliert werden konnten, weil die Intervention im regulären Klassenraum in der gewohnten Sitzordnung stattfand. Der gesamte Ablauf der

Studie wurde allerdings so angelegt, dass möglichst viele Störvariablen minimiert bzw. eliminiert werden, damit die Lernleistungen der Schülerinnen und Schüler fast ausschließlich auf die unterschiedliche Lernform (geblockt oder verschachtelt) zurückgeführt und möglichst konstante Versuchsbedingungen in allen Klassen gewährleistet werden konnten:

1. Die fünf Klassen wurden den zwei Experimentalbedingungen (verschachtelt und geblockt) klassenweise und randomisiert zugeordnet. Die Wahl über die Lernbedingung verschachtelt oder geblockt wurde per Zufall getroffen und war unabhängig von weiteren Kenntnissen über die Zusammensetzung der Klassen, der bisherigen Vorkenntnissen oder Schulnoten der Lernenden. Dahingehend handelt es sich um ein quasi-experimentelles Studiendesign, weil die Schülerinnen und Schüler in den bestehenden Klassenverbänden unterrichtet und nicht zufällig auf zwei neue Gruppen zugeteilt wurden[10] (vgl. Krauss et al., 2015; Stein, 2019).

2. Zu Beginn der Intervention wurden dieselben Instruktionen für den Ablauf der Intervention verwendet, damit in allen Klassen die gleiche Einführung in die Lerneinheit vollzogen wurde. Demzufolge wurden allen Klassen die Durchführung (z. B. Informationen zu den Erhebungen und zum Umgang mit den Tablets), die Relevanz und das Ziel der Untersuchung gleichermaßen erklärt. Ihnen wurde mitgeteilt, dass sie an einem wichtigen Unterrichtsprojekt mit dem Ziel der Optimierung des Lernens im Mathematikunterricht teilnehmen.

3. Während des gesamten Erhebungszeitraumes wurde nicht erwähnt, ob die Lernenden in der geblockten oder verschachtelten Lernbedingung unterrichtet wurden. Dadurch konnte gewährleistet werden, dass sich die Zuteilung nicht auf die Einstellung hinsichtlich der Art des Unterrichts oder auf die Leistungen auswirken konnte.

4. Die eingesetzten Materialien wurden in allen Klassen gleich gehalten. Alle Lernenden bekamen während der Intervention ein eigenes Tablet, Arbeitsheft sowie eigene Kopfhörer. Die Lernvideos und Übungsaufgaben im Arbeitsheft enthielten dieselben Inhalte im gleichen Wortlaut. Der einzige Unterschied lag in der Variation der Reihenfolge, jedoch ohne den Inhalt der Arbeitsmaterialien zu ändern (siehe Abschnitte 9.1 und 9.2).

---

[10] Eine Vermischung der Parallelklassen war nicht möglich, weil die Stunden des Mathematikunterrichts nicht parallel stattfanden und die Interventionsstudie ausschließlich zu den Zeiten des regulären Mathematikunterrichts durchgeführt werden konnte.

5. Die Erarbeitung anhand der Lernvideos und das Üben im Arbeitsheft wurden in Einzelarbeit vollzogen, damit das Abschreiben ohne eine eigene Auseinandersetzung mit den Lerninhalten z. B. bei einer Partnerarbeit minimiert wird. Dahingehend konnte jede Schülerin bzw. jeder Schüler in den Übungsphasen, bei der alle Klassen die gleiche Zeit erhielten, individuell nach ihrem bzw. seinem eigenen Lerntempo die Aufgaben im Arbeitsheft lösen und die Lernvideos nochmals abspielen (siehe Abschnitt 9.1).

6. Bei dem Studiendesign konnte insbesondere die Lehrervariable bzw. die Einflussvariable durch das Unterrichten der Lehrkräfte innerhalb der Intervention eliminiert werden, weil sich die Lernenden die Lerninhalte mittels der Lernvideos eigenständig aneigneten und die Aufgaben mithilfe von Musterlösungen selbst korrigierten. Die Lehrpersonen durften weder inhaltliche noch verständnisbasierte Fragen beantworten. Bei solchen Fragen wurden die Lernenden lediglich auf die Aufgabenstellungen oder auf ein erneutes Abspielen der Lernvideos verwiesen. Bei allen technischen Fragen wurden Hilfestellungen geleistet.

7. Die Tablets, Kopfhörer und Arbeitshefte wurden nach jeder Unterrichtsstunde eingesammelt und zu Beginn jeder Schulstunde wieder ausgeteilt. In der Zeit nach der Lerneinheit hatten die Schülerinnen und Schüler weder einen Zugriff auf die Tablets noch auf die bearbeiteten Aufgaben im Arbeitsheft. Dadurch konnte die Einflussvariable minimiert werden, dass die Lernenden das neue Wissen wiederholen. Die Testergebnisse konnten weitestgehend auf das Erinnern der Lerninhalte aus der Intervention zurückgeführt werden.

8. Auf Hausaufgaben wurde in der gesamten Untersuchung bewusst verzichtet, damit die Ergebnisse aus den Wissenstests möglichst auf die Art des Unterrichtens (geblockt bzw. verschachtelt) zurückgeführt werden konnten und nicht durch das Erledigen von Hausaufgaben beeinflusst werden.

9. In allen Klassen wurden die gleichen Fragebögen und Wissenstests eingesetzt. Die Items in den Tests und Fragebögen sowie die Zeitpunkte deren Einsetzens wurden im gesamten Erhebungszeitraum gleich gehalten und konnten folgendermaßen kontrolliert werden: Zwischen dem Post- und dem Follow-up 1-Test lagen zwei Wochen Ferien, sodass kein Unterricht stattfand. In diesem Zeitraum waren also keine Störvariablen durch den Unterricht vorhanden. In der Zeit zwischen dem Follow-up 1- und dem Follow-up 2-Test wurde der Schulunterricht durch die eigene Lehrperson unter der Bedingung fortgeführt, dass das Thema „Eigenschaften von Dreiecken und Vierecken"

nicht durch die eigene Lehrperson weiter unterrichtet wurde[11]. Zusätzlich fand unter den Lehrpersonen eine Absprache über die Inhalte, Aufgaben, Methoden und Sozialformen für die Zeit nach der Intervention statt, um möglichst ähnlich in den Parallelklassen zu unterrichten.

10. Die Durchführungsobjektivität wurde gewährleistet, weil die Ergebnisse der Messung unabhängig von denjenigen waren, welche die Intervention ausführten. Die Auswertungsobjektivität wurde durch das geschlossene Antwortformat der Tests und Fragebögen sowie der Dateneingabe und -analyse durch das Programm IBM Statistical Package for the Social Sciences (SPSS) Statistics garantiert (siehe Abschnitte 10.1.2, 10.2 und 11.1; vgl. Krauss et al., 2015; Rost, 2004).

Das Untersuchungsdesign und die Durchführung der Interventionsstudie beinhalteten Besonderheiten (z. B. den Verzicht von Hausaufgaben und der eigenständigen Erarbeitung des Lerninhalts ohne inhaltliche Hilfestellungen durch die Lehrperson) zur Minimierung von Störvariablen, welche keinen vollständig authentischen Mathematikunterricht erzielten. Die durchgeführte Interventionsstudie im herkömmlichen Klassenverband konnte trotzdem eine höhere ökologische Validität im Vergleich zu Laborstudien gewährleisten.

---

[11] Die Lehrpersonen verpflichteten sich mit der Teilnahme an der Studie, andere Themen zu unterrichten. In Absprache mit den Lehrenden wurden die Themen „Diagramme", „Größer/Kleiner-Relationen", „Runden von Zahlen", „Zahlenstrahl" oder „Umrechnen von Gewichts-, Zeitspannen- und Geldbeträgen" gelehrt.

Arbeitsmaterialien

Das Lehren der Lerninhalte zum Thema „Eigenschaften von Dreiecken und Vierecken" erfolgte nicht durch eine direkte Instruktion der Lehrkräfte. Die Schülerinnen und Schüler eigneten sich das neue Wissen selbst mittels der Lernvideos auf Tablets an (siehe Abschnitt 8.5). Die Tablets wurden als digitale Werkzeuge zur Wissensvermittlung gewählt, weil sie für die Aneignungsphase von mathematischen Lerninhalten in der Mittelstufe sehr nützlich sind (Bastian, 2017): Aus den Ergebnissen von Studien zur außerschulischen Mediennutzung ist bekannt, dass Tablets bereits von vielen Kindern und Jugendlichen für schulische Zwecke genutzt werden (siehe Teil I, Abschnitt 1.2). Tablets lassen sich einfach bedienen und unkompliziert in den Mathematikunterricht einbinden. Sie erwiesen sich als ein geeignetes Medium zum Bespielen und Wiedergeben von Lernvideos (siehe Abschnitt 6.3.2). Darüber hinaus ermöglichen sie produktive Arbeitsweisen, bieten Abwechslung zum bisherigen Unterricht und können die Motivation steigern (Kittel, Hole, Ladel, & Beckmann, 2005).

Neben Tablets wurde bewusst ein analoges Medium eingesetzt, weil es aus den folgenden Gründen mathematikdidaktisch sinnvoll war: Die Lernenden sind aus der bisherigen Schullaufbahn gewohnt, analoge Medien als Lernmethoden zu nutzen (siehe Teil I, Abschnitte 1.3 und 3.3). Dahingehend wurden die Aufgaben im Arbeitsheft im Paper-Pencil-Format dargeboten, welche sie innerhalb der Übungsphase bearbeiteten. Am Ende des gesamten Erhebungszeitraumes erhielten die Schülerinnen und Schüler ihre Arbeitshefte mit den gelösten Übungsaufgaben zurück und konnten diese behalten. Dadurch können die Übungsaufgaben im Arbeitsheft als Grundlage für weitere Themen, z. B. bei der Berechnung der Flächeninhalte von Vierecken und Dreiecken, im realen Mathematikunterricht aufgegriffen werden.

M. Afrooz, *Leistungseffekte beim verschachtelten und geblockten Lernen mittels Lernvideos auf Tablets*, Mathematikdidaktik im Fokus, https://doi.org/10.1007/978-3-658-36482-3_9

Insgesamt verbindet das innovative Forschungsprojekt eine Video-
Lernumgebung mit einem analogen Arbeitsheft. Die Lernvideos auf Tablets
(siehe Abschnitt 9.1) sowie die Arbeitshefte und Musterlösungen (siehe
Abschnitt 9.2) werden u. a. hinsichtlich des Aufbaus und der Funktionen im
Folgenden näher beschrieben.

9.1   Lernvideos auf Tablets

Im Fokus der virtuellen Lernumgebung zum Themenkomplex „Eigenschaften von
Dreiecken und Vierecken" stand eine schülerzentrierte Gestaltung der Lernvideos,
welche adäquat in die fünfte Jahrgangsstufe eingebettet sein sollte (Aufenanger,
2017b; Bergmann, 2011; McKnight & Fitton, 2010; Melhuish, 2010; Murray &
Olcese, 2011). Für eine optimale Anpassung an die Jahrgangsstufe wurden die
Lernvideos selbst konstruiert. Dafür wurden die Videos mit dem Programm „Active Presenter" erstellt, indem die Video-Demos als MP4-Audio-Folienvortrag
entwickelt wurden. Durch die Verschriftlichung des gesprochenen Textes anhand
eines didaktischen Drehbuches konnte ein langsames und deutliches Sprechen
sowie das Betonen von relevanten Begriffen in den Videos umgesetzt werden
(Dörr & Schrittmatter, 2002).

Als mobile Endgeräte konnten die Tablets in den verschiedenen Klassenräumen flexibel eingesetzt werden (siehe Teil I, Abschnitte 1.3.1 und 1.4.1). Die
Lernvideos wurden auf insgesamt 55 ASUS Tablets geladen, welche von der
Universität Kassel bereitgestellt wurden. Dies entsprach etwa zwei Klassensätzen, sodass selbst bei zeitgleichem Mathematikunterricht von Parallelklassen jede
Schülerin und jeder Schüler ein eigenes Tablet zum Lernen erhielt (Aufenanger,
2017b). Auf iPads wurde bewusst verzichtet, weil die Anschaffung von iPads
für Schulen aus Kostengründen in der Regel nicht umsetzbar ist und ASUS-
Geräte für das Abspielen von Lernvideos genauso gut geeignet sind. Zudem
besteht ein Forschungsdesiderat zur Erforschung des Lernens mit Tablets der
Marke ASUS, während iPads bei den meisten Studien zur Digitalisierung im
Schulalltag verwendet wurden (siehe Teil I, Abschnitte 1.3.1 und 4.2).

Die Programmierung der Tablets mit den Lernvideos erfolgte vor der Intervention. Infolgedessen benötigten die Schülerinnen und Schüler keinen Zugang
zum Internet oder anderen Apps. Innerhalb der Intervention hatten sie ausschließlich einen Zugriff auf die Lernvideos, welche auf den Desktop geladen wurden
und in nummerierter Reihenfolge (z. B. Video 1, 2 usw.) leicht zu finden waren.
Dadurch wurde zum einen die Ablenkung vom Lerngegenstand eingeschränkt und

zum anderen der Einfluss von Störvariablen kontrolliert. Die Lernenden konnten ihre Aufmerksamkeit und Konzentration auf die Lerninhalte fokussieren und sich intensiver mit dem neuen Wissen auseinandersetzen. Dies kann zu einem besseren geometrischen Begriffsverständnis führen, wodurch die Lerninhalte und Begrifflichkeiten tiefer in das Langzeitgedächtnis eingeprägt werden (siehe Teil I, Abschnitt 1.4.6; vgl. Ziegler & Stern, 2014).

Die einfache Handhabung der Tablets ermöglichte den Schülerinnen und Schülern einen benutzerfreundlichen Umgang. Vor der Intervention wurde trotzdem unabhängig von den Vorerfahrungen zur digitalen Mediennutzung eine Anleitung zum praktischen Umgang mit den Tablets (z. B. Abspielen, Pausieren und Stoppen der Lernvideos) für jede Klasse gegeben, damit ein problemloses Bedienen der Tablets für alle Schülerinnen und Schüler gewährleistet werden konnte. Aufgrund der simplen technischen Entwicklung konnten die Tablets barrierefrei genutzt werden. Bei technischen Problemen (z. B. Startschwierigkeiten oder beim Regulieren der Lautstärke) bekamen die Schülerinnen und Schüler Hilfestellungen. Tablets mit technischen Fehlern konnten ausgetauscht werden, da mehrere Ersatz-Tablets zur Verfügung standen (siehe Teil I, Abschnitte 1.3.1 und 1.4.2).

Die Freeze-Funktion (durch Pausieren der Lernvideos) ermöglichte den Lernenden das Anhalten und erneute Abspielen der neuen Lerninhalte, welche sie während der Erarbeitungs- und Übungsphase nutzen konnten. So konnten die Schülerinnen und Schüler in der Lernphase selbst entscheiden, ob sie sich einen Videoausschnitt als Hilfestellung zum Bearbeiten der Aufgaben nochmals anhören. Die Lernvideos auf Tablets unterstützten das selbstgesteuerte und kognitiv aktivierende Lernen, weil die Schülerinnen und Schüler ihr eigenes Lerntempo bestimmen konnten. Vor diesem Hintergrund konnte durch die Auswahl von Lernvideos auf Tablets die Herausforderung, ein echtes Verständnis von den neuen geometrischen Begrifflichkeiten zu fördern, in der Video-Lernumgebung adäquat umgesetzt werden (siehe Abschnitt 6.4.3; vgl. Petko, 2014).

Entsprechend der fünften Jahrgangsstufe im Gesamtschulbereich wurden die Lernvideos zielgruppenorientiert entwickelt, indem sie an das Vorwissen aus dem Geometrieunterricht der Primarstufe ansetzten (siehe Abschnitt 8.4.2; Hessisches Kultusministerium, 2011a; 2011b; 2011c; Wiegand et al., 2019). Die Lerninhalte zum Themenkomplex „Eigenschaften von Dreiecken und Vierecken" orientierten sich an hessischen Schulbüchern der fünften und sechsten Jahrgangsstufe (siehe Abschnitt 8.4.1; Abele et al., 2008; Golenia & Neubert, 2010; Griesel, Postel, & vom Hofe, 2011, 2019; Herling et al., 2014; Kliemann et al., 2014; Körner et al., 2013) und unterschieden sich bei der verschachtelten und geblockten Lernweise in der folgenden Reihenfolge:

Tabelle 9.1 Inhaltliche Reihenfolge der Lerninhalte in der geblockten vs. verschachtelten Lernweise

Verschachtelte Lernbedingung	Geblockte Lernbedingung
Einführung Winkelbegriff Seiten- und Winkeleigenschaften der Dreiecke Seiten- und Winkeleigenschaften des gleichschenkligen Dreiecks Seiten- und Winkeleigenschaften des gleichseitigen Dreiecks Seiten- und Winkeleigenschaften der Vierecke Seiten- und Winkeleigenschaften des Parallelogramms Seiten- und Winkeleigenschaften des Rechtecks Seiten- und Winkeleigenschaften des Quadrats	**Block 1** Seiteneigenschaften der Dreiecke Seiteneigenschaften des gleichschenkligen Dreiecks Seiteneigenschaften des gleichseitigen Dreiecks Seiteneigenschaften der Vierecke Seiteneigenschaften des Parallelogramms Seiteneigenschaften des Rechtecks Seiteneigenschaften des Quadrats
	Block 2 Einführung Winkelbegriff Winkeleigenschaften der Dreiecke Winkeleigenschaften des gleichschenkligen Dreiecks Winkeleigenschaften des gleichseitigen Dreiecks Winkeleigenschaften der Vierecke Winkeleigenschaften des Parallelogramms Winkeleigenschaften des Rechtecks Winkeleigenschaften des Quadrats

Während sich die Lernenden in der geblockten Lernweise zuerst mit den Seiteneigenschaften der fünf ausgewählten geometrischen Figuren und danach mit den Winkeleigenschaften derselben Figuren beschäftigten (siehe Block 1, Tabelle 9.1), wurden in der verschachtelten Lernbedingung die Seiten- und Winkeleigenschaften pro geometrischer Figur abwechselnd behandelt (siehe Block 2, Tabelle 9.1).

Für die verschachtelte Lerngruppe wurden sieben Videos und für die geblockte Lernbedingung 12 Videos angefertigt, wobei sich die Videos inhaltlich nicht unterschieden, sondern ausschließlich die Reihenfolge der Inhalte variierte (siehe Tabelle 9.1). Die Lernvideos dauerten zwischen drei und fünf Minuten entsprechend einer angemessenen Informationsdichte, sodass die Schülerinnen und Schüler des fünften Jahrgangs nicht überfordert werden konnten (siehe Teil I, Abschnitt 1.4.6). Die einzelnen Unterthemen (z. B. die Seiteneigenschaften vom Rechteck und Quadrat) wurden in separaten Lernvideos präsentiert, damit die einzelnen Wissensabschnitte für die Schülerinnen und Schüler ersichtlich werden. Jedes Unterthema beinhaltete einen theoretischen Input und Merksätze, in denen die Kernaussagen übersichtlich zusammengefasst wurden. Die Definitionen der geometrischen Begriffe wurden mit visuellen Darstellungen der Dreiecke und Vierecke kombiniert, damit die Lerninhalte multiperspektivisch präsentiert und angemessene geometrische Vorstellungen entwickelt werden konnten (Barzel et al., 2013; Weigand et al., 2018). Darüber hinaus wurden die Seiten- und Winkeleigenschaften farblich hervorgehoben, sodass die visuellen Vorstellungen zu den geometrischen Figuren und deren Seiten- und Winkeleigenschaften gefördert werden konnten.

Auf die theoretischen Inputs aus den Lernvideos folgten Übungsaufgaben im analogen Arbeitsheft, welches im folgenden Abschnitt angeführt wird.

9.2   Arbeitsheft und Musterlösungen

Aufgaben nehmen eine zentrale Bedeutung in der Unterrichtsentwicklung und -qualität des Mathematikunterrichts ein, weil mathematisches Wissen durch eine aktive Auseinandersetzung mit Übungsaufgaben erworben wird (Keller & Reintjes, 2016; Müller & Helmke, 2008). In der vorliegenden Interventionsstudie wurden Aufgaben in einem selbstkonzipierten Arbeitsheft als Übung eingesetzt, um das Wissen über die Seiten- und Winkeleigenschaften von Dreiecken und Vierecken zu festigen (Bromme, Seeger, & Steinbring, 1990). Die Methode des Arbeitsheftes wurde gewählt, weil alle Aufgaben gebündelt und die Reihenfolge der Aufgaben im Arbeitsheft an die Anordnung der Lernvideos adaptiert werden konnten. Außerdem ließen sich die Arbeitshefte nach jeder Schulstunde bequem einsammeln und in der nächsten Stunde wieder austeilen.

Nach Astleitner (2008) sollten Übungsaufgaben so konzipiert sein, dass sie schülerorientiert gestaltet sind und die Lerneffektivität steigern (vgl. auch Blum & Leiss, 2005; Renkl, 1991). Dazu gehört eine hinreichend zu bewältigende Komplexität[1] der Aufgaben, welche den Lernprozess anregen und zu besseren Leistungen führen kann (Tulodziecki, Herzig, & Blömeke, 2009; Kunter et al., 2005). In Anbetracht dessen erfolgte die Auswahl des Schwierigkeitsgrades und des Inhalts an dem Mathematikunterricht der fünften Jahrgangsstufe hessischer Gesamtschulen (Hessisches Kultusministerium, 2011a; 2011b): Die Übungen des Aufgabenheftes wurden so konzipiert, dass sie schwerpunktmäßig Routinen einübten. Zudem orientierte sich das Arbeitsheft an den erarbeiteten Inhalten

---

[1] Laut der CLT nach Sweller entspricht eine hinreichend zu bewältigende Komplexität einer erfolgreichen Verarbeitung der erhöhten intrinsischen kognitiven Belastung. Dadurch kann das neue Wissen langfristig erhalten bleiben (siehe Teil I, Abschnitt 2.2.3).

und Lerntechniken des bereits erfolgten Geometrieunterrichts in der Primarstufe (siehe Abschnitt 8.4.2; Kunter et al., 2005; Hessisches Kultusministerium, 2011c). Des Weiteren wurden die Aufgaben an den Inhalt der Lernvideos angepasst und eine verständliche Fachsprache verwendet (siehe Teil I, Abschnitt 1.4.5).

Die Konstruktion der Aufgaben im Arbeitsheft und in den Tests wurden hinsichtlich des Inhalts und Formats (z. B. Lückentext- und Multiple-Choice-Aufgaben) aufeinander abgestimmt, damit die Schülerinnen und Schüler auf die Testaufgaben vorbereitet werden konnten[2].

In den folgenden Auszügen aus dem Arbeitsheft werden beispielhafte Aufgaben der drei eingesetzten Aufgabentypen zum Thema „Eigenschaften von Dreiecken und Vierecken" vorgestellt:

1. Bei einem Aufgabenformat mussten die Schülerinnen und Schüler Aufgaben mit grafischen Darstellungen der geometrischen Figuren lösen und z. B. die gleich langen Seiten oder die gleich großen Winkel in den Figuren erkennen und farblich markieren[3]:

Aufgabe 11:

(a) Markiere die gleich langen Seiten im Rechteck rechts farblich an.

(b) Gib an, wie viel gleich lange Seiten in diesem Rechteck vorkommen:
Anzahl der gegenüberliegenden gleich langen Seiten: Je ____

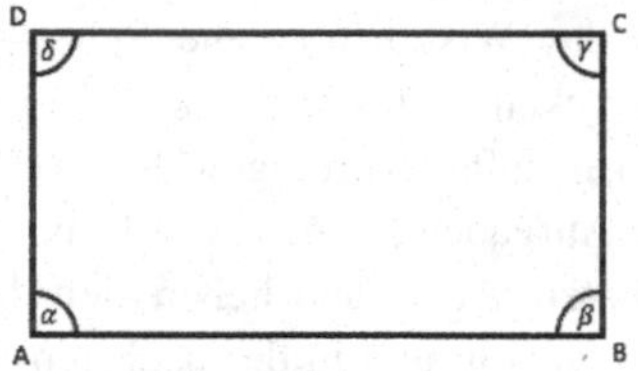

(c) Kreise die gleich großen Winkel im Rechteck rechts mit einer anderen Farbe ein.

(d) Gib an, wie viele gleich große Winkel im Rechteck vorkommen:
Anzahl der gleich großen Winkel: ____

Abbildung 9.1 Beispielhafte Aufgabe zum „Rechteck" mit einer grafischen Darstellung aus dem verschachtelten Arbeitsheft

[2] Die Testaufgaben wurden zwar inhaltlich und formal an die Übungen des Arbeitsheftes angepasst, jedoch wurden nicht dieselben Aufgaben in der Übungs- und Testphase verwendet. Eine nähere Beschreibung der Testaufgaben erfolgt im Abschnitt 10.1.2.

[3] Die Aufgaben mit den visuellen Darstellungen knüpften insbesondere an die Abbildungen in den Lernvideos an (siehe Abschnitt 9.1).

2. Ein weiterer Aufgabentyp bestand aus Ankreuzaufgaben im Multiple-Choice-Format, damit die Lernenden hinsichtlich des Aufgabenformates von Multiple-Choice-Aufgaben auf die Tests nach der Lerneinheit vorbereitet wurden:

Aufgabe 9:
Kreuze jeweils die richtige Antwort an.

(a) Jeweils 2 gegenüberliegende Seiten des Parallelogramms sind ...
(1 richtige Antwort)

☐ ... gleich lang

☐ ... unterschiedlich lang

☐ ... senkrecht zueinander

(b) Ein Parallelogramm hat ...
(1 richtige Antwort)

☐ ... keine gleich großen Winkel

☐ ... 4 gleich große Winkel

☐ ... je 2 gegenüberliegende, gleich große Winkel

Abbildung 9.2 Beispielhafte Multiple Choice Aufgabe zum „Parallelogramm" aus dem verschachtelten Arbeitsheft

3. Darüber hinaus mussten die Schülerinnen und Schüler Lückentext-Aufgaben im Arbeitsheft lösen, welche die theoretischen Inputs der Lernvideos (siehe Abschnitt 9.1) zusammenfassten:

Aufgabe 4: Fülle die Lücken im Lückentext aus!
Hinweis: Die Wörter in den Klammern sind Hilfestellungen zum Lückenausfüllen.

Die geometrischen Figuren, welche immer _____ (Anzahl) Eckpunkte und immer drei _____

besitzen, heißen allgemein _____ .

Sie haben genau ____ (Anzahl) Winkel. Die Winkelsumme (also alle Winkel zusammen) in dieser

geometrischen Figur beträgt immer _____ Grad.

Abbildung 9.3 Beispielhafte Lückentext-Aufgabe zum „allgemeinen Dreieck" aus dem verschachtelten Arbeitsheft

Alle drei vorgestellten Beispielaufgaben (siehe Abbildungen 9.1, 9.2, 9.3) entstammen aus dem verschachtelten Arbeitsheft. Beim geblockten Arbeitsheft wurden die gleiche Anzahl, derselbe Inhalt und dieselben Aufgabenstellungen verwendet. Ausschließlich die Reihenfolge der Aufgaben variierte entsprechend der angeordneten Lerninhalte in den Lernvideos (siehe Tabelle 9.1, Abschnitt 9.1)[4]: Der Unterschied lag also lediglich darin, dass in der geblockten Lernbedingung im ersten Themenblock die Aufgaben zu den „Seiteneigenschaften von Dreiecken und Vierecken" und im zweiten Block die Aufgaben zu den „Winkeleigenschaften von Dreiecken und Vierecken" geübt wurden, während in der verschachtelten Bedingung die Seiten- und Winkeleigenschaften pro geometrischer Figur kombiniert wurden (siehe z. B. Abbildung 9.1).

Im Anschluss an das selbstständige Erarbeiten der neuen Lerninhalte erfolgte das Üben ebenfalls selbstgesteuert (siehe Abschnitt 9.2). Da das Lösen von Arbeitsblättern in Papierform einer gewohnten Arbeitsweise im regulären Mathematikunterricht entsprach, konnten sich die Schülerinnen und Schüler in der Übungsphase auf das Lösen der Aufgaben im Arbeitsheft konzentrieren und wurden nicht durch eine Auseinandersetzung mit dem Tablet unnötig herausgefordert. Nachdem die Lernenden ein Lernvideo angeschaut haben, bearbeiteten sie die Aufgaben der dazugehörigen Seite in Einzelarbeit, damit der Einfluss durch andere Schülerinnen und Schüler auf die eigene Leistungsentwicklung minimiert wird (siehe Abschnitt 8.5). Nach Ablauf der Übungsphase wurden Musterlösungen ausgeteilt, welche die Schülerinnen und Schüler mit ihren eigenen Lösungen verglichen und ggf. korrigierten. Die Auszüge der folgenden Musterlösungen beziehen sich auf die obigen Aufgaben aus dem verschachtelten Arbeitsheft (siehe Abbildungen 9.4, 9.5, 9.6):

---

[4] Da dieselben Aufgaben im geblockten und verschachtelten Arbeitsheft verwendet wurden, wird auf eine Darstellung der Aufgaben aus dem geblockten Arbeitsheft verzichtet.

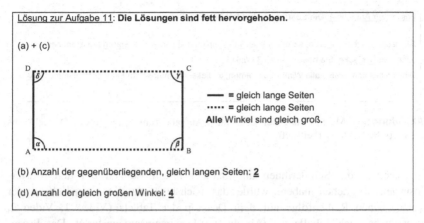

Lösung zur Aufgabe 11: **Die Lösungen sind fett hervorgehoben.**

(a) + (c)

——— = gleich lange Seiten
····· = gleich lange Seiten
Alle Winkel sind gleich groß.

(b) Anzahl der gegenüberliegenden, gleich langen Seiten: **2**

(d) Anzahl der gleich großen Winkel: **4**

Abbildung 9.4 Musterlösung der Aufgabe zum „Rechteck" mit einer grafischen Darstellung aus dem verschachtelten Arbeitsheft

Lösung zur Aufgabe 9. **Die Lösungen sind fett hervorgehoben.**

(a) Jeweils 2 gegenüberliegende Seiten des Parallelogramms sind …
(1 richtige Antwort)

☒ **… gleich lang**

☐ … unterschiedlich lang

☐ … senkrecht zueinander

(b) Ein Parallelogramm hat …
(1 richtige Antwort)

☐ … keine gleich großen Winkel

☐ … 4 gleich große Winkel

☒ **… je 2 gegenüberliegende gleich große Winkel**

Abbildung 9.5 Musterlösung der Multiple-Choice-Aufgabe zum „Parallelogramm" aus dem verschachtelten Arbeitsheft

---

Lösung zur Aufgabe 4: **Die Lösungen sind fett hervorgehoben.**

Die geometrischen Figuren, welche immer **3** Eckpunkte und immer drei **Seiten** besitzen, heißen allgemein **Dreiecke**. Sie haben genau **3** Winkel.
Die Winkelsumme (also alle Winkel zusammen) in dieser geometrischen Figur beträgt immer **180** Grad.

Abbildung 9.6 Musterlösung der Lückentext-Aufgabe zum „allgemeinen Dreieck" aus dem verschachtelten Arbeitsheft

Nachdem die Schülerinnen und Schüler ihre Lösungen mit den Musterlösungen verglichen haben, wurde das nächste Lernvideo entsprechend der vorgegebenen Reihenfolge auf dem Desktop der Tablets (Video 1, Video 2, usw.; siehe auch Tabelle 9.1, Abschnitt 9.1) gemeinsam gestartet. Das Prozedere wurde bis zum Ende der Intervention gleichermaßen durchgeführt. Für die Erarbeitungsphasen (Anschauen der Lernvideos) und die Übungsphasen (Lösen und Korrigieren der Aufgaben) erhielten alle Lerngruppen die gleichen Zeitvorgaben (siehe Abschnitt 8.5). In der geblockten Lernbedingung wurde z. B. für die Lerninhalte „Seiteneigenschaften des Rechtecks" und „Winkeleigenschaften des Rechtecks" die gleiche Zeit wie in der verschachtelten Bedingung für den Inhalt „Seiten- und Winkeleigenschaften des Rechtecks" eingeplant.

Nach jeder Stunde wurden die Arbeitshefte und Musterlösungen eingesammelt und am Anfang jeder Mathematikstunde wieder ausgeteilt, damit einerseits die Arbeitsmaterialien in jeder Stunde verfügbar waren und sie nicht durch die Schülerinnen und Schüler vergessen werden oder verloren gehen konnten. Andererseits hatten die Schülerinnen und Schüler nach dem Unterricht und in den Phasen zwischen den Erhebungen (z. B. zwischen dem Post- und Follow-up 1-Test) keinen Zugriff auf die Lernmaterialien, wodurch die Leistungsergebnisse in den Tests weitestgehend auf das Erinnern an die Lerninhalte aus der Intervention zurückgeführt werden konnten (siehe Abschnitt 8.5).

Erhebungsinstrumente 10

Die Erhebungsinstrumente wurden wie die Arbeitshefte im Paper-Pencil-Design dargeboten, weil für die Schülerinnen und Schüler Klassenarbeiten in analoger Form eine gewohnte Methodik aus der bisherigen Schullaufbahn darstellten (siehe Teil I, Abschnitte 1.3 und 3.3). Daran anknüpfend konnten sich die Lernenden sowohl auf die Wissensabfrage in den Tests als auch auf die Fragen in den Fragebögen konzentrieren und wurden nicht unnötig durch die Methode abgelenkt oder eingeschränkt (z. B. bei digitalen Medien durch technische Probleme).

Zum Schutz der Anonymität wurden alle eingesetzten Tests und Fragebögen mithilfe von numerischen Codes verschlüsselt, welche den Schülerinnen und Schülern per Zufall vor der Intervention zugeteilt wurden. Die zugewiesene Nummer war individuell und wurde bis zum Ende des Erhebungszeitraumes beibehalten. Dadurch konnte gewährleistet werden, dass die mehrmals eingesetzten Test- und Fragebögen zu den verschiedenen Messzeitpunkten (siehe Abbildung 8.1, Abschnitt 8.2) den jeweiligen Schülerinnen und Schülern eindeutig zugeordnet werden konnten. Auf einen komplizierten Code (z. B. eine eigene Zusammensetzung aus Buchstaben des Vor- und Nachnamens sowie dem Geburtsdatum) wurde verzichtet, um die jungen Schülerinnen und Schüler zu entlasten und eventuelle Zuordnungsschwierigkeiten zu vermeiden, die durch das Vergessen oder Vertauschen einer Ziffer oder eines Buchstabens zustande kommen könnten.

Vor der Durchführung der Tests und Fragebögen wurden alle Schülerinnen und Schüler gleichermaßen mit Anweisungen zur Bearbeitung der Erhebungsinstrumente eingewiesen (z. B. ein falsch gesetztes Kreuz einzukreisen), indem im Plenum die Hinweise zu den Tests und Fragebögen zusammen gelesen wurden. Daran anschließend wurden aufgetretene Fragen bezüglich des Ausfüllens der Tests und Fragebögen geklärt.

Eine Voraussetzung zum Lösen der Wissenstests und Ausfüllen der Fragebögen war eine gewisse Lesekompetenz, da textbasierte Aufgaben, wie z. B.
Lückentexte und Ankreuzfragen, in allen Erhebungsmethoden vorhanden waren.
Deshalb wurden bei der ersten Erhebung zum Messzeitpunkt des Vorwissenstests (siehe Abbildung 8.1, Abschnitt 8.2) neben den demografischen Daten
(Geschlecht und Alter) die Kommunikation auf Deutsch im eigenen Haushalt
mit der Frage erhoben, ob die Schülerinnen und Schüler Deutsch hauptsächlich zu Hause sprechen[1]. Bei einer anderen Sprache sollten sie diese zusätzlich
angegeben (siehe Abbildung 10.1):

Angaben zu dir

1. Kreuze das Kästchen an, was auf dich zutrifft.
   Du bist ...

   ☐ ein Junge   ☐ ein Mädchen

2. Schreibe die Zahl in das Kästchen.
   Wie alt bist du?

   ☐   Jahre

3. Kreuze das Kästchen an, was auf dich zutrifft und schreibe bei nein die Sprache in
   das große Kästchen.
   Sprichst du zu Hause Deutsch?

   ☐ Nein   ☐ Ja, ich spreche hauptsächlich ☐

Abbildung 10.1 Abfrage der demografischen Daten und der Kommunikation auf Deutsch
im eigenen Haushalt zum Messzeitpunkt des Vorwissenstests (in Anlehnung an das Bundesinstitut für Bildungsforschung, Innovation & Entwicklung des österreichischen Schulwesens,
2003, S. 4; 9)

Für die Vergleichbarkeit zwischen der verschachtelten und geblockten Lerngruppen wurden die Messzeitpunkte (MZP), die Erhebungsinstrumente, die
Anzahl der Items und die zeitliche Bearbeitungsdauer im gesamten Erhebungszeitraum gleich gehalten (siehe Abschnitt 8.5) und fanden in der folgenden
Reihenfolge statt:

---

[1] Auf eine umfangreiche Erhebung des Migrationshintergrundes wurde verzichtet, da dif-
ferenziertere Indikatoren zur Ermittlung des Migrationshintergrundes Fünftklässler und -
klässlerinnen überfordern könnten (vgl. Prasse et al., 2017).

Tabelle 10.1 Übersicht über die Messzeitpunkte, Anzahl der Items, Erhebungsinstrumente und Bearbeitungszeiten im gesamten Erhebungszeitraum

MZP	Erhebungsinstrument	Anzahl der Items[2]	Bearbeitungszeit
Eine Woche vor der Intervention	Vorwissenstest zur Primarstufe	9	25 Minuten
Kurz vor der Intervention	Prä-Fragebogen	4 Blöcke mit insgesamt 46 Items	30 Minuten
PAUSE			
Kurz vor der Intervention	Prä-Test	18	30 Minuten
INTERVENTION			
Kurz nach der Intervention	Post-Fragebogen	3 Blöcke mit insgesamt 38 Items[3]	30 Minuten
Kurz nach der Intervention	Post-Test	18, andere Reihenfolge der Items als im Prä-Test	30 Minuten
PAUSE			
Zwei Wochen nach der Intervention	Follow-up 1-Test	18, andere Reihenfolge der Items als in den vorherigen Tests	30 Minuten
PAUSE			
Fünf Wochen nach der Intervention	Follow-up 2-Test	18, andere Reihenfolge der Items als in den vorherigen Tests	30 Minuten

Nach der Übersicht über die Erhebungsinstrumente (siehe Tabelle 10.1) wird im folgenden Abschnitt die inhaltliche Zusammensetzung der Tests (siehe Abschnitt 10.1) und Fragebögen (siehe Abschnitt 10.2) angeführt und erläutert

---

[2] Die Anzahl der Items wird nach den Reliabilitäts- oder Trennschärfeanalysen gegebenenfalls verkleinert (siehe Abschnitt 11.3).

[3] Der Block „Inhalte und Anwendungen des E-Learning" wurde ausschließlich im Prä-Fragebogen erhoben, weil er sich auf die Kenntnisse vor der Durchführung der Interventionsstudie bezog (siehe Abschnitt 11.3).

10.1 Wissenstests

Im Gegensatz zum Lernen, welches indirekt z. B. durch das Üben von neuen Lerninhalten beobachtet werden kann, stellen die Leistungen der Lernenden eine empirisch messbare Variable dar. Leistungen können einerseits mithilfe von Wissenstests zur Evaluation im realen Mathematikunterricht verwendet werden (Müller & Helmke, 2008; Bromme et al., 1990). Andererseits können Wissenstests in empirischen Studien als diagnostische Messinstrumente genutzt werden, welche neben der Leistungsbeurteilung, Informationen und Hinweise über den Lernprozess im Mathematikunterricht geben können (Kleine, 2012). Für mögliche kognitive Ursachen der Leistungsergebnisse in den Wissenstests können kognitive Gedächtnistheorien hinzugezogen werden, wie z. B. die CLT nach Sweller und die NTD nach Bjork (siehe Teil I, Abschnitte 2.2 und 2.3).

Mithilfe von Wissenstests lässt sich der Wissensstand der Lernenden zu einem bestimmten Zeitpunkt ermitteln und die Leistungsentwicklung anhand des wiederholten Einsatzes an mehreren Messzeitpunkten abbilden (siehe Abbildung 8.1, Abschnitt 8.2; vgl. Bjork, 1999). Vor diesem Hintergrund wurden in der vorliegenden Interventionsstudie ein Vorwissenstest und ein Wissenstest im Prä-Post-Follow-up-Design (mit vier Messwiederholungen) eingesetzt, um die Leistungsentwicklungen der geblockt und verschachtelt lernenden Schülerinnen und Schüler im gesamten Erhebungszeitraum zu untersuchen. Die Tests basierten auf nominalskalierte Items, weil einerseits der Fokus der kurz angelegten Interventionsstudie auf die Abfrage von geometrischen Begrifflichkeiten im Zusammenhang mit den Seiten- und Winkeleigenschaften von ebenen Figuren gelegt wurde und andererseits die Auswertungsobjektivität aufgrund der eindeutigen Kodierung garantiert werden konnte (siehe Abschnitt 11.1).

Die Wissenstests sollten im Besonderen darauf abzielen, das deklarative Wissen zu den „Eigenschaften von Dreiecken und Vierecken" zu erheben und die zwei Experimentalgruppen (verschachtelt vs. geblockt) in der Art zu differenzieren, dass sich die Mittelwerte der Leistungsergebnisse deutlich voneinander unterscheiden, im Idealfall signifikant zugunsten der Verschachtelung (siehe Kapitel 1).

10.1.1 Vorwissenstest

Zu Beginn der Interventionsstudie wurde ein Vorwissenstest bestehend aus neun Items eingesetzt, welcher auf dem Testinstrument der „Vergleichsarbeiten der Jahrgangsstufe 3" (VerA 3) basierte (Institut zur Qualitätsentwicklung im Bildungswesen, 2008; 2013). Im Vorwissenstest wurden drei verschiedene Aufgabentypen verwendet:

1. Bei den Aufgaben im Multiple-Choice-Design mussten die Schülerinnen und Schüler z. B. unter den vorgegebenen geometrischen Figuren alle Dreiecke erkennen (siehe Abbildung 10.2):

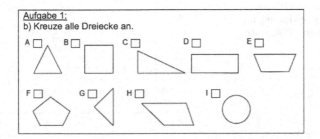

Abbildung 10.2 Test-Item im Multiple-Choice-Format zur Identifizierung von Dreiecken im Vorwissenstest (in Anlehnung an das Institut zur Qualitätsentwicklung im Bildungswesen, 2013, S. 1)

2. Des Weiteren enthielt der Vorwissenstest Aufgaben, bei denen die Schülerinnen und Schüler die Anzahl der rechten Winkel bei vorgegebenen geometrischen Figuren bestimmen mussten, z. B. beim Quadrat (siehe Abbildung 10.3):

Abbildung 10.3
Test-Item zur Bestimmung
der Anzahl der rechten
Winkel eines Quadrats im
Vorwissenstest (in
Anlehnung an das Institut
zur Qualitätsentwicklung im
Bildungswesen, 2008, S. 2)

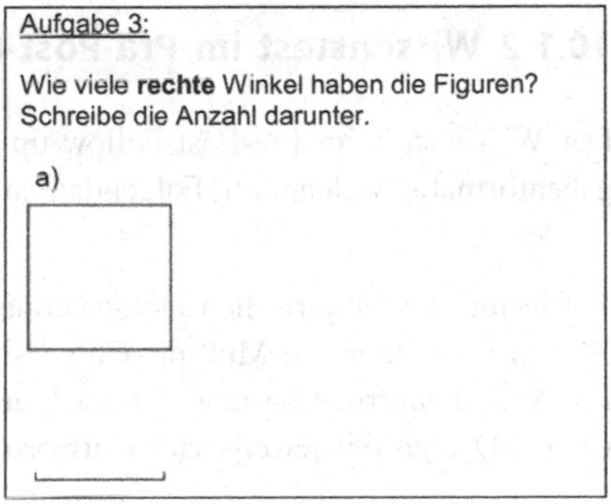

Aufgabe 3:

Wie viele **rechte** Winkel haben die Figuren?
Schreibe die Anzahl darunter.

a)

3. Beim dritten Aufgabentyp im Vorwissenstest mussten die Schülerinnen und Schüler Vierecke (z. B. ein Rechteck) zeichnen (siehe Abbildung 10.4):

Abbildung 10.4
Test-Item zum Zeichnen
eines Rechtecks im
Vorwissenstest (in
Anlehnung an das Institut
zur Qualitätsentwicklung im
Bildungswesen, 2008, S. 2)

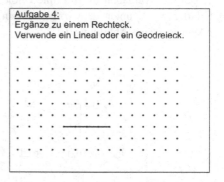

Aufgabe 4:
Ergänze zu einem Rechteck.
Verwende ein Lineal oder ein Geodreieck.

Insgesamt wurde im Vorwissenstest das allgemeine Vorwissen zur Thematik „Dreiecke und Vierecke" aus der Primarstufe abgefragt, welches für die Intervention zum Thema „Eigenschaften von Dreiecken und Vierecken" relevant sein könnte, jedoch keine Voraussetzung für das Verständnis der durchgeführten Lerneinheit war (siehe Abschnitt 8.4.2).

Die Aufgaben im Wissenstest wurden speziell auf die durchgeführte Lerneinheit zum Thema „Eigenschaften von Dreiecken und Vierecken" konzipiert, welche im folgenden Abschnitt vorgestellt werden.

10.1.2 Wissenstest im Prä-Post-Follow-up-Design

Der Wissenstest im Prä-Post-Follow-up-Design enthielt drei verschiedene Aufgabenformate, welche im Folgenden anhand von Beispielaufgaben vorgestellt werden:

1. Die meisten empirischen Untersuchungen verwenden klassischerweise in den Wissenstests Items im Multiple-Choice-Format (vgl. Gruber & Stamouli, 2009). Ein Aufgabenformat bestand demnach aus geschlossenen Aufgaben im Multiple-Choice-Design mit jeweils vier Antwortmöglichkeiten:

Aufgabe: Kreuze jeweils die richtige Antwort an. Achte besonders auf die **unterstrichenen** Worte!

(b) Unterscheidet sich ein Quadrat von einem Parallelogramm (Winkeleigenschaft)? (Nur **1 Kreuz** richtig!)

☐ Nein, bei beiden Figuren sind **nur** die gegenüberliegenden Winkel gleich groß.

☐ Nein, bei beiden Figuren sind **immer** alle Winkel gleich groß.

☐ Ja, beim Quadrat können **nur** die gegenüberliegenden Winkel und beim Parallelogramm **alle** Winkel gleich groß sein.

☐ Ja, beim Quadrat sind **immer** alle Winkel gleich groß und beim Parallelogramm können **nur** die gegenüberliegenden Winkel gleich groß.

Abbildung 10.5 Test-Item im Multiple-Choice-Format zu den Winkeleigenschaften des Quadrats und Parallelogramms in den vier Wissenstests[4]

Da bei vier Antwortmöglichkeiten die richtige Antwort mit einer Wahrscheinlichkeit von 25 % nach dem Zufallsprinzip möglich waren, wurde die Anzahl der eingesetzten Multiple-Choice-Aufgaben auf sechs Items beschränkt und die restlichen Test-Items halboffen mit einem freien Antwortformat entwickelt:

2. Bei vier Test-Items mussten die Lernenden mithilfe von Darstellungen der geometrischen Figuren z. B. die Anzahl der gleich großen Winkel im Rechteck (siehe Aufgabe 6a, Abbildung 10.6) und im gleichseitigen Dreieck (siehe Aufgabe 6b, Abbildung 10.6) bestimmen:

---

[4] Damit ist der sich wiederholende Wissenstest zu den Messzeitpunkten Prä, Post, Follow-up 1 und Follow-up 2 gemeint.

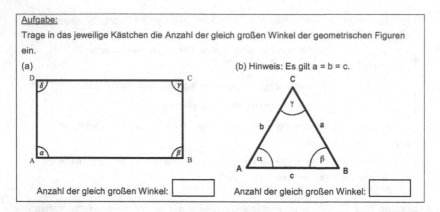

Abbildung 10.6 Test-Item zur Bestimmung gleich großer Winkel im Rechteck und gleichseitigen Dreieck in den vier Wissenstests

3. Bei acht Test-Items mussten die Schülerinnen und Schüler das richtige Wort oder die richtige Anzahl in den Lückentext ergänzen. Dabei mussten sie aus den Eigenschaften (z. B. vier gleich langen Seiten) auf die geometrischen Figuren (z. B. das Quadrat) schließen (siehe Aufgabenteil (a), Abbildung 10.7) oder umgekehrt von der geometrischen Figur (z. B. des Parallelogramms) die Eigenschaften (z. B. parallel zueinander liegende Seiten) benennen (siehe Aufgabenteil (c), Abbildung 10.7):

> **Aufgabe:**
> Trage in das Kästchen die zutreffende Zahl oder das zutreffende Wort ein:
>
> (a) Ein [   ] (Wort) besitzt immer 4 gleich lange Seiten.
>
> (b) Ein [   ] (Wort) Dreieck besitzt immer 3 gleich lange Seiten.
>
> (c) Beim Parallelogramm sind die gegenüberliegenden Seiten gleich lang und [   ] (Wort) zueinander.

Abbildung 10.7 Test-Item in Form eines Lückentextes zu den Seiteneigenschaften des Quadrats, gleichseitigen Dreiecks und Parallelogramms in den vier Wissenstests

Aus den Aufgabenformaten in den Abbildungen 10.5 bis 10.7 wird ersichtlich, dass die Test-Items sowohl an die Lernvideos (siehe Abschnitt 9.1) als auch am

Inhalt, den Aufgabentypen und dem Schwierigkeitsgrad der Übungsaufgaben im Arbeitsheft angepasst wurden (siehe Abbildungen 9.1 bis 9.1, Abschnitt 9.2): Die Test-Items waren im Multiple-Choice-Design, Lückentext-Format und enthielten Aufgaben mit Abbildungen der geometrischen Figuren. Der Inhalt der Items orientierte sich an die durchgeführte Lerneinheit zum Thema „Eigenschaften von Dreiecken und Vierecken". Die Übungen im Arbeitsheft und die Test-Items wurden zwar analog zueinander konstruiert, jedoch waren sie nicht identisch. Somit konnte erzielt werden, dass die Schülerinnen und Schüler nicht die Aufgaben auswendig lernen und gleichzeitig auf das Lösen der Test-Items adäquat vorbereitet werden.

Insgesamt verfügte jeder Wissenstest über 18 Test-Items. Zur Vergleichbarkeit der vier Tests (siehe Abbildung 8.1, Abschnitt 8.2) enthielt jede Test-Skala dieselben Items. Ausschließlich die Reihenfolge der Test-Items variierte zu den vier Messzeitpunkten, um dem Testungseffekt[5] entgegenzuwirken:

Tabelle 10.2 Reihenfolge der Aufgaben in den vier Wissenstests

Prä-Test	Post-Test	Follow-up 1-Test	Follow-up 2-Test
Aufgabe 1	Aufgabe 2	Aufgabe 3	Aufgabe 4
Aufgabe 2	Aufgabe 1	Aufgabe 2	Aufgabe 3
Aufgabe 3	Aufgabe 6	Aufgabe 4	Aufgabe 5
Aufgabe 4	Aufgabe 4	Aufgabe 6	Aufgabe 1
Aufgabe 5	Aufgabe 3	Aufgabe 5	Aufgabe 6
Aufgabe 6	Aufgabe 5	Aufgabe 1	Aufgabe 2

Anhand der Wissenstests (siehe Tabelle 10.2) konnten durch die Erfassung der Leistungen objektive Informationen über den Wissensstand der Schülerinnen und Schüler zum Thema „Eigenschaften von Dreiecken und Vierecken" generiert werden. Ergänzend dazu wurden Schülerbefragungen zur Erhebung von subjektiven Wahrnehmungen (z. B. hinsichtlich des mathematischen Selbstkonzeptes) der Schülerinnen und Schüler durchgeführt. Dafür eigneten sich Fragebögen im Prä-Post-Design, welche optimal in die Interventionsstudie integriert werden konnten (siehe Abbildung 8.1, Abschnitt 8.2) und im Folgenden hinsichtlich des inhaltlichen Aufbaus mithilfe von beispielhaften Items näher beschrieben werden.

---

[5] Der Testungseffekt besteht darin, dass das neue Wissen durch das wiederholte Testen mehrfach abgerufen wird und damit zu Leistungsverbesserungen führen kann. Durch eine Variation der Reihenfolge der Items wird der Testungseffekt minimiert (siehe Teil I, Kapitel 3).

10.2   Fragebogen im Prä-Post-Design

Neben den Wissenstests wurden Schülerbefragungen vor und nach der Intervention durchgeführt, um leistungsbezogene Einflussfaktoren zu untersuchen (vgl. Leibniz-Institut für Bildungsforschung und Bildungsinformation, 2014a). Die Erhebungen der Fragebögen und Tests fanden an denselben Messzeitpunkten Prä und Post (kurz vor bzw. kurz nach der Intervention) statt. Damit sich die Bearbeitung der Wissenstests nicht auf das Ausfüllen der Fragebögen auswirkt, wurde zuerst der Fragebogen und anschließend der Wissenstest zu den Messzeitpunkten Prä und Post erhoben (siehe Abbildung 8.1, Abschnitt 8.2). Ansonsten könnte sich das Scheitern beim Lösen von Wissenstestaufgaben z. B. auf das mathematische Selbstkonzept auswirken und somit das Ausfüllen der Fragebögen beeinflussen.

Anhand des Fragebogens im Prä-Post-Design wurde ermittelt, inwiefern ausgewählte Faktoren einen Einfluss auf die Leistungen der geblockten und verschachtelten Lerngruppe ausüben. In Anlehnung an die Forschungsfragen (siehe Kapitel 6) bestanden beide Fragebögen aus den folgenden drei Konstrukten[6]:

– Mathematisches Selbstkonzept
– Anstrengungsbereitschaft
– Einstellung zum Lernen mit digitalen Medien

Der Prä-Fragebogen enthält im Gegensatz zum Post-Fragebogen ein weiteres Konstrukt: Die Inhalte und Anwendungen des E-Learning. Die Beschränkung auf vier Konstrukte begründet sich darin, dass sowohl eine zeitlich als auch inhaltlich angemessene Bearbeitung des Fragebogens durch die Schülerinnen und Schüler der fünften Jahrgangsstufe angestrebt wurde, bei der sie nicht durch den anschließenden Einsatz des Prä- bzw. Post-Tests überfordert werden. Des Weiteren liegt der Fokus der vorliegenden Studie auf der Untersuchung der Leistungsentwicklungen der verschachtelt und geblockt Unterrichteten, während die Fragebögen ergänzend zu den Wissenstests eingesetzt wurden, um den Einfluss von subjektiven Beurteilungen der Schülerinnen und Schüler auf deren Leistungseffekte zu überprüfen.

Die vier Konstrukte werden durch Items aus den folgenden Skalen von bestehenden empirischen Untersuchungen im mathematikdidaktischen Bereich operationalisiert (Beißert, Köhler, Rempel, & Beierlein, 2014; Bundesinstitut für

---

[6] Die Auswahl der drei Konstrukte stützt sich auf die theoretischen Grundlagen zu den wesentlichen Einflussfaktoren beim geblockten und verschachtelten Lernen (siehe Teil I, Abschnitte 3.3.3 bis 3.3.5).

Bildungsforschung, Innovation & Entwicklung des österreichischen Schulwesens, 2003; Deutsches Institut für Pädagogische Forschung, 2003; Leibniz-Institut für Bildungsforschung und Bildungsinformation, 2014b):

Tabelle 10.3   Übersicht über die Messzeitpunkte, Konstrukte und Skalen des Prä- und Post-Fragebogens

MZP	Konstrukt	Skala
Prä und Post	1. „Mathematisches Selbstkonzept"[7]	Mathematisches Selbstkonzept (aus „PISA 2003", „Pythagoras – Videogestützte Unterrichtsstudie")
Prä und Post	2. „Anstrengungsbereitschaft"[8]	Need for Cognition (aus der „Kurzskala GESIS")
Prä	3. „Inhalte und Anwendungen des E-Learning"	Bertelsmann-Stiftung Schülerfragebogen (aus dem „Monitor Digitale Bildung")
Prä und Post	4. „Einstellung zum Lernen mit digitalen Medien"	Bertelsmann-Stiftung Schülerfragebogen (aus dem „Monitor Digitale Bildung")

In beiden Fragebögen wurden die ersten beiden Konstrukte (siehe Tabelle 10.3) aus bestehenden Skalen zusammengesetzt, weil sie zur eingesetzten Intervention passten und somit eine eigene Konstruktion nicht notwendig war. Die Konstrukte aus dem Schülerfragebogen der Bertelsmann-Stiftung (2017) wurden an die durchgeführte Video-Lernumgebung mit Tablets angepasst, indem z. B. das Wort „Tablets" in die Items ergänzt wurde (siehe Abbildung 10.8).

Jede eingesetzte Skale deckte eine möglichst große Bandbreite des jeweiligen Konstruktes ab (vgl. Steyer & Eid, 2000).

Das Konstrukt „Inhalte und Anwendungen des E-Learning" (siehe Abbildung 10.8) wurde ausschließlich im Prä-Fragebogen abgefragt, weil sich die Vorkenntnisse bzw. Vorerfahrungen zur Nutzung von digitalen Medien auf die Zeit vor der Intervention bezogen:

---

[7] Der an die fünfte Jahrgangsstufe angepasste Wortlaut im Fragebogen ist „Du und Mathematik".

[8] Der an die fünfte Jahrgangsstufe angepasste Wortlaut im Fragebogen ist „Dein Lernverhalten allgemein".

Inhalte und Anwendungen des E-Learning

3. Welche Arten von Angeboten zum Lernen nutzt du in der Schule oder Freizeit?
Es sind mehrere Kreuze möglich!
Setze alle Kreuze pro Zeile, die auf dich zutreffen, in die Kästchen (nicht zwischen zwei Kästchen!).

	nutze ich im Unterricht	nutze ich für Hausaufgaben	nutze ich in der Freizeit	nutze ich nicht
Lern-Apps und Lernspiele auf Handys oder Tablets	☐	☐	☐	☐
Bücher, Texte oder Lernprogramme auf Handys, Tablets oder Computer	☐	☐	☐	☐

Abbildung 10.8 Fragebogen-Items aus dem Konstrukt „Inhalte und Anwendungen des E-Learning" des Prä-Fragebogens (in Anlehnung an Bertelsmann-Stiftung, 2017, S. 4)

Das Konstrukt „Einstellung zum Lernen mit digitalen Medien" wurde bezüglich des Antwortformates an die Skalen zum „Mathematischen Selbstkonzept" (Wortlaut im Fragebogen: „Du und Mathematik") und zur „Anstrengungsbereitschaft" (Wortlaut im Fragebogen: „Dein Lernverhalten allgemein") angepasst, indem die Beurteilung der Items von einer fünfstufigen Skala („stimmt gar nicht", „stimmt eher nicht", „stimmt eher", „stimmt genau" und „weiß ich nicht") auf vier Abstufungen (ohne „weiß ich nicht") reduziert wurde:

Du und Mathematik			

1. **Denk an das Lernen in Mathematik: Wie sehr stimmst du den folgenden Aussagen zu?**
Setze nur ein Kreuz pro Zeile in die Kästchen (nicht zwischen zwei Kästchen!).

	stimmt gar nicht	stimmt eher nicht	stimmt eher	stimmt genau
Mathematik ist spannend.	☐	☐	☐	☐
Im Fach Mathematik bekomme ich gute Noten.	☐	☐	☐	☐

Abbildung 10.9 Fragebogen-Items aus dem Konstrukt „Mathematisches Selbstkonzept" in beiden Fragebögen[9] (Deutsches Institut für Pädagogische Forschung, 2003, S. 6; Leibniz-Institut für Bildungsforschung und Bildungsinformation, 2014b)

Dein Lernverhalten allgemein			

2. **Kreuze an, inwieweit die folgenden Aussagen auf dich zutreffen.**
Setze nur ein Kreuz pro Zeile in die Kästchen (nicht zwischen zwei Kästchen!).

	stimmt gar nicht	stimmt eher nicht	stimmt eher	stimmt genau
Ich bin jemand, der sehr gerne nachdenkt.	☐	☐	☐	☐
Nachdenken macht mir keinen Spaß.	☐	☐	☐	☐

Abbildung 10.10 Fragebogen-Items aus dem Konstrukt „Anstrengungsbereitschaft" in beiden Fragebögen (in Anlehnung an Beißert et al., 2014, S. 10) (Negativ gepolte Items wurden in der Datenauswertung invertiert (siehe Abschnitt 11.2).

---

[9] Damit ist der zweimal eingesetzte Fragebogen zu den Messzeitpunkten Prä und Post gemeint.

Einstellung zum Lernen mit digitalen Medien			

4. Wie sehr stimmst du den folgenden Aussagen zu?
Setze nur ein Kreuz pro Zeile in die Kästchen (nicht zwischen zwei Kästchen!).

	stimmt gar nicht	stimmt eher nicht	stimmt eher	stimmt genau
Im Unterricht sollten Handys, Smartphones oder Tablets zum Lernen erlaubt sein.	☐	☐	☐	☐
Durch die elektronischen Geräte habe ich mehr Möglichkeiten zum Lernen, z.B. durch Videos und Texte im Internet.	☐	☐	☐	☐

Abbildung 10.11 Fragebogen-Items aus dem Konstrukt „Einstellung zum Lernen mit digitalen Medien" in beiden Fragebögen (in Anlehnung an Bertelsmann-Stiftung, 2017, S. 2, 5)

Die Differenzierung auf Skalen mit einem vierstufigen Antwortformat (ohne die nicht-inhaltliche Kategorie „weiß ich nicht") wurde aus folgenden Gründen verwendet: Die gerade Anzahl ohne Mittelpunkt lässt zum einen ausschließlich Antworten in eine Richtung (von keiner bis absoluter Zustimmung) zu, sodass keine neutrale Beurteilung von Items erfolgen und interpretiert werden muss. Zum anderen konnten die jungen Schülerinnen und Schüler der fünften Jahrgangsstufe nicht durch eine neutrale Ankreuzmöglichkeit verunsichert werden (Bühner, 2006). Die gerade Anzahl von vier Abstufungen war insofern vorteilhaft, dass eine Tendenz zur Urteilsmöglichkeit „weiß ich nicht" verhindert wurde. In den drei einheitlich gestalteten Konstrukten (siehe Abbildung 10.9, 10.10, 10.11) konnten die Schülerinnen und Schüler somit auf einer Antwortskala von „stimmt gar nicht" bis „stimmt genau" entscheiden, inwieweit sie den Aussagen der Items zustimmen.

Insgesamt verfügten beide Fragebögen über die Konstrukte „Mathematisches Selbstkonzept", „Anstrengungsbereitschaft" und „Einstellung zum Lernen mit digitalen Medien", welche bezüglich des Inhalts und der Reihenfolge (siehe Tabelle 10.3) für die Vergleichbarkeit der Fragebögen zu den Messzeitpunkten Prä und Post identisch gehalten wurden. Die Konzepte der Fragebögen wurden mit nahezu gleich vielen Items (zehn bis fünfzehn Fragen pro Block) generiert, damit keine der Skalen breiter als die andere gemessen wird und eine repräsentative Itemmenge pro Konstrukt gewährleistet wird (vgl. Bühner, 2006). In beiden

Fragebögen wurden ausschließlich Ankreuzfragen in gebundenen Antwortforma-
ten verwendet, welche hauptsächlich in Form eines ordinalen Skalenniveaus[10]
dargeboten wurden. Die Antwortmöglichkeiten der Likert-Skalen waren durch
die verbalen Bezeichnungen von „stimmt gar nicht" bis „stimmt genau" festgelegt, wodurch sie für die Schülerinnen und Schüler der fünften Jahrgangsstufe
übersichtlich waren und das Ausfüllen erleichterten (vgl. Krauss et al., 2015).

---

[10] Dies gilt für alle Konstrukte bis auf die „Inhalte und Anwendungen des E-Learning" im
Prä-Fragebogen. Die Spal-ten des Konstruktes besaßen das nominale Skalenniveau.

Auswertung der Daten 11

Die Rohdaten aus den Tests und Fragebögen wurden mit zuvor angefertigten Kodiermanuals kodiert und in das Programm Microsoft Excel eingetragen. Die Kodiermanuals wurden so entwickelt, dass die Codes eindeutig zu den Items zugeordnet werden können. Da die Kodierung der Tests und Fragebögen unabhängig von der auszuwertenden Person ist, kann von einer Auswertungsobjektivität ausgegangen werden (Krauss et al., 2015).

In den folgenden Abschnitten werden die Kodierungen zu beispielhaften Test- und Fragebogen-Items angeführt (siehe Abschnitte 11.1 und 11.2). Nach einer kurzen Vorstellung der Datenaufbereitung mittels des Programmes SPSS (siehe Abschnitt 11.3) wird ausführlich auf die Bildung der Test- und Fragebogen-Skalen eingegangen (siehe Abschnitt 11.4). Im letzten Abschnitt werden die Auswertungsmethoden t-Test und Varianzanalyse hinsichtlich ihrer Voraussetzungen beschrieben (siehe Abschnitt 11.5).

11.1 Kodierung der Wissenstests

Bei empirischen Untersuchungen im Zusammenhang mit Leistungsmessungen werden die einzelnen Items in den Wissenstests häufig gleich bewertet, indem für jedes korrekt oder falsch gelöste Test-Item die gleiche Punktzahl vergeben wird (Astleitner, 2008; Bortz & Döring, 2006). Dies wurde in allen eingesetzten Wissenstests berücksichtigt.

Ergänzende Information Die elektronische Version dieses Kapitels enthält Zusatzmaterial, auf das über folgenden Link zugegriffen werden kann https://doi.org/10.1007/978-3-658-36482-3_11.

M. Afrooz, *Leistungseffekte beim verschachtelten und geblockten Lernen mittels Lernvideos auf Tablets*, Mathematikdidaktik im Fokus, https://doi.org/10.1007/978-3-658-36482-3_11

Der Umgang mit fehlenden Daten (*Missing Data*) soll zunächst hinsichtlich der durchgeführten Intervention begründet werden: Wenn das unvollständige
Lösen bzw. keine Bearbeitungen der Items mit null Punkten bewertet werden,
kann nicht differenziert werden, welche Gründe dazu geführt haben. Mit Blick
auf die Studie sind zu schwierige Aufgaben, eine geringe Motivation oder ein
zeitlicher Mangel denkbar, wodurch Verzerrungen der Daten zustande kommen
können (McKnight, McKnight, Sidami, & Figueredo, 2007).

Bei der Abfrage von deklarativem Wissen, wie in den durchgeführten Tests,
kann allerdings davon abgesehen werden, dass die Lernenden bei den eingesetzten Aufgaben aufgrund einer zu hohen Komplexität eine zeitintensive Bearbeitung
benötigen, wie es z. B. beim Lösen von Verständnis-, Modellierungs- oder
mehrschrittigen Problemlöseaufgaben der Fall ist. Zudem wurden ausschließlich
Lerninhalte abgefragt, welche auf dem neu erworbenen Wissen aus der Intervention basierten und bei denen die Lernenden keinen Transfer leisten mussten.
Des Weiteren wurden die Schülerinnen und Schüler dazu aufgefordert, lediglich diejenigen Aufgaben zu überspringen, welche sie nicht beantworten können.
Am Ende von jedem Test wurde sowohl verbal als auch schriftlich darauf hin-
gewiesen, dass die Lernenden nochmal kontrollieren sollten, ob sie Aufgaben
übersehen haben. Das unvollständige Lösen bzw. keine Bearbeitung der Items
konnten aufgrund dessen weitestgehend mit dem fehlenden Wissen gleichgesetzt
werden. Die Einbeziehung von fehlenden Daten hat zusätzlich den Vorteil, dass
der gesamte Datensatz berücksichtigt und analysiert werden kann. In Anlehnung
an die PISA-Studie wurden alle unvollständig bzw. nicht bearbeiteten Items in den
Wissenstests mit „falsch" bewertet (vgl. Walter & Rost, 2011). Die Kodierung der
Test-Items erfolgte dichotom:

Tabelle 11.1 Bedeutung der Codes bei der Bewertung der Test-Items	Code	Bedeutung
	1	Vollständig richtige Bearbeitung des Items
	0	Falsche oder unvollständige Bearbeitung des Items

In Anlehnung an die Codevergabe wurde bei der Bewertung der Test-Items für
eine korrekt gelöste Testaufgabe ein Punkt vergeben. Für eine falsch oder unvollständig gelöste Aufgabe wurden null Punkte vergeben. Die aufgabenspezifischen
Beschreibungen der Test-Codes werden für den Vorwissenstest und den Test im
Prä-Post-Follow-up-Design in den nächsten beiden Abschnitten erläutert.

11.1.1 Vorwissenstest

Im Vorwissenstest wurden alle Test-Items entsprechend dem Kodiermanual dichotom kodiert. Analog zu den bereits vorgestellten beispielhaften Test-Items der drei Aufgabentypen (siehe Abschnitt 10.1.1) werden deren Kodierungen angeführt:

1. Ein beispielhaftes Test-Item im Multiple-Choice-Design, bei dem die Schülerinnen und Schüler alle Dreiecke identifizieren mussten (vgl. Abbildung 10.2, Abschnitt 10.1.1), wurde folgendermaßen kodiert:

Tabelle 11.2 Kodierung eines Test-Items im Multiple-Choice-Format zur Identifizierung von Dreiecken im Vorwissenstest (in Anlehnung an das Institut zur Qualitätsentwicklung im Bildungswesen, 2013, S. 1)

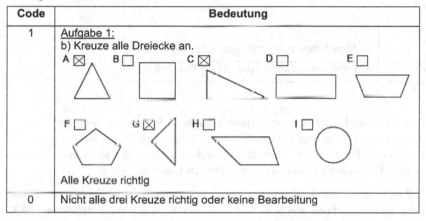

Code	Bedeutung
1	Aufgabe 1: b) Kreuze alle Dreiecke an. ... Alle Kreuze richtig
0	Nicht alle drei Kreuze richtig oder keine Bearbeitung

Falls nicht alle Dreiecke identifiziert wurden, wurde der Code „null" vergeben, weil es sich beim Erkennen von Dreiecken um ein Basiswissen aus der dritten Jahrgangsstufe handelt. Auf Abstufungen bzw. Teilpunkte für teilweise richtige Lösungen wurde verzichtet, damit alle Test-Items gleich bewertet werden und sie vergleichbar bleiben (siehe Tabelle 11.2).

2. Des Weiteren enthielt der Vorwissenstest Items, bei denen die Schülerinnen und Schüler die Anzahl der rechten Winkel von geometrischen Figuren, z. B. des Quadrats, bestimmen mussten (vgl. Abbildung 10.3, Abschnitt 10.1.1). Diese Art von Items wurde wie folgt kodiert:

Tabelle 11.3 Kodierung eines Test-Items zur Bestimmung der Anzahl der rechten Winkel eines Quadrats im Vorwissenstest (in Anlehnung an das Institut zur Qualitätsentwicklung im Bildungswesen, 2008, S. 2)

Code	Bedeutung
1	Aufgabe 3: Wie viele **rechte** Winkel haben die Figuren? Schreibe die Anzahl darunter. a) Richtige Antwortmöglichkeiten: 4 oder vier
0	Alle anderen Antworten oder keine Bearbeitung

In Anbetracht der richtigen Antwortmöglichkeit wurde sowohl eine numerische („4") als auch eine verbale Schreibweise („vier") als richtig gewertet. Rechtschreibfehler wurden zugelassen, indem z. B. „vir" als korrekt kodiert wurde. Alle anderen Zahlen wurden als falsch gewertet.

3. Zudem besaß der Vorwissenstest Items, bei denen die Schülerinnen und Schüler Vierecke zeichnen mussten, wie z. B. ein Rechteck (vgl. Abbildung 10.3, Abschnitt 10.1.1), welche folgendermaßen kodiert wurden:

Tabelle 11.4 Kodierung eines Test-Items zum Zeichnen eines Rechtecks im Vorwissenstest (in Anlehnung an das Institut zur Qualitätsentwicklung im Bildungswesen, 2008, S. 2)

Code	Bedeutung
1	Aufgabe 4: Ergänze zu einem Rechteck. Verwende ein Lineal oder ein Geodreieck.
	Die Aufgabe gilt als korrekt gelöst, wenn an die Grundstrecke ein Rechteck gezeichnet wurde. Die Grundstrecke kann dabei auch verlängert werden. Die Verwendung eines Lineals ist nicht erforderlich. Weitere Lösungen sind möglich. Abweichungen innerhalb des Toleranzbereiches (graue Markierung) werden als richtig gewertet.
0	Alle anderen Zeichnungen oder keine Bearbeitung

Bei diesem Item handelte es sich um ein offenes Aufgabenformat, sodass mehrere Lösungsmöglichkeiten akzeptiert wurden (siehe Tabelle 11.4). Da ein Rechteck im besonderen Fall ein Quadrat sein kann, wurde ein Quadrat ebenfalls als richtig gewertet.

11.1.2 Wissenstest im Prä-Post-Follow-up-Design

Aus den Wissenstests[1] werden wie beim Vorwissenstest drei beispielhafte Test-Items des Kodiermanuals in Anlehnung an die drei bereits beschriebenen Aufgabentypen (siehe Abschnitt 10.1.2) vorgestellt:

---

[1] Die Prä-, Post- und die beiden Follow-up-Tests sind inhaltlich identisch (bis auf die Reihenfolge, siehe Abschnitt 10.1.2) und werden als Wissenstests zusammengefasst.

1. Beim ersten beispielhaften Test-Item mussten die Schülerinnen und Schüler die Unterschiede des Quadrats und Parallelogramms bezüglich der Winkeleigenschaften identifizieren (vgl. Abbildung 10.5, Abschnitt 10.1.2). Die Test-Items im Multiple-Choice-Format wurden wie alle anderen dichotom kodiert (siehe Tabelle 11.1, Abschnitt 11.1):

Tabelle 11.5 Kodierung eines Test-Items im Multiple-Choice-Format zu den Winkeleigenschaften des Quadrats und Parallelogramms in den vier Wissenstests[2]

Code	Bedeutung
1	Aufgabe:
	(b) Kreuze jeweils die richtige Antwort an. Achte besonders auf die **unterstrichenen** Worte!
	Unterscheidet sich ein Quadrat von einem Parallelogramm (Winkeleigenschaft)?
	(Nur **1 Kreuz** richtig!)
	☐ Nein, bei beiden Figuren sind **nur** die gegenüberliegenden Winkel gleich groß.
	☐ Nein, bei beiden Figuren sind **immer** alle Winkel gleich groß.
	☐ Ja, beim Quadrat können **nur** die gegenüberliegenden Winkel gleich groß und beim Parallelogramm **alle** Winkel gleich groß sein.
	☒ Ja, beim Quadrat sind **immer** alle Winkel gleich groß und beim Parallelogramm können **nur** die gegenüberliegenden Winkel gleich groß.
0	Mindestens ein falsches Kreuz oder keine Bearbeitung

Der Hinweis, dass in der Ankreuzaufgabe „nur ein Kreuz richtig" ist, wurde in den eingesetzten Wissenstests zur Hilfestellung bewusst vorgegeben. In seltenen Fällen wurde trotzdem mehr als ein Kreuz gesetzt, sodass der Wortlaut „mindestens ein falsches Kreuz" in die Beschreibung des Codes „null" aufgenommen wurde (siehe Tabelle 11.5).

---

[2] Damit ist der sich wiederholende Wissenstest zu den Messzeitpunkten Prä, Post, Follow-up 1 und Follow-up 2 gemeint.

2. Beim zweiten beispielhaften Test-Item mussten die Schülerinnen und Schüler analog zum Vorwissenstest (siehe Tabelle 11.3, Abschnitt 11.1.1) in einem halb-offenen Antwortformat die Anzahl der rechten Winkel in geometrischen Figuren (z. B. im Rechteck) bestimmen (vgl. Abbildung 10.6, Abschnitt 10.1.2):

Tabelle 11.6 Kodierung eines Test-Items zur Bestimmung gleich großer Winkel im Rechteck in den vier Wissenstests

Code	Bedeutung
1	Aufgabe: Trage in das jeweilige Kästchen die Anzahl der gleich großen Winkel der geometrischen Figuren ein. (a) Anzahl der gleich großen Winkel: [____] Richtige Antwortmöglichkeiten: „4" oder „vier"
0	Alle anderen Antworten oder keine Bearbeitung

In dieser Aufgabe wurde ebenfalls sowohl die Zahl „4" als auch das aus-geschriebene Wort „vier" sowie Rechtschreibfehler der Zahl vier als richtig bewertet. Alle anderen Zahlen wurden als falsch gewertet.

3. Das dritte beispielhafte Test-Item beinhaltet eine Lückentext-Aufgabe, bei der die Schülerinnen und Schüler anhand der Seiteneigenschaften z. B. das gleich-seitige Dreieck erkennen und das richtige Wort in die Lücke eintragen mussten (vgl. Abbildung 10.7, Abschnitt 10.1.2):

Tabelle 11.7 Kodierung eines Test-Items in Form eines Lückentextes zu den Seiteneigenschaften des gleichseitigen Dreiecks in den vier Wissenstests

Code	Bedeutung
1	Aufgabe: Trage in das Kästchen die zutreffende Zahl oder das zutreffende Wort ein: (b) Ein ⬚ (Wort) Dreieck besitzt immer 3 gleich lange Seiten. Richtige Antwort: „gleichseitiges"
0	Alle anderen Antworten oder keine Bearbeitung

In Anlehnung an die vorgestellten Aufgabenformaten (siehe Tabellen 11.3 und 11.6) wurden sowohl Rechtschreibfehler als auch Bezeichnungen wie „gleichseitig" (anstatt von „gleichseitiges") als richtig gewertet (siehe Tabelle 11.7).

11.2 Kodierung des Fragebogens im Prä-Post-Design

Die Kodierung erfolgte anhand des Kodiermanuals nach dem jeweiligen Skalenniveau der Konstrukte. Fehlende Antworten wurden als Missing Data mit dem Code „99" berücksichtigt.

Konstrukt „Inhalte und Anwendungen des E-Learning"
Das Konstrukt „Inhalte und Anwendungen des E-Learning" enthielt vier Spalten. Jede Spalte (z. B. „nutze ich im Unterricht") wurde nominal kodiert, indem ein gesetztes Kreuz mit dem Code „eins" und ein fehlendes Kreuz mit dem Code „null" kodiert wurde:

Tabelle 11.8 Kodierung eines Fragebogen-Items aus dem Konstrukt „Inhalte und Anwendungen des E-Learning" des Prä-Fragebogens

Code	Bedeutung
1	**3. Welche Arten von Angeboten zum Lernen nutzt du in der Schule oder Freizeit?** **Es sind mehrere Kreuze möglich!** *Setze alle Kreuze pro Zeile, die auf dich zutreffen, in die Kästchen (nicht zwischen zwei Kästchen!).*

	nutze ich im Unterricht	nutze ich für Hausaufgaben	nutze ich in der Freizeit	nutze ich nicht
Lern-Apps und Lernspiele auf Handys oder Tablets	☐	☐	☐	☐

Code	Bedeutung
	Kreuz bei „nutze ich im Unterricht"
0	Kein Kreuz bei „nutze ich im Unterricht"
99	Kreuze sowohl bei „nutze ich im Unterricht" als auch bei „nutze ich nicht" oder ein Kreuz zwischen zwei Kästchen oder kein Kreuz in der gesamten Zeile

Der Code „99" wurde vergeben, wenn die Zuordnung der Kreuze nicht eindeutig war oder keine Bearbeitung des Fragebogen-Items erfolgte (siehe Tabelle 11.8). Die Gesamtanzahl der Kreuze pro Skala bzw. pro Spalte gab an, wie viele Anwendungen z. B. im Unterricht genutzt werden.

Konstrukte „Mathematisches Selbstkonzept", „Anstrengungsbereitschaft" und „Einstellung zum Lernen mit digitalen Medien"
Die Codes wurden nach dem Zustimmungsgrad vergeben: Auf den vierstufigen Likert-Skalen des Prä- und Post-Fragebogens[3] mit dem ordinalem Skalenniveau drückten die Abstufungen von „eins" („stimmt gar nicht") bis „vier" („stimmt genau") die Zustimmung bzw. Ablehnung eines Items aus (vgl. Bortz & Döring, 2006). Da alle drei Konstrukte gleich kodiert wurden, ist die folgende Darstellung der Kodierung eines Fragebogen-Items aus dem Konstrukt „Anstrengungsbereitschaft" exemplarisch für alle drei Konstrukte:

---

[3] Die Items der Konstrukte „Mathematisches Selbstkonzept", „Anstrengungsbereitschaft" und „Einstellung zum Lernen mit digitalen Medien" sind im Prä- und Post-Fragebogen inhaltlich identisch (siehe Abschnitt 10.2).

Tabelle 11.9 Kodierung eines Fragebogen-Items aus dem Konstrukt „Anstrengungsbereit-schaft" in beiden Fragebögen

Code	Bedeutung
1	**1. Kreuze an, inwieweit die folgenden Aussagen auf dich zutreffen.** *Setze nur ein Kreuz pro Zeile in die Kästchen (nicht zwischen zwei Kästchen).*

		stimmt gar nicht	stimmt eher nicht	stimmt eher	stimmt genau
	Ich bin jemand, der sehr gerne nachdenkt.	☐	☐	☐	☐

Code	Bedeutung
	Kreuz bei „stimmt gar nicht"
2	Kreuz bei „stimmt eher nicht"
3	Kreuz bei „stimmt eher"
4	Kreuz bei „stimmt genau"
99	Mehr als ein Kreuz oder ein Kreuz zwischen zwei Kästchen oder kein Kreuz in der gesamten Zeile

Falls mehr als ein Kreuz pro Item oder ein Kreuz zwischen zwei Kästchen gesetzt wurde, konnte keine eindeutige Zuordnung getroffen werden, sodass der Code „99" vergeben wurde. Die Nichtbearbeitung von Fragebogen-Items wurde ebenfalls mit dem Code „99" kodiert.

Insgesamt gaben die Schülerinnen und Schüler pro Item in den drei Konstrukten an, inwiefern sie den Aussagen zustimmten. Je höher der Wert, desto höher war die Zustimmung zu diesem Item (siehe Tabelle 11.9).

11.3   Aufbereitung der Daten

Anhand der vorab angefertigten Kodiermanuals konnte davon ausgegangen werden, dass alle Tests und Fragebögen eindeutig und fehlerfrei kodiert wurden. Alle eingegebenen Codes wurden trotzdem nach der ersten Kodierung von einer zweiten, unabhängigen Person überprüft. Insgesamt konnten keine Abweichungen der Kodierer festgestellt werden.

Die vollständig kodierte Excel-Tabelle der gesamten Rohdaten wurde in das Programm SPSS importiert. Die Variablennamen wurden aus der Excel-Tabelle übernommen und fehlende Daten anhand des Codes 99 nochmals in SPSS definiert (siehe Abschnitt 11.2). Die Variablen aller Wissenstests und des Konstruktes „Inhalte und Anwendungen des E-Learning" (Prä-Fragebogen) wurden als nominal eingestellt (siehe Abschnitte 10.1 und 10.2), während alle anderen Variablen des Prä- und Post-Fragebogens als ordinal eingerichtet wurden (siehe Abschnitt 10.2). Da alle Variablen numerisch kodiert waren, konnten alle Daten in der anschließenden Datenanalyse und –auswertung berücksichtigt werden.

Die Werte aller negativ gepolten Variablen in den drei Konstrukten („Mathematisches Selbstkonzept", „Anstrengungsbereitschaft" und „Einstellung zum Lernen mit digitalen Medien") der Fragebögen, wie z. B. „Nachdenken macht mir keinen Spaß", wurden nach dem folgenden Prinzip invertiert:

Tabelle 11.10 Invertierte Codes bei negativ gepolten Items und deren Bedeutungen in beiden Fragebögen

Invertierte Codes	Bedeutung
1 anstatt 4	„Stimmt gar nicht" anstatt „stimmt genau"
2 anstatt 3	„Stimmt eher nicht" anstatt „stimmt eher"
3 anstatt 2	„Stimmt eher" anstatt „stimmt eher nicht"
4 anstatt 1	„Stimmt genau" statt „stimmt gar nicht"

Die transformierten Variablen (siehe Tabelle 11.10) wurden dann als neue Variablen abgespeichert. Des Weiteren wurden alle Bedeutungen der Variablencodes definiert, indem z. B. der Code „eins" bei den Wissenstests für eine „richtige Lösung" (siehe Abschnitt 11.1) und bei den Fragebögen für „stimmt gar nicht" (siehe Abschnitt 11.2) festgelegt wurde. Dadurch konnten eindeutige Zuordnungen bei der Datenauswertung garantiert werden.

11.4 Bildung der Skalen

Zur Vorbereitung auf die Analysen der Forschungsfragen (siehe Teil III, Kapitel 14 bis 16) werden alle Test- und Fragebogen-Skalen bezüglich verschiedener psychometrischer Kennwerte (Reliabilität, Itemtrennschärfe, Itemschwierigkeit und Inhaltsvalidität) untersucht, welche an die Erhebungsinstrumente der durchgeführten Interventionsstudie angepasst wurden.

Unter der „Reliabilität" wird in der klassischen Testtheorie die Messgenauigkeit einer gesamten Stichprobe verstanden. Die Reliabilität untersucht als interne Konsistenz, inwieweit Items innerhalb einer Skala dasselbe Merkmal bzw. dieselbe Fähigkeit abbilden. Ein Gesamtscore der aufsummierten (z. B. bei Items einer Wissenstest-Skala) oder gemittelten Items (z. B. bei Items einer Fragebogen-Skala) kann ausschließlich dann erfolgen, wenn die Skala eindimensional ist und mittels einer Reliabilitätsanalyse legitimiert wird.

Zur Überprüfung der Reliabilität wird das „Cronbachs Alpha" für alle Erhebungsinstrumente der vorliegenden Arbeit verwendet, welches in der klassischen Testtheorie als das Standardmaß der internen Konsistenz einer Skala fungiert. Der Wert von Cronbachs Alpha liegt zwischen null und eins. Die interne Konsistenz einer Skala ist umso höher, je größer der Wert von Cronbachs Alpha ist. Eine feste allgemeingültige Untergrenze für ein akzeptables Cronbachs Alpha existiert nicht (Bühner, 2006; Döring & Bortz, 2016). Als Richtwerte zur Interpretation der Reliabilität der durchgeführten Studie sollen trotzdem die folgenden Grenzwerte für das Cronbachs Alpha nach Streiner (2010) betrachtet werden (siehe Tabelle 11.11):

Tabelle 11.11 Grenzwerte des Cronbachs Alpha und deren Bedeutungen nach Streiner (2010). (Eigene Darstellung)

Grenzwerte	Bedeutungen
$\alpha \geq .90^4$	Exzellent
$.90 > \alpha \geq .80$	Sehr gut
$.80 > \alpha \geq .70$	Gut
$.70 > \alpha \geq .60$	Akzeptabel
$.60 > \alpha \geq .50$	Fragwürdig
$.50 > \alpha$	Schlecht bzw. inakzeptabel

Nach Döring und Bortz (2016) ist die Reliabilität bei $\alpha \geq .70$ als akzeptabel einzuschätzen. Für die Betrachtung von Gruppenunterschieden in Bezug auf das Wissen oder die Persönlichkeitsmerkmale ist nach Streiner (2010) eine Reliabilität von $\alpha \geq .60$ ausreichend (vgl. auch Schermelleh-Engel & Wener, 2012; Schmitt, 1996). Dies trifft auf den vorliegenden Datensatz zu, weil die Leistungen der zwei unterschiedlichen Gruppen (geblockt und verschachtelt) in den Tests erhoben und die Wahrnehmungen von persönlichen Merkmalen in den Fragebögen erfragt wurden (siehe Kapitel 1 sowie Abschnitte 10.1.2 und 10.2)

---

[4] Bei einem zu hohen Cronbachs Alpha ($\alpha \geq .95$) kann aufgrund der inhaltlich sehr ähnlichen Items eine Redundanz der Items auftreten. Die Redundanz von Items sollte bei empirischen Untersuchungen vermieden werden (Streiner, 2010).

Eine Skala sollte aufgrund eines festgelegten Grenzwertes von Cronbach-Alpha nicht aus den weiteren Analysen entfernt werden. Dabei ist eine kontextspezifische Beurteilung in Abhängigkeit von den Merkmalen der Stichprobe (z. B. heterogenes Vorwissen), der Breite des zu messenden Konstruktes (z. B. inhaltlich heterogene Items) sowie der verwendeten Erhebungsart (z. B. Fragebogen oder Test) entscheidender. So kann eine Skala trotz eines geringeren Reliabilitätskoeffizienten im Bereich $.60 > \alpha \geq .50$ eine hohe Inhaltsvalidität für das zu messende Konstrukt aufweisen (Döring & Bortz, 2016; Schmitt, 1996). All diese Aspekte werden in den Skalen- und Itemanalysen der vorliegenden empirischen Erhebung berücksichtigt (siehe Abschnitte 11.4.1 bis 11.4.3).

Zusätzlich zu den Reliabilitätsanalysen wurde die „Itemtrennschärfe" der einzelnen Items überprüft, d. h. in welchem Maß das Item mit dem Gesamtwert der restlichen Items innerhalb einer Skala korreliert. Die Trennschärfe gibt Auskunft über die Homogenität der Items und zeigt inhaltlich auf, wie gut ein Item das zu messende Konstrukt einer Skala widerspiegelt. Ein Item ist umso trennschärfer, je mehr dieses eine Fähigkeit bzw. Eigenschaft differenziert. Falls die Probanden im Gesamtwert einer Skala (z. B. in einer Test-Skala) ein hohes Ergebnis erzielen, sollten sie in einem trennscharfen Item ebenfalls eine hohe Punktzahl erreichen haben. Die Trennschärfekoeffizienten liegen im Intervall $-1 \leq r_{it} \leq +1$ (vgl. Döring & Bortz, 2016; Kelava & Moosbrugger, 2012). Nach Nunnally und Bernstein (1994) ist ein Richtwert für die Trennschärfe eines Items von $r_{it} \geq .20$ als akzeptabel anzunehmen (Krauss et al., 2015).

Falls ein Item eine niedrige Trennschärfe aufweist, wurde es nicht unmittelbar eliminiert. In Anlehnung an die Reliabilitätsanalysen wurden zur Beurteilung einer Selektion von Items die Merkmale der getesteten Stichprobe und die Breite des zu messenden Konstruktes hinzugezogen.

Die Fragebogen-Skalen „Mathematisches Selbstkonzept", „Anstrengungsbereitschaft" und „Einstellung zum Lernen mit digitalen Medien" (siehe Abschnitt 11.4.3) zielten darauf ab, möglichst homogene Items in einem engen Messkonstrukt zu erfassen. Dahingehend wurden pro Skala einzelne Items mit niedrigen Trennschärfen ($r_{it} < .20$) eliminiert, wenn sie nicht aus inhaltlichen Gründen im Konstrukt beibehalten werden mussten. Beim sukzessiven Entfernen der kritischsten Items wurden nach jedem selektierten Item die Reliabilitäts- und Trennschärfekoeffizienten der übrig gebliebenen Items erneut berechnet und berichtet. Der Prozess wurde pro Skala so lange fortgesetzt, bis die Werte der Reliabilität und der Trennschärfen zufriedenstellend waren. Dabei wurden keine inhaltlich relevanten Items entfernt, um die Inhaltsvalidität nicht zu gefährden (vgl. Bühner, 2006). Damit die zweifach eingesetzten Skalen (Prä-

und Post-Fragebogen) vergleichbar bleiben, wurde eine reduzierte Gesamtskala pro Konstrukt gebildet, welche zu beiden Zeitpunkten zufriedenstellende
psychometrische Kennwerte aufwies.

Da es sich bei der Skala „Inhalte und Anwendungen des E-Learning",
beim Vorwissenstest und den Wissenstest-Skalen (Prä-, Post-, Follow-up 1- und
Follow-up 2-Test) um breit gefasste Konstrukte handelte[5], wurden keine Items
aus den Analysen entfernt, auch wenn sie geringe Trennschärfen ($r_{it} < .20$) besaßen. Bei den Test-Skalen können niedrige Trennschärfen durch sehr leichte oder
schwierige Items zustande kommen. Da es sich um breit gefasste Skalen handelt, wird eine größere Streuung von Itemschwierigkeiten in den Tests erwartet
und zugelassen (vgl. Döring & Bortz, 2016). Die Items mit geringen Trennschärfen werden demzufolge benötigt, um eine möglichst große inhaltliche Bandbreite
der Konstrukte operationalisieren zu können. Die breit gefassten Konstrukte sollten insbesondere darauf abzielen, auch im Randbereich des Fähigkeitsbereiches
differenzieren zu können (Bühner, 2006; Döring & Bortz, 2016).

Insgesamt können unter Berücksichtigung der Inhaltsvalidität, der Breite des
Konstrukts und der Diversität der Itemschwierigkeiten geringere Werte in den
Reliabilitäts- und Trennschärfekoeffizienten einhergehen. Im Anschluss an die
Skalen- und Itemanalysen werden in jedem Abschnitt auf manifester Ebene
die deskriptiven Statistiken (Mittelwerte, Standardabweichungen, das empirische
Maximum und Minimum) der Test- und Fragebogen-Skalen angeführt.

11.4.1 Vorwissenstest

Da es sich um ein Testinstrument aus den „VerA 3" handelte (Institut zur Qualitätsentwicklung im Bildungswesen, 2008; 2013), wird von einer eindimensionalen
Skala ausgegangen, welche das deklarative Wissen zur Thematik „Dreiecke und
Vierecke" abfragt und als eine gemeinsame Fähigkeit zusammengefasst werden
kann. Vor der Bildung der eindimensionalen Skala wurde diese auf Reliabilität
mittels Cronbachs Alpha untersucht und die Itemtrennschärfen überprüft (siehe
Abschnitt 11.4).

Mit Blick auf die Reliabilitäts- und Itemanalyse der dichotom kodierten Items
(siehe Abschnitt 10.1.1) wird erwartet, dass sie den psychometrischen Kennwerten nicht optimal entsprechen, weil das Vorwissen von Schülerinnen und Schülern
der fünften Jahrgangsstufe meistens heterogen ist: Die Klassen setzten sich aus

---

[5] Eine inhaltliche Begründung für die breit gefassten Konstrukte erfolgt in den Abschnitten 11.4.1 bis 11.4.3.

Kindern von unterschiedlichen Grundschulen zusammen[6]. Die vermittelten Lern-inhalte im Geometrieunterricht der Primarstufe könnten stark variieren, sodass die Vorkenntnisse sich unter den Schülerinnen und Schülern innerhalb der Klassen unterscheiden könnten.

Des Weiteren bezogen sich die Aufgaben des Vorwissenstests aus den „VerA 3" auf den dritten Jahrgang. Da sich die Lernenden zum Zeitpunkt der Erhebung in der fünften Jahrgangsstufe befanden, könnten innerhalb der zwei Jahre indi-viduell unterschiedliche Vergessensprozesse bezüglich des Vorwissens vonstatten gegangen sein. Aufgrund der inhaltlichen Überlegungen wird erwartet, dass das Cronbachs Alpha bezüglich der Reliabilität geringer ausfallen und Trennschärfe-koeffizienten einzelner Items vom Richtwert $r_{it} = .20$ abweichen könnten (siehe Abschnitt 11.4; Nunnally & Bernstein, 1994).

Die Analyse der neun Items des Vorwissenstests ergab folgende Resultate: Die Reliabilität liegt mit $\alpha = .613$ im akzeptablen Bereich (vgl. Streiner, 2010). Die Trennschärfen der neun Items werden in der folgenden Tabelle dargestellt:

Tabelle 11.12 Trennschärfen aller neun Items und Cronbachs Alpha beim Entfernen von Items aus dem Vorwissenstest

Items im Prä-Fragebogen	Korrigierte Item-Skala-Korrelation	Cronbachs Alpha, wenn Item weggelassen
Item 1	.420	.548
Item 2	.552	.510
Item 3	.241	.598
Item 4	.169	.619
Item 5	.350	.575
Item 6	.295	.587
Item 7	.232	.600
Item 8	.269	.596
Item 9	.163	.612

Von den insgesamt neun Items besitzen sowohl das vierte Item ($r_{it} = .169$) als auch das neunte Item ($r_{it} = .163$) einen niedrigen Trennschärfekoeffizienten (Nunnally & Bernstein, 1994). Die Gründe für die geringe Trennschärfe liegen höchstwahrscheinlich in den Itemschwierigkeiten: Beim vierten Item handelt es

---

[6] Zudem existiert im fünften Jahrgang noch keine Aufteilung in Real- bzw. Hauptschulklas-sen.

sich um das schwierigste Item, da es ausschließlich 24 % der Schülerinnen und Schüler gelang, die Aufgabe korrekt zu lösen. Das neunte Item war im Gegensatz dazu das leichteste Item, bei dem 91 % der Schülerinnen und Schüler die Aufgabe erfolgreich lösten.

Um die Skala zur Erfassung des Vorwissens bezüglich der Dreiecke und Vierecke aus der Primarstufe möglichst breit zu erfassen, werden sowohl leichtere als auch schwierige Items benötigt (siehe Abschnitt 11.4). Aufgrund dessen werden beide Items trotz der geringen Trennschärfekoeffizienten in der Skala beibehalten (vgl. Bühner, 2006). Die Trennschärfekoeffizienten der restlichen Items liegen im akzeptablen Intervall $.232 \leq r_{it} \leq .552$ (siehe Tabelle 11.12; Nunnally & Bernstein, 1994).

Aus der Summe der folgenden neun Test-Items wird eine gemeinsame Intervallskala zum Vorwissenstest gebildet, welche die Thematik „Dreiecke und Vierecke" aus der Primarstufe erfasst:

- Aufgabe 1a (Item 1)
- Aufgabe 1b (Item 2)
- Aufgabe 1c (Item 3)
- Aufgabe 2 (Item 4)
- Aufgabe 3a (Item 5)
- Aufgabe 3b (Item 6)
- Aufgabe 3c (Item 7)
- Aufgabe 3d (Item 8)
- Aufgabe 4 (Item 9)

Die deskriptive Statistik[7], der Reliabilitätskoeffizient (α) und die Bereiche der Itemtrennschärfen (r_{it}) werden in der folgenden Tabelle zusammengefasst (siehe Tabelle 11.13):

Tabelle 11.13 Deskriptive Statistik, Reliabilitätskoeffizient und Intervall der Trennschärfen bezüglich des Vorwissenstests

N	Items	Emp. Min.	Emp. Max.	M	SD	α	r_{it}
93	9	1	9	5.96	1.81	.61	$.16 \leq r_{it} \leq .55$

---

[7] Darunter fallen die Probandenanzahl (N), die Anzahl der Items, das empirische Minimum (emp. Min.), das empirische Maximum (emp. Max.), der Mittelwert (M) und die Standardabweichung (SD).

Das empirische Minimum und empirische Maximum ergeben sich aus dem niedrigsten bzw. höchsten Wert aus der Summe der neun dichotom kodierten Items.

11.4.2 Wissenstest im Prä-Post-Follow-up-Design

Im Wissenstest mit den 18 dichotom kodierten Items (siehe Abschnitt 11.1.2) wurde, wie beim Vorwissenstest, das deklarative Wissen zu den „Eigenschaften von Dreiecken und Vierecken" abgefragt. Mit Blick auf die Skalenbildung wäre nach inhaltlichen Überlegungen denkbar, aus den beiden Wissensbereichen „Seiteneigenschaften" und „Winkeleigenschaften" zwei Dimensionen zu bilden. Nach Überprüfung der Tests zu den unterschiedlichen Messzeitpunkten war allerdings keine Zuordnung der Items zu diesen Skalen möglich. Andere Möglichkeiten von Skalenzusammensetzungen (z. B. zu „Dreiecken" und „Vierecken") funktionierten ebenfalls nicht, weil sich über alle Messzeitpunkte hinweg unterschiedliche Dimensionen bezüglich der Items ergaben.

Deshalb wurde zu den vier Messzeitpunkten Prä (kurz vor der Intervention), Post (kurz nach der Intervention), Follow-up 1 (zwei Wochen nach der Intervention) und Follow-up 2 (fünf Wochen nach der Intervention) eine eindimensionale Skala pro Wissenstest gewählt, welche das deklarative Wissen als eine Fähigkeit im Sinne der Reliabilität testete. Für eine eindimensionale Skala pro Wissenstest spricht, dass die Seiten- und Winkeleigenschaften innerhalb der Dreiecke und Vierecke inhaltlich nicht eindeutig voneinander getrennt werden können. In der Intervention wurden sie zusammen in einem Themenkomplex unterrichtet.

Die Prä-, Post-, Follow-up 1- und Follow-up 2-Tests enthalten jeweils 18 identische Test-Items, welche in der folgenden Reihenfolge variieren (siehe Tabelle 11.14):

Tabelle 11.14
Reihenfolge aller 18
identischen Test-Items des
Prä-, Post-, Follow-up 1-
und Follow-up 2- Tests

Prä-Test	Post-Test	Follow-up 1-Test	Follow-up 2-Test
Item 1 (Aufgabe 1a)	Item 4	Item 8	Item 10
Item 2 (Aufgabe 1b)	Item 5	Item 9	Item 11
Item 3 (Aufgabe 1c)	Item 6	Item 4	Item 12
Item 4 (Aufgabe 2a)	Item 7	Item 5	Item 8
Item 5 (Aufgabe 2b)	Item 1	Item 6	Item 9
Item 6 (Aufgabe 2c)	Item 2	Item 7	Item 13
Item 7 (Aufgabe 2d)	Item 3	Item 10	Item 14
Item 8 (Aufgabe 3a)	Item 17	Item 11	Item 15
Item 9 (Aufgabe 3b)	Item 18	Item 12	Item 16
Item 10 (Aufgabe 4a)	Item 10	Item 17	Item 1
Item 11 (Aufgabe 4b)	Item 11	Item 18	Item 2
Item 12 (Aufgabe 4c)	Item 12	Item 13	Item 3
Item 13 (Aufgabe 5a)	Item 8	Item 14	Item 17
Item 14 (Aufgabe 5b)	Item 9	Item 15	Item 18
Item 15 (Aufgabe 5c)	Item 13	Item 16	Item 4
Item 16 (Aufgabe 5d)	Item 14	Item 1	Item 5
Item 17 (Aufgabe 6a)	Item 15	Item 2	Item 6
Item 18 (Aufgabe 6b)	Item 16	Item 3	Item 7

Die Reliabilitäts- und Itemanalysen wurden ausschließlich für die drei Messzeitpunkte Post, Follow-up 1 und Follow-up 2 durchgeführt, weil davon ausgegangen wurde, dass zum Messzeitpunkt Prä kein adäquates Vorwissen zu den Lerninhalten der Intervention bestand. Bei der Lerneinheit zu den „Eigenschaften von Dreiecken und Vierecken" handelte es sich um neue Wissensbestände, welche laut dem Hessischen Kultusministerium (2011a; 2011b) erst ab dem zweiten Halbjahr des fünften Jahrganges gelehrt werden. Das existierende Vorwissen der Lernenden zum Messzeitpunkt Prä unterschied sich somit stark vom Wissen zu den Messzeitpunkten Post, Follow-up 1 und Follow-up 2, sodass aus inhaltlichen Gründen auf eine Skalen- und Itemanalyse über alle vier Messzeitpunkte verzichtet wurde.

Bevor die Reliabilitäts- und Itemanalysen für die Skalen des Post-, Follow-up 1- und Follow-up 2-Tests angeführt werden, wurde das siebte Item aus den weiteren Analysen entfernt, weil es eine Nullvarianz aufwies. Vor diesem Hintergrund konnte dieses Item nicht zwischen den getesteten Schülerinnen und Schülern differenzieren, weil alle dasselbe Ergebnis hatten.

Zur Übersichtlichkeit werden die Trennschärfen der Items in derselben Reihenfolge dargestellt, damit die Itemanalysen zu den drei Messzeitpunkten einfacher verglichen werden können. Nach Streiner (2010) liegt die Reliabilität bezüglich des Post-Tests mit $\alpha = .766$ im guten Bereich. Die Trennschärfen der 17 Items können aus der folgenden Tabelle entnommen warden:

Tabelle 11.15 Trennschärfen von 17 Items (ohne Item 7) und Cronbachs Alpha beim Entfernen von Items aus dem Post-Test

Items im Post-Test	Korrigierte Item-Skala-Korrelation	Cronbachs Alpha, wenn Item weggelassen
Item 1	.339	.756
Item 2	.358	.755
Item 3	.284	.762
Item 4	.410	.750
Item 5	.463	.745
Item 6	.367	.754
Item 8	.541	.738
Item 9	.396	.751
Item 10	.232	.766
Item 11	.480	.744

(Fortsetzung)

Tabelle 11.15 (Fortsetzung)

Items im Post-Test	Korrigierte Item-Skala-Korrelation	Cronbachs Alpha, wenn Item weggelassen
Item 12	.312	.759
Item 13	.126	.768
Item 14	.299	.761
Item 15	.220	.764
Item 16	.494	.742
Item 17	.339	.757
Item 18	.223	.764

Von den insgesamt 17 Items besitzt das Item 13 eine Trennschärfe von $r_{it} = .126$, welche unterhalb des Richtwertes von $r_{it} = .20$ liegt. Die restlichen Items befinden sich im akzeptablen Intervall $.220 \leq r_{it} \leq .541$ (siehe Tabelle 11.15; Nunnally & Bernstein, 1994). Der Grund für die geringe Trennschärfe des 13. Items liegt in der Itemschwierigkeit. Beim 13. Item handelt es sich um das leichteste Item, bei dem 97 % der Schülerinnen und Schüler die Aufgabe erfolgreich lösten.

Im Follow-up 1-Test ist die Reliabilität mit $\alpha = .781$ ebenfalls im guten Bereich (Streiner, 2010). Die Trennschärfen der 17 Items werden in der folgenden Tabelle dargestellt:

Tabelle 11.16 Trennschärfen von 17 Items (ohne Item 7) und Cronbachs Alpha beim Entfernen von Items aus dem Follow-up 1-Test

Items im Follow-up 1-Test	Korrigierte Item-Skala-Korrelation	Cronbachs Alpha, wenn Item weggelassen
Item 1	.254	.779
Item 2	.465	.762
Item 3	.374	.770
Item 4	.412	.767
Item 5	.481	.761
Item 6	.302	.775
Item 8	.438	.764
Item 9	.386	.769

(Fortsetzung)

Tabelle 11.16 (Fortsetzung)

Items im Follow-up 1-Test	Korrigierte Item-Skala-Korrelation	Cronbachs Alpha, wenn Item weggelassen
Item 10	.428	.765
Item 11	.381	.769
Item 12	.263	.778
Item 13	.267	.778
Item 14	.320	.774
Item 15	.145	.782
Item 16	.337	.773
Item 17	.546	.758
Item 18	.417	.767

Von den 17 Items hat ausschließlich das Item 15 eine geringe Trennschärfe von $r_{it} = .145$.

Der Grund für die geringe Trennschärfe liegt ebenfalls in der Itemschwierigkeit. Die Lösungshäufigkeit bei diesem Item beträgt 91 %, sodass es zu den leichteren Items zählt. Die restlichen Items sind im akzeptablen Bereich $.220 \leq r_{it} \leq .541$ (siehe Tabelle 11.16; Nunnally & Bernstein, 1994).

Die Reliabilität im Follow-up 2-Test liegt mit $\alpha = .772$ ebenfalls im guten Bereich (vgl. Streiner, 2010). Die Trennschärfen der 17 Items werden in der folgenden Tabelle dargestellt:

Tabelle 11.17 Trennschärfen von 17 Items (ohne Item 7) und Cronbachs Alpha beim Entfernen von Items aus dem Follow-up 2-Test

Items im Follow-up 2-Test	Korrigierte Item-Skala-Korrelation	Cronbachs Alpha, wenn Item weggelassen
Item 1	.439	.755
Item 2	.330	.764
Item 3	.457	.753
Item 4	.287	.768
Item 5	.416	.757
Item 6	.286	.767

(Fortsetzung)

Tabelle 11.17 (Fortsetzung)

Items im Follow-up 2-Test	Korrigierte Item-Skala-Korrelation	Cronbachs Alpha, wenn Item weggelassen
Item 8	.365	.761
Item 9	.467	.752
Item 10	.380	.760
Item 11	.375	.760
Item 12	.449	.754
Item 13	.250	.770
Item 14	.291	.767
Item 15	.204	.771
Item 16	.228	.773
Item 17	.449	.756
Item 18	.418	.758

Zum Messzeitpunkt Follow-up 2 sind alle 17 Items ausreichend trennscharf voneinander, weil sie sich im Intervall $.204 \leq r_{it} \leq .467$ befinden (siehe Tabelle 11.17; Nunnally & Bernstein, 1994).

Insgesamt sind die Skalenzusammensetzungen aus den 17 Items zu den Messzeitpunkten Post, Follow-up 1 und Follow-up 2 zufriedenstellend. Ausschließlich bei zwei Items ergeben sich leichte Abweichungen vom Richtwert des Trennschärfekoeffizienten, welche durch geringe Itemschwierigkeiten bedingt sind. Da der Wissenstest ein breites Konstrukt zur Erfassung der „Eigenschaften von Dreiecken und Vierecken" operationalisieren soll, werden neben (mittel-)schweren auch leichtere Items benötigt (siehe Abschnitt 11.4). In Anbetracht dessen wurden die obigen Items trotz der Abweichungen vom Richtwert des Trennschärfekoeffizienten in allen Skalen beibehalten. Zur Vergleichbarkeit der Tests zu allen vier Messzeitpunkten werden aus dem Prä-Test ebenfalls keine Items eliminiert. Stärkere Abweichungen der Reliabilität und der Trennschärfen im Prä-Test werden aufgrund der inhaltlichen Überlegungen zugelassen (siehe Abschnitt 11.4 und im Anhang im elektronischen Zusatzmaterial, Tabelle A1).

Aus der Summe der 17 Items wird pro Messzeitpunkt eine gemeinsame Intervallskala gebildet. Die deskriptiven Statistiken, die Reliabilitätskoeffizienten (α) und die Bereiche der Itemtrennschärfen (r_{it}) werden für alle Test-Skalen zu den Messzeitpunkten Prä, Post, Follow-up 1 und Follow-up 2 in der folgenden Tabelle zusammengefasst (siehe Tabelle 11.18):

Tabelle 11.18 Deskriptive Statistiken, Reliabilitätskoeffizienten und Intervalle der Trennschärfen bezüglich der vier Wissenstests

MZP	N	Items	Emp. Max.	Emp. Min.	M	SD	α	r_{it}
Prä	93	17	0	11	5.92	2.41	.54	$-.07 \le r_{it} \le .36$
Post	93	17	2	17	11.58	3.36	.77	$.13 \le r_{it} \le .36$
Follow-up 1	93	17	1	17	10.56	3.54	.78	$.15 \le r_{it} \le .48$
Follow-up 2	93	17	2	17	11.15	3.42	.77	$.20 \le r_{it} \le .47$

Das empirische Minimum und Maximum ergeben sich aus dem niedrigsten
bzw. höchsten Wert aus der Summe der 17 dichotom kodierten Items.

11.4.3 Fragebogen im Prä-Post-Design

Beide Fragebögen bestehen aus den drei Konstrukten „Mathematisches Selbstkonzept", „Anstrengungsbereitschaft" und „Einstellung zum Lernen mit digitalen
Medien". Das Konstrukt „Inhalte und Anwendungen des E-Learning", welches
ausschließlich im Prä-Fragebogen erhoben wurde, ist aus drei eindimensionalen
Skalen zusammengesetzt (siehe Abschnitt 11.2).

Bei allen Konstrukten handelt es sich um eindimensionale Skalen aus bereits
mehrfach durchgeführten Testinstrumenten (Beißert, Köhler, Rempel, & Beierlein, 2014; Bundesinstitut für Bildungsforschung, Innovation und Entwicklung
des österreichischen Schulwesens, 2003; Deutsches Institut für Pädagogische Forschung, 2003; Leibniz-Institut für Bildungsforschung und Bildungsinformation,
2014b). Die Skalen werden trotzdem in Bezug auf den vorliegenden Datensatz
mittels einer Reliabilitäts- und Itemanalyse überprüft. Dabei werden die Skalen,
welche zu den Messzeitpunkten Prä und Post erhoben wurden, zunächst einzeln
untersucht. Im Fall von Itemselektionen wird eine reduzierte Gesamtskala aus
denselben Items gebildet, um die Vergleichbarkeit des Messkonzeptes zu beiden
Messzeitpunkten zu gewährleisten (siehe Abschnitt 11.4).

Skala „Mathematisches Selbstkonzept"
Die Items der Skala, welche das mathematische Selbstkonzept möglichst homogen erfassen soll, wurden vierstufig kodiert (siehe Abschnitt 11.2). Die Skala
ergab zum Messzeitpunkt Prä für alle 13 Items eine exzellente Reliabilität

von $\alpha = .916$ (Streiner, 2010). Die Itemtrennschärfen liegen im Intervall $.11.481 \leq r_{it} \leq .11.756$, sodass alle Items ausreichend trennscharf voneinander sind (Nunnally & Bernstein, 1994; siehe Tabelle 11.19):

Tabelle 11.19 Trennschärfen aller 13 Items und Cronbachs Alpha beim Entfernen von Items aus der Skala „Mathematisches Selbstkonzept" des Prä-Fragebogens

Items im Prä-Fragebogen	Korrigierte Item-Skala-Korrelation	Cronbachs Alpha, wenn Item weggelassen
Item 1	.714	.908
Item 3	.679	.909
Item 5	.583	.912
Item 7	.732	.907
Item 10	.550	.914
Item 11	.567	.913
Item 12	.698	.908
Item 13	.725	.907
Item 2 (invertiert)	.481	.917
Item 4 (invertiert)	.756	.906
Item 6 (invertiert)	.641	.911
Item 8 (invertiert)	.769	.905
Item 9 (invertiert)	.574	.913

Die Reliabilität zum Messzeitpunkt Post beträgt $\alpha = .909$, welche ebenfalls im exzellenten Bereich ist (Streiner, 2010). Die Trennschärfen aller Items liegen im Bereich $.385 \leq r_{it} \leq .826$ und sind wie zum Messzeitpunkt Prä trennscharf voneinander (Nunnally & Bernstein, 1994; siehe Tabelle 11.20):

Tabelle 11.20 Trennschärfen aller 13 Items und Cronbachs Alpha beim Entfernen von Items aus der Skala „Mathematisches Selbstkonzept" des Post-Fragebogens

Items im Post-Fragebogen	Korrigierte Item-Skala-Korrelation	Cronbachs Alpha, wenn Item weggelassen
Item 1	.763	.897
Item 3	.455	.909
Item 5	.385	.912
Item 7	.826	.894
Item 10	.639	.902
Item 11	.702	.899
Item 12	.674	.900
Item 13	.610	.903
Item 2 (invertiert)	.407	.912
Item 4 (invertiert)	.765	.896
Item 6 (invertiert)	.522	.907
Item 8 (invertiert)	.743	.897
Item 9 (invertiert)	.661	.901

Aufgrund der sehr guten Reliabilitäts- und Trennschärfekoeffizienten mussten keine Items aus den Analysen eliminiert werden. Zu hohe Werte bezüglich der Reliabilität könnten zwar kritisch werden, wenn mehrere Items redundant sind. In diesem Fall liegen allerdings die Werte unterhalb des Richtwertes von $\alpha = .950$ für redundante Items (Streiner, 2010). Zudem beinhaltet das vorliegende Konstrukt „Mathematisches Selbstkonzept" keine inhaltsgleichen Formulierungen der Items.

Aus den beiden Skalen wird je eine gemeinsame Intervallskala aus dem Mittel der 13 folgenden Items gebildet:

- „Mathematik ist spannend." (Item 1)
- „Freiwillig würde ich mich nie mit Mathematik beschäftigen." (Item 2 wurde invertiert)
- „Mathematik ist mir persönlich sehr wichtig." (Item 3)
- „Mathematik macht mir keinen Spaß." (Item 4 wurde invertiert)
- „Mathematik ist sehr nützlich für mich." (Item 5)
- „Wenn ich ehrlich bin, ist mir Mathematik gleichgültig." (Item 6 wurde invertiert)

- „Ich habe Mathematik gern." (Item 7)
- „Mathematik ist langweilig." (Item 8 wurde invertiert)
- „Ich bin einfach nicht gut in Mathematik." (Item 9 wurde invertiert)
- „Im Fach Mathematik bekomme ich gute Noten." (Item 10)
- „In Mathematik lerne ich schnell." (Item 11)
- „Ich war schon immer überzeugt, dass Mathematik eines meiner besten Fächer ist." (Item 12)
- „Im Mathematikunterricht verstehe ich sogar die schwierigsten Aufgaben." (Item 13)

Die obigen Reliabilitäts- und Trennschärfeanalysen zeigen insgesamt auf, dass affektive Items (z. B. „Mathematik ist spannend.") und kognitiv-evaluative Items (z. B. „Im Fach Mathematik bekomme ich gute Noten.") in einer eindimensionalen Skala zum mathematischen Selbstkonzept zusammen sehr gut funktionieren (siehe auch Teil I, Abschnitt 3.3.3).

Die deskriptiven Statistiken, die Reliabilitätskoeffizienten (α) und die Bereiche der Itemtrennschärfen (r_{it}) werden für die Messzeitpunkte Prä und Post in der folgenden Tabelle zusammengefasst (siehe Tabelle 11.21):

Tabelle 11.21 Deskriptive Statistiken, Reliabilitätskoeffizienten und Intervalle der Trennschärfen bezüglich der Skala „Mathematisches Selbstkonzept" in beiden Fragebögen

MZP	N	Items	Emp. Min.	Emp. Max.	M	SD	α	r_{it}
Prä	93	13	1.31	4.00	2.93	.68	.92	$.48 \leq r_{it} \leq .76$
Post	93	13	1.23	4.00	2.88	.69	.91	$.39 \leq r_{it} \leq .83$

Das empirische Minimum und Maximum ergeben sich aus dem niedrigsten bzw. höchsten Wert hinsichtlich des Mittelwertes der vierstufig kodierten Likert-Skalen (siehe Abschnitt 11.2).

Skala „Anstrengungsbereitschaft"

Die Items der Skala, welche die Anstrengungsbereitschaft beim Erlernen von neuem Wissen im Mathematikunterricht möglichst homogen erfassen soll, wurden vierstufig kodiert (siehe Abschnitt 11.2). Die Skala für alle zehn Items ergibt zum Messzeitpunkt Prä eine Reliabilität von $\alpha = .736$, welche sich im guten Bereich befindet (Streiner, 2010). Die Trennschärfen der zehn Items werden in der folgenden Tabelle dargestellt (siehe Tabelle 11.22):

Tabelle 11.22 Trennschärfen aller zehn Items und Cronbachs Alpha beim Entfernen von Items aus der Skala „Anstrengungsbereitschaft" des Prä-Fragebogens

Items im Prä-Fragebogen	Korrigierte Item-Skala-Korrelation	Cronbachs Alpha, wenn Item weggelassen
Item 1	.103	.752
Item 2	.559	.692
Item 4	.304	.728
Item 5	.220	.745
Item 7	.449	.707
Item 9	.569	.689
Item 3 (invertiert)	.466	.703
Item 8 (invertiert)	.440	.708
Item 10 (invertiert)	.523	.695
Item 6 (invertiert)	.352	.721

Das erste Item wird aufgrund der geringen Trennschärfe von $r_{it} = .10$ aus den weiteren Analysen entfernt. Die Trennschärfekoeffizienten der restlichen Items liegen oberhalb des Richtwertes von $r_{it} = .20$. Nach dem Eliminieren des Items beträgt die Reliabilität $\alpha = .752$. Die Trennschärfen der übrigen neun Items bleiben im akzeptablen Bereich $.203 \leq r_{it} \leq .609$ (siehe Anhang im elektronischen Zusatzmaterial im elektronischen Zusatzmaterial, Tabelle A2; Nunnally & Bernstein, 1994).

Die Skala für alle zehn Items zum Messzeitpunkt Post bringt eine Reliabilität von $\alpha = .850$ hervor, welche im sehr guten Bereich liegt (Streiner, 2010). Die Itemtrennschärfen liegen im akzeptablen Intervall $.386 \leq r_{it} \leq .716$ (Nunnally & Bernstein, 1994; siehe Tabelle 11.23):

Tabelle 11.23 Trennschärfen aller zehn Items und Cronbachs Alpha beim Entfernen von Items aus der Skala „Anstrengungsbereitschaft" des Post-Fragebogens

Items im Post- Fragebogen	Korrigierte Item-Skala-Korrelation	Cronbachs Alpha, wenn Item weggelassen
Item 1	.509	.840
Item 2	.716	.825
Item 4	.488	.842
Item 5	.386	.851
Item 7	.534	.838
Item 9	.640	.828
Item 3 (invertiert)	.647	.827
Item 8 (invertiert)	.451	.847
Item 10 (invertiert)	.631	.829
Item 6 (invertiert)	.555	.836

Aufgrund der Vergleichbarkeit der Skalen zu den beiden Messzeitpunkten Prä und Post wird das erste Item ebenfalls entfernt und die Analysen wiederholt. Die Skala mit der reduzierten Anzahl von neun Items weist eine Reliabilität von $\alpha = .840$ auf, sodass sie im sehr guten Intervall bleibt (Streiner, 2010). Es ergeben sich Trennschärfen im Intervall $.357 \leq r_{it} \leq .708$ (siehe Anhang im elektronischen Zusatzmaterial, Tabelle A3; Nunnally & Bernstein, 1994).

Aus den beiden Skalen wird je eine gemeinsame Intervallskala aus dem Mittel der neun folgenden Items gebildet:

- „Ich bin jemand, der sehr gerne nachdenkt." (Item 2)
- „Ich würde lieber etwas tun, bei dem ich wenig nachdenken muss, als etwas, bei dem ich viel nachdenken muss." (Item 3 wurde invertiert)
- „Ich mag Situationen, in denen ich mit gründlichem Nachdenken etwas erreichen kann." (Item 4)
- „Ich mag komplizierte Probleme lieber als einfache Probleme." (Item 5)
- „Nachdenken macht mir keinen Spaß." (Item 6 wurde invertiert)
- „Ich habe es gern, wenn mein Leben voller kniffliger Aufgaben ist, die ich lösen muss." (Item 7)
- „Ich denke nur nach, wenn ich muss." (Item 8 wurde invertiert)
- „Ich erledige gerne Aufgaben, bei denen man viel nachdenken muss." (Item 9)

– „Ich mag keine Situationen, in denen ich viel über etwas nachdenken muss."
(Item 10 wurde invertiert)

Die deskriptiven Statistiken, die Reliabilitätskoeffizienten (α) und die Bereiche der Itemtrennschärfen (rit) werden für die Messzeitpunkte Prä und Post in der folgenden Tabelle zusammengefasst (siehe Tabelle 11.24):

Tabelle 11.24 Deskriptive Statistiken, Reliabilitätskoeffizienten und Intervalle der Trennschärfen bezüglich der Skala „Anstrengungsbereitschaft" in beiden Fragebögen

MZP	N	Items	Emp. Min.	Emp. Max.	M	SD	α	rit
Prä	93	9	1.33	4.00	2.60	.56	.75	$.20 \leq r_{it} \leq .61$
Post	93	9	1.11	4.00	2.44	.66	.84	$.36 \leq r_{it} \leq .71$

Das empirische Minimum und Maximum ergeben sich aus dem niedrigsten bzw. höchsten Wert bezüglich des Mittelwertes der vierstufig kodierten Likert-Skalen (siehe Abschnitt 11.2). Insgesamt stellen beide korrigierten Skalen zur Anstrengungsbereitschaft im Prä- und Post-Fragebogen zufriedenstellende Reliabilitäts- und Trennschärfekoeffizienten dar.

Konstrukt „Inhalte und Anwendungen des E-Learning"
Das Konstrukt „Inhalte und Anwendungen des E-Learning" ist aus drei eindimensionalen Skalen[8] zusammengesetzt, welche ausschließlich zum Zeitpunkt Prä erhoben wurden:

– „E-Learning im Unterricht" (Wortlaut im Fragebogen: „Nutze ich im Unterricht")
– „E-Learning bei Hausaufgaben" (Wortlaut im Fragebogen: „Nutze ich für Hausaufgaben")
– „E-Learning in der Freizeit" (Wortlaut im Fragebogen: „Nutze ich in der Freizeit")

Alle drei Skalen enthalten die folgenden acht identischen Items in derselben Reihenfolge, welche dichotom kodiert wurden (siehe Abschnitt 11.2):

---

[8] Als Kontrollvariable wurde „Keine Nutzung von E-Learning" (Wortlaut im Fragebogen: „Nutze ich nicht") in den „Inhalten und Anwendungen des elektronischen Lernens" miterhoben. Für die Datenanalyse ist ausschließlich der prozentuale Wert der Schülerinnen und Schüler interessant, bei dem bis zu acht der Anwendungen nicht genutzt werden (siehe Teil III, Kapitel 13).

- „CDs oder DVDs aus Schulbüchern" (Item 1)
- „Lern-Apps und Lernspiele auf Handys oder Tablets" (Item 2)
- „Bücher, Texte oder Lernprogramme auf Handys, Tablets oder Computer" (Item 3)
- „Lernvideos, z. B. YouTube, Lernangebote von Netflix etc." (Item 4)
- „Schreibprogramme auf dem Computer" (Item 5)
- „Programme zur kreativen Arbeit, z. B. Videos oder Musik selbst erstellen" (Item 6)
- „Prüfungen oder Tests im Internet" (Item 7)
- „Online-Nachhilfe" (Item 8)

Mit Blick auf die Reliabilitäts- und Itemanalysen handelt es sich pro Skala um heterogene Items. Diese werden inhaltlich zu einer breit gefassten Dimension zusammengefasst, weil sie pro Skala verschiedene Möglichkeiten von E-Learning-Angeboten im Unterricht, bei Hausaufgaben und in der Freizeit abbilden. Da die Konstrukte durch eine große inhaltliche Breite operationalisiert werden, wird erwartet, dass die Reliabilitäten der drei Skalen geringer ausfallen und die Itemtrennschärfen vom Richtwert $r_{it} = .20$ abweichen (siehe Abschnitt 11.4). Da die acht E-Learning-Angebote für die drei breit gefassten Konstrukte inhaltlich relevant und nicht inhaltsgleich sind, werden alle Items trotz der statistischen Abweichungen in allen Skalen beibehalten (siehe Abschnitt 11.4; vgl. Bühner, 2006).

Die Itemanalyse für die Skala „E-Learning im Unterricht" brachte folgende Ergebnisse hervor:

Tabelle 11.25 Trennschärfen aller acht Items und Cronbachs Alpha beim Entfernen von Items aus der Skala „E-Learning im Unterricht" des Prä-Fragebogens

Items im Post-Fragebogen	Korrigierte Item-Skala-Korrelation	Cronbachs Alpha, wenn Item weggelassen
Item 1	.138	.696
Item 2	.489	.599
Item 3	.489	.599
Item 4	.489	.601
Item 5	.217	.691
Item 6	.463	.641
Item 7	.489	.601
Item 8	.463	.641

Die Reliabilität ergibt einen akzeptablen Wert von $\alpha = .666$ (Streiner, 2010). Bis auf das erste Item ($r_{it} = .138$) liegen die restlichen Items im akzeptablen Intervall $.217 \leq r_{it} \leq .489$(siehe Tabelle 11.25; Nunnally & Bernstein, 1994).

Die Reliabilität in der Skala „E-Learning bei Hausaufgaben" ist ebenfalls mit $\alpha = .609$ akzeptabel (Streiner, 2010). Die Trennschärfen der acht Items sind in der folgenden Tabelle dargestellt:

Tabelle 11.26 Trennschärfen aller acht Items und Cronbachs Alpha beim Entfernen von Items aus der Skala „E-Learning bei Hausaufgaben"

Items im Post-Fragebogen	Korrigierte Item-Skala-Korrelation	Cronbachs Alpha, wenn Item weggelassen
Item 1	.110	.670
Item 2	.535	.504
Item 3	.349	.563
Item 4	.424	.536
Item 5	.416	.540
Item 6	.238	.595
Item 7	.302	.578
Item 8	.290	.591

Ausschließlich das erste Item besitzt eine geringere Trennschärfe ($r_{it} = .110$), während sich die restlichen Items im akzeptablen Bereich $.238 \leq r_{it} \leq .535$ befinden (siehe Tabelle 11.26; Nunnally & Bernstein, 1994).

Die Reliabilität der Skala „E-Learning in der Freizeit" ist mit $\alpha = .573$ fragwürdig (vgl. Streiner, 2010). Das achte Item ($r_{it} = .079$) und erste Item ($r_{it} = .084$) weichen vom Richtwert ab, während die anderen Items im akzeptablen Intervall $.196 \leq r_{it} \leq .404$ liegen (Nunnally & Bernstein, 1994; siehe Tabelle 11.27):

Tabelle 11.27 Trennschärfen aller acht Items und Cronbachs Alpha beim Entfernen von Items aus der Skala „E-Learning in der Freizeit"

Items im Post-Fragebogen	Korrigierte Item-Skala-Korrelation	Cronbachs Alpha, wenn Item weggelassen
Item 1	.084	.592
Item 2	.404	.494
Item 3 •	.384	.502
Item 4	.196	.568
Item 5	.384	.502
Item 6	.303	.531
Item 7	.345	.517
Item 8	.079	.584

Da aus inhaltlichen Gründen keine Itemselektionen vorgenommen werden, werden drei Intervallskalen gebildet, welche sich jeweils aus der Summe der acht obigen Items zusammensetzen. Die deskriptiven Statistiken, die Reliabilitätskoeffizienten (α) und die Bereiche der Itemtrennschärfen (r_{it}) werden für alle drei Skalen in der folgenden Tabelle zusammengefasst (siehe Tabelle 11.28):

Tabelle 11.28 Deskriptive Statistiken, Reliabilitätskoeffizienten und Intervalle der Trennschärfen bezüglich der Skalen „E-Learning im Unterricht", „E-Learning bei Hausaufgaben" und E-Learning in der Freizeit" des Prä-Fragebogens

Skala	N	Items	Emp. Min.	Emp. Max.	M	SD	α	r_{it}
E-Learning im Unterricht	93	8	0	6	.52	1.07	.67	$.14 \leq r_{it} \leq .49$
E-Learning bei Hausaufgaben	93	8	0	5	.76	1.21	.61	$.14 \leq r_{it} \leq .54$
E-Learning in der Freizeit	93	8	0	7	3.00	1.85	.57	$.08 \leq r_{it} \leq .40$

Das empirische Minimum und Maximum ergeben sich aus dem niedrigsten bzw. höchsten Wert hinsichtlich der Summe der acht dichotom kodierten Items (siehe Abschnitt 11.2).

Skala „Einstellung zum Lernen mit digitalen Medien"
Die Items der Skala, welche die Einstellung zum Lernen mit digitalen
Medien möglichst homogen erfassen soll, wurden vierstufig kodiert (siehe
Abschnitt 11.2). Die Skala für alle 15 Items ergibt zum Messzeitpunkt Prä eine
Reliabilität von $\alpha = .793$, welche im guten Bereich liegt (Streiner, 2010). Die
Itemtrennschärfen werden in der folgenden Tabelle dargestellt:

Tabelle 11.29 Trennschärfen aller 15 Items und Cronbachs Alpha beim Entfernen von
Items aus der Skala „Einstellung zum Lernen mit digitalen Medien" des Prä-Fragebogens

Items im Prä-Fragebogen	Korrigierte Item-Skala-Korrelation	Cronbachs Alpha, wenn Item weggelassen
Item 1	.588	.765
Item 4	.261	.791
Item 5	.595	.765
Item 6	.481	.774
Item 8	.167	.800
Item 10	.404	.781
Item 12	.459	.776
Item 13	.544	.772
Item 14	.536	.770
Item 2 (invertiert)	.461	.776
Item 3 (invertiert)	.429	.779
Item 7 (invertiert)	.334	.786
Item 9 (invertiert)	.074	.802
Item 11 (invertiert)	.340	.786
Item 15 (invertiert)	.314	.789

Der kritischste Wert bezüglich der Trennschärfe ist Item neun ($r_{it} = .074$,
siehe Tabelle 11.29). Beim Entfernen des neunten Items erhöht sich die Reliabilität auf $\alpha = .802$, sodass sie im sehr guten Bereich liegt (Streiner, 2010).

Nach einer erneuten Itemanalyse bleibt das achte Item als einziges kritisch
($r_{it} = .15$). Alle restlichen Items sind im akzeptablen Intervall $.274 \le r_{it} \le$
$.623$ (siehe Anhang im elektronischen Zusatzmaterial, Tabelle A4). Durch die
Elimination des achten Items steigt die Reliabilität auf $\alpha = .811$. Alle Trennschärfekoeffizienten befinden sich nun im akzeptablen Bereich $.261 \le r_{it} \le .635$ (siehe

Anhang im elektronischen Zusatzmaterial, Tabelle A5; Nunnally & Bernstein, 1994).

Zum Messzeitpunkt Post wird die Skala zunächst für alle 15 Items untersucht und ergibt eine sehr gute Reliabilität von α = .813 (Streiner, 2010). Die Itemtrennschärfen werden in der folgenden Tabelle dargestellt:

Tabelle 11.30 Trennschärfen aller 15 Items und Cronbachs Alpha beim Entfernen von Items aus der Skala „Einstellung zum Lernen mit digitalen Medien" des Post-Fragebogens

Items im Post-Fragebogen	Korrigierte Item-Skala-Korrelation	Cronbachs Alpha, wenn Item weggelassen
Item 1	.554	.794
Item 4	−.108	.836
Item 5	.658	.783
Item 6	.305	.810
Item 8	.527	.794
Item 10	.563	.793
Item 12	.466	.799
Item 13	.572	.795
Item 14	.649	.783
Item 2 (invertiert)	.471	.799
Item 3 (invertiert)	.361	.807
Item 7 (invertiert)	.266	.813
Item 9 (invertiert)	.345	.807
Item 11 (invertiert)	.415	.803
Item 15 (invertiert)	.392	.805

Aus der Itemanalyse geht hervor, dass das vierte Item als einziges Item einen kritischen Wert von $r_{it} = -.108$ annimmt (siehe Tabelle 11.30). Es handelt sich um das Item „Der Unterricht sollte aus einem Mix von Büchern, Arbeitsblättern und elektronischen Geräten bestehen, wie z. B. Tablets". Beim Prä-Fragebogen ist das Item positiv und beim Post-Fragebogen negativ gepolt, weil die Formulierung sowohl digitale als auch analoge Medien kombiniert. Deshalb ist eine Invertierung des Items in diesem Fall nicht sinnvoll, weil eine negative Polung des Items im Prä-Fragebogen entstehen würde. Aufgrund dessen wird das vierte Item aus der Skala selektiert. Nach dem Entfernen des Items steigt die Reliabilität auf α = .836. Die Trennschärfen der restlichen Items sind im akzeptablen Bereich

.257 $\leq$ r_{it} $\leq$ .682 (siehe Anhang im elektronischen Zusatzmaterial, Tabelle A6; Nunnally & Bernstein, 1994).

Zur Vergleichbarkeit der beiden Messzeitpunkte werden die drei obigen Items[9] in beiden Skalen eliminiert und die Analysen wiederholt. Zum Messzeitpunkt Prä ergibt sich für die reduzierte Skala mit zwölf Items eine sehr gute Reliabilität von α = .810 (Streiner, 2010). Die Trennschärfen der Items liegen im akzeptablen Intervall .257 $\leq$ r_{it} $\leq$ .631 (siehe Anhang im elektronischen Zusatzmaterial, Tabelle A9; Nunnally & Bernstein, 1994).

Die Skala mit denselben zwölf Items weist zum Zeitpunkt Post eine Reliabilität von α = .818 auf, welche ebenfalls im sehr guten Bereich liegt (Streiner, 2010). Es ergeben sich Trennschärfekoeffizienten im akzeptablen Bereich .204 $\leq$ r_{it} $\leq$ .711 (siehe Anhang im elektronischen Zusatzmaterial, Tabelle A10; Nunnally & Bernstein, 1994).

Insgesamt wird zu den beiden Messzeitpunkten je eine gemeinsame Intervallskala aus dem Mittel der zwölf folgenden Items gebildet:

- „Im Unterricht sollten Handys, Smartphones oder Tablets zum Lernen erlaubt sein." (Item 1)
- „Ich finde es gut, wenn Handys, Smartphones oder Tablets in der Schule verboten werden." (Item 2 wurde invertiert)
- „Ich nutze lieber Stift und Papier als Tastatur." (Item 3 wurde invertiert)
- „Der Unterricht sollte nur mit elektronischen Geräten durchgeführt werden." (Item 5)
- „Eigene Lernvideos zu erstellen, macht Spaß." (Item 6)
- „Mir ist es zu aufwendig, eigene Lernvideos zu erstellen." (Item 7 wurde invertiert)
- „Durch die elektronischen Geräte habe ich mehr Möglichkeiten zum Lernen, z. B. durch Videos und Texte im Internet." (Item 10)
- „Das Angebot der elektronischen Geräte überfordern mich." (Item 11 wurde invertiert)
- „Eine Rückmeldung vom Lernprogramm finde ich besser als eine Rückmeldung des Lehrers." (Item 12)

---

[9] Bei der Elimination von zwei Items ergeben sich die folgenden Fälle: Falls ausschließlich das vierte und neunte Item beim Prä-Fragebogen entfernt werden, bleibt das achte Item im kritischen Bereich (r_{it} = .147). Falls ausschließlich das vierte und achte Item beim Prä-Fragebogen eliminiert werden, ist das neunte Item mit r_{it} = .062 nicht genügend trennscharf von den restlichen Items (siehe Anhang im elektronischen Zusatzmaterial, Tabellen A7 und A8).

- „Lehrer sollten häufiger mal etwas Neues mit elektronischen Geräten ausprobieren." (Item 13)
- „WhatsApp, Instagram, Snapchat sollen auch mehr für den Unterricht genutzt werden." (Item 14)
- „WhatsApp, Instagram, Snapchat möchte ich nur in meiner Freizeit nutzen." (Item 15 wurde invertiert)

Die deskriptiven Statistiken, die Reliabilitätskoeffizienten (α) und die Bereiche der Itemtrennschärfen (r_{it}) werden für die Messzeitpunkte Prä und Post in der folgenden Tabelle zusammengefasst (siehe Tabelle 11.31):

Tabelle 11.31 Deskriptive Statistiken, Reliabilitätskoeffizienten und Intervalle der Trennschärfen bezüglich der Skala „Einstellung zum Lernen mit digitalen Medien" in beiden Fragebögen

MZP	N	Items	Emp. Min.	Emp. Max.	M	SD	α	r_{it}
Prä	93	12	1.42	4.00	2.76	.62	.81	$.26 \leq r_{it} \leq .63$
Post	93	12	1.75	4.00	2.92	.59	.82	$.20 \leq r_{it} \leq .71$

Das empirische Minimum und Maximum ergeben sich aus dem niedrigsten bzw. höchsten Wert bezüglich des Mittelwertes der vierstufig kodierten Likert-Skalen (siehe Abschnitt 11.2). Insgesamt stellen beide korrigierten Skalen zur „Einstellung zum Lernen mit digitalen Medien" im Prä- und Post-Fragebogen zufriedenstellende Reliabilitäts- und Trennschärfekoeffizienten dar.

Zusammenfassend wurden alle Test- und Fragebogen-Skalen hinsichtlich verschiedenster psychometrischer Kriterien (Inhaltsvalidität, Reliabilität, Itemtrennschärfe und Itemschwierigkeit) überprüft, um zufriedenstellende Skalen zu bilden. In den Test- und Fragebogen-Skalen wurden einzelne Items entsprechend der kritischen statistischen Kennwerten (z. B. aufgrund von geringen Trennschärfen oder der Nullvarianz) ausschließlich dann ausgeschlossen, wenn sie nicht aus inhaltlichen Gründen relevant waren. Die geringe Anzahl der Itemselektionen bei lediglich zwei Skalen („Anstrengungsbereitschaft" und „Einstellung zum Lernen mit digitalen Geräten") gefährdete nicht die Inhaltsvalidität, da beide Konstrukte mit neun bzw. zwölf verbliebenen Items inhaltlich ausreichend breit genug blieben (vgl. Bühner, 2006). In den restlichen Skalen wurden alle Items beibehalten.

11.5 Auswertungsmethoden

Alle Erhebungsinstrumente wurden zur Beantwortung der empirischen Forschungsfragen (siehe Kapitel 6) quantitativ mittels des Programmes SPSS ausgewertet. Zur Untersuchung der Leistungsentwicklungen sowie der Leistungsunterschiede der geblockten und verschachtelten Experimentalgruppe im gesamten Erhebungszeitraum wurden sowohl t-Tests für abhängige und unabhängige Stichproben als auch (Ko-)Varianzanalysen mit Messwiederholung verwendet (vgl. Döring & Bortz, 2016).

Da die statistischen Auswertungsmethoden bestimmten Voraussetzungen genügen müssen, werden vor der Darstellung der Ergebnisse (siehe Kapitel C) zunächst diese angeführt.

11.5.1 t-Test

Nach Rasch, Friese, Hofmann und Naumann (2014a) werden „t-Tests" verwendet, um eine empirische Mittelwertsdifferenz zwischen zwei Stichproben auf Signifikanz zu überprüfen. Dahingehend können abhängige oder unabhängige Stichproben getestet werden.

1. Bei abhängigen Stichproben wird analysiert, ob sich die Mittelwerte von zwei verbundenen Gruppen (z. B. der geblockten Lerngruppe) zu zwei unabhängigen Messzeitpunkten (z. B. kurz vor und nach der Intervention) bezüglich eines Merkmals (z. B. der Leistung) signifikant unterscheiden. Die t-Tests von abhängigen Stichproben müssen die folgenden Bedingungen[10] erfüllen (vgl. Bühner & Ziegler, 2009):
   - Intervallskalierte Daten
   - Normalverteilte Grundgesamtheit[11]
   - Unabhängige Messzeitpunkte[12]
2. Bei der Untersuchung von unabhängigen Stichproben wird getestet, ob ein signifikanter Unterschied zwischen zwei unabhängigen Experimentalgruppen

---

[10] Bei t-Tests mit abhängigen Stichproben muss die Varianzhomogenität nicht geprüft werden, da es sich um dieselbe Stichprobe handelt und somit die Homogenität der Varianzen gegeben ist.

[11] Nach Rasch et al. (2014a) ist das Überprüfen der Normalverteilung anhand der Normalverteilungskurve im Histogramm ausreichend.

[12] Die Unabhängigkeit der Messzeitpunkte wurde bei abhängigen Stichproben dadurch realisiert, dass sie zeitlich voneinander getrennt wurden.

(z. B. zwischen der geblockten und verschachtelten Gruppe) hinsichtlich eines
Merkmals (z. B. der Leistung) zu einem untersuchten Messzeitpunkt (z. B.
kurz vor der Intervention) besteht. In diesem Fall ist die Anwendung des t-
Tests an folgende Voraussetzungen geknüpft:

– Intervallskalierte Daten
– Normalverteilte Grundgesamtheit
– Homogene Varianzen[13]
– Unabhängige Gruppen[14]

Nach Döring und Bortz (2016) sind t-Tests gegenüber Verletzungen der Voraussetzungen robust, sobald die Gruppen in etwa der gleichen Größe entsprechen
und mehr als 30 Probanden pro Gruppe getestet werden (vgl. Bortz & Schuster, 2010; Pagano, 2010; Rasch, Friese, Hofmann, & Naumann, 2014b). Beim
Vorliegen dieser Bedingungen ist das weitere Testen der oben genannten Voraussetzungen sowohl bei abhängigen als auch unabhängigen Stichproben in der
empirischen Forschung nicht erforderlich. Die vorliegende Untersuchung erfüllt
diese Voraussetzungen zur Durchführung von t-Tests (siehe Abschnitt 8.3).

Da zur Beantwortung der Forschungsfragen an derselben Stichprobe ein
mehrmaliges Testen anhand von t-Tests notwendig war, könnte die Irrtumswahrscheinlichkeit durch das multiple Testen problematisch werden, weil mit jedem
t-Test ein gewisser α-Fehler initiiert wird. Diese Irrtumswahrscheinlichkeit steigt
bei einer zunehmenden Anzahl von t-Tests zu einem kumulierten α-Fehler an,
sodass ein p-Wert zufällig als signifikant eingeschätzt werden könnte, welcher
unterhalb des Signifikanzniveaus von $\alpha = 5\%$ liegt.

Zur Vermeidung von diesem Problem wurde für den vorliegenden Datensatz
beim Bericht der Ergebnisse (siehe Teil III) die Bonferroni-Holm-Korrektur für
die insgesamt 36 durchgeführten t-Tests angewandt[15]. Dabei wurden alle p-Werte
nach der Größe sortiert und jeweils hinsichtlich einer gewissen Schranke untersucht: Die Schranke für den kleinsten p-Wert berechnete sich durch $\alpha_1 = \frac{\alpha}{n}$,
wobei n die Anzahl der durchgeführten t-Tests bezeichnet. War der kleinste p-
Wert kleiner als das neu berechnete Signifikanzniveau, wurde der darauffolgende
p-Wert bezüglich der dazugehörigen Schranke $\alpha_2 = \frac{\alpha}{n-1}$ überprüft usw., bis zu
dem Zeitpunkt, wo der erste p-Wert über der zugehörigen Schranke lag.

---

[13] Die Varianzhomogenität wurde anhand des Levene-Tests überprüft. Falls die Varianzen
heterogen waren, wurde der Unterschied der beiden Stichproben mithilfe des Welch-Tests
interpretiert (Bonett & Price, 2002; Bortz & Schuster, 2010).

[14] Die unabhängigen Gruppen ergaben sich dadurch, dass die Klassen den Experimentalbedingungen randomisiert zuteilt wurden.

[15] Die Bonferroni-Korrektur wird aus konservativen Gründen nicht verwendet.

Ausschließlich in zwei Fällen wurden die Schranken der korrigierten α-Werte in der vorliegenden Studie überschritten, welche im Ergebnisteil III oder im Anhang im elektronischen Zusatzmaterial in Fußzeilen gekennzeichnet sein werden. In beiden Fällen müssen die Signifikanzen und die daraus resultierenden Effekte mit Bedacht interpretiert werden, weil sie zufällig bedingt sein könnten (Bortz, 2005). Dabei werden diese Testergebnisse aufgrund der explorativen Forschung der vorliegenden Studie unter Vorbehalt angegeben. Für alle anderen gewonnenen Ergebnisse aus den Analysen der t-Tests gilt beim Aufzeigen der Signifikanz von $p \leq .05$, dass die Irrtumswahrscheinlichkeit bei 5 % oder darunter liegt (vgl. Victor, Elsäßer, Hommel, & Blettner, 2010).

Für die statische Auswertung der t-Tests in der vorliegenden empirischen Untersuchung wird die meist verwendete, standardisierte Effektstärke „Cohen's d" verwendet, weil sie einerseits über mehrere Studien hinweg vergleichbar ist und andererseits eine Einordnung des Nutzens von signifikanten Ergebnissen ermöglicht. Das Cohen's d berechnet sich aus der Differenz der Mittelwerte zweier Gruppen im Verhältnis zu deren Standardabweichung. Nach Cohen (1988) lassen sich die folgenden Grenzwerte hinsichtlich der Effektstärke des Cohen's d interpretieren (siehe Tabelle 11.32):

Tabelle 11.32 Grenzwerte der Effektstärke Cohen's d und deren Bedeutungen nach Cohen (1988). (Eigene Darstellung)

Grenzwerte	Bedeutung
$.50 > d \geq .20$	Kleiner Effekt
$.80 > d \geq .50$	Mittlerer Effekt
$d \geq .80$	Großer Effekt

Eine Effektstärke von $d = .50$ bedeutet in diesem Zusammenhang, dass die Differenz zwischen den beiden Experimentalgruppen einer halben Standardabweichung entsprechen.

11.5.2 Varianzanalyse

Das statistische Analyseverfahren „Varianzanalyse" testet den Einfluss von einer oder mehr unabhängigen Variablen (z. B. zwischen der geblockten und verschachtelten Gruppe) auf eine oder mehrere abhängige Variablen (z. B. auf die Leistung), indem die Gesamtvarianz in eine systematische Varianz („Effektvarianz") und eine unsystematische Varianz („Residualvarianz") aufgeteilt wird. Die Effektvarianz entsteht aus der experimentellen Variation der Intervention, während die Residualvarianz alle weiteren Einflussfaktoren umfasst, wie z. B. das mathematische Selbstkonzept oder ein Messfehler innerhalb der Studie (vgl. Bortz, 2005; Bühner & Ziegler, 2009; Döring & Bortz, 2016).

Um die Teststärke zu erhöhen, kann die Residualvarianz verringert werden, indem die Personenvarianz erhoben wird. Dies kann mittels einer „Varianzanalyse mit Messwiederholung" erfolgen, welche bei wiederholten Erhebungen zusätzlich die Unterschiede derselben Probanden in der abhängigen Variablen erfasst. Ein Beispiel einer Varianzanalyse mit einem messwiederholten Design ist das mehrmalige Messen der Lernleistungen an denselben Probanden (Rasch et al., 2014b).

Darüber hinaus können Einflussfaktoren bzw. Kontrollvariablen, die sogenannten „Kovariaten" (z. B. die Anstrengungsbereitschaft), im Modell berücksichtigt werden. Die nach den Kovariaten benannte „Kovarianzanalyse" entfernt den Einfluss von Kontrollvariablen, welche sich auf die abhängige Variable auswirken. Daraus kann sich die oben beschriebene Effektvarianz verändern, je nachdem wie stark die Effekte der abhängigen Variablen von der Kovariate beeinflusst werden (Bortz & Schuster, 2010; Döring & Bortz, 2016).

Analog zum t-Test müssen bestimmte Voraussetzungen vor der Durchführung der Kovarianzanalyse erfüllt sein (Bühner & Ziegler, 2009):

- Intervallskalierte, abhängige Variablen
- Kategoriale, unabhängige Variablen
- Normalverteilte, abhängige Variable (bezüglich aller Messzeitpunkte und Gruppen)
- Homogene Varianzen und Sphärizität[16] (d. h. die Gleichheit der Varianzen zwischen den einzelnen Gruppen)
- Unabhängige Messzeitpunkte
- Balanciertes Design (d. h. pro Probanden ein Messwert zu jedem Messzeitpunkt)

Nach Eid, Gollwitzer und Schmitt (2010) ist die Varianzanalyse als eine Verallgemeinerung von t-Tests robust gegenüber Verletzungen der obigen Voraussetzungen, wenn die Teilstichproben der Experimentalgruppen mindestens 25 Probanden enthalten und etwa der gleichen Größe entsprechen (vgl. Bortz & Schuster, 2010; Bühner & Ziegler, 2009). In der vorliegenden Untersuchung

---

[16] Falls beim Mauchly-Test die Sphärizität nicht gegeben ist, wird die Grenze zur Wahl eines geeigneten Korrekturverfahrens bei einem Greenhouse-Geisser-Epsilon von .75 gesetzt: Bei $\varepsilon > .75$ wird die Huynh-Feldt-Korrektur und bei $\varepsilon < .75$ die Greenhouse-Geisser-Korrektur verwendet, um die Freiheitsgrade zu korrigieren (vgl. Girden, 1992).

sind diese Voraussetzungen zur Anwendung von Varianzanalysen erfüllt (siehe Abschnitt 8.3).

Zur Messung der Effektstärke von Varianzanalysen wurde in der vorliegenden Arbeit das „partielle Eta-Quadrat" (η_p^2) genutzt[17], welches als eine standardisierte Effektstärke wie das Cohen's d Vergleiche mit anderen Studien zulässt.

Des Weiteren minimiert das partielle Eta-Quadrat eine Überschätzung der aufgeklärten Varianz bei einem größeren Stichprobenumfang (vgl. Keppel, 1991). Die Berechnung des Eta-Quadrats ist im Vergleich zur Berechnung des Cohen's d komplexer (siehe Abschnitt 11.5.1), weil die Summenquadrate des Effekts im Verhältnis zur Summe aus den Summenquadraten des Effekts und des Fehlers gesetzt werden.

Die Grenzwerte für die Effektstärke des partiellen Eta-Quadrats lassen sich wie folgt interpretieren (Cohen, 1988; siehe Tabelle 11.33):

Tabelle 11.33 Grenzwerte der Effektstärke partielles Eta-Quadrat und deren Bedeutungen nach Cohen (1988) (Eigene Darstellung)

Grenzwerte	Bedeutung
$.06 > \eta_p^2 \geq .01$	Kleiner Effekt
$.14 > \eta_p^2 \geq .06$	Mittlerer Effekt
$\eta_p^2 \geq .14$	Großer Effekt

Insgesamt sind t-Tests für die abhängigen und unabhängigen Stichproben sowie (Ko-)Varianzanalysen mit Messwiederholung als Auswertungsmethoden in der vorliegenden quantitativen Forschungsarbeit zur Beantwortung der Forschungsfragen zulässig, weil die Voraussetzungen erfüllt sind.

---

[17] Die Effektstärke ist zur Beurteilung des Effektes von Mittelwertsunterschieden ausreichend. Auf die Berechnung der Effektstärke f nach Cohen (1988) wird verzichtet.

Zusammenfassung der Methode 12

Im Rahmen dieser Arbeit wurde eine Interventionsstudie entwickelt, welche zur Beantwortung der spezifischen Forschungsfragen anhand von zwei Experimentalbedingungen (geblockt und verschachtelt) realisiert wurde: In der geblockten Bedingung lernten die Schülerinnen und Schüler des fünften Jahrgangs die Lerninhalte zum Thema „Eigenschaften von Dreiecken und Vierecken" in sequentieller Reihenfolge, während in der verschachtelten Bedingung die Inhalte abwechselnd und vermischt behandelt wurden.

Die Intervention kombinierte digitale und analoge Medien miteinander: In der virtuellen Lernumgebung eigneten sich die Schülerinnen und Schüler zunächst das neue Wissen mithilfe der eigens dafür entwickelten Lernvideos auf Tablets selbstständig an. Anschließend lösten sie in Einzelarbeit Aufgaben im analogen Arbeitsheft und verglichen diese mit den zur Verfügung gestellten Musterlösungen.

Die Leistungen und persönlichen Merkmalen der Lernenden (z. B. das mathematische Selbstkonzept) wurden anhand der selbstkonstruierten Wissenstests und Fragebögen erhoben und quantitativ ausgewertet. Nach der Kodierung der Rohdaten mittels der vorab angefertigten Kodiermanuals wurden die Skalen hinsichtlich von psychometrischen Kennwerten (z. B. bezüglich der Itemtrennschärfe) überprüft. Die den Erhebungsinstrumenten zugrundeliegenden Auswertungsmethoden (t-Tests und Varianzanalysen) wurden verwendet, um die Daten zu analysieren und im nachfolgenden Teil III zu berichten.

Teil III
Ergebnisse

Im Teil III werden die Erkenntnisse zu den Forschungsfragen mittels der verwendeten Auswertungsmethoden zusammengefasst. Im Fokus stehen die zentralen Ergebnisse, welche anhand von Tabellen und Abbildungen anschaulich dargestellt werden. In den folgenden Kapiteln werden ausschließlich die Ergebnisse berichtet, während im nächsten Teil die Interpretation und die Diskussion der Ergebnisse folgen (siehe Teil IV, Kapitel 18).

Bevor die Forschungsfragen in den Kapitel 14 bis 16 analysiert werden, werden die Substichproben der verschachtelten und geblockten Experimentalgruppe im 13. Kapitel auf ihre Vergleichbarkeit hinsichtlich möglichst vieler Faktoren (z. B. bezüglich des Geschlechts und des Vorwissens aus der Primarstufe) überprüft. Somit können die nachfolgenden Analysen legitimiert und die Leistungsunterschiede der beiden Experimentalgruppen weitestgehend auf die Lernmethode (geblockt bzw. verschachtelt) zurückgeführt werden.

Im 17. Kapitel werden die zentralen Ergebnisse im Rahmen der Forschungsfragen übersichtlich zusammengefasst.

Vergleichbarkeit der Gruppen 13

Bevor eine geblockte und eine verschachtelte Gruppe aus jeweils zwei Schulen zusammengesetzt werden konnten, wurden die Substichproben der Schulen innerhalb der geblockten und verschachtelten Gruppe zunächst auf ihre Vergleichbarkeit hinsichtlich möglichst vieler persönlicher Merkmale überprüft[1]:

- Geschlechterzusammensetzung
- Altersdurchschnitt
- Kommunikation auf Deutsch im eigenen Haushalt
- Vorwissen zum Thema „Dreiecke und Vierecke" aus der Primarstufe
- Vorerfahrungen bei der Nutzung von E-Learning im Unterricht, bei Hausaufgaben und in der Freizeit

Darauffolgend wurden die geblockte und verschachtelte Experimentalgruppe bezüglich derselben obigen Merkmale miteinander verglichen. Die zentralen Analysen werden im Folgen-den übersichtlich zusammengefasst, indem die Ergebnisse der deskriptiven Statistik und der t-Tests berichtet werden:

---

[1] Die Ergebnisse der Analysen zum Vergleich der Substichproben innerhalb der Experimentalbedingungen werden tabellarisch im Anhang im elektronischen Zusatzmaterial zusammengefasst (siehe Tabellen A11 und A12).

Ergänzende Information Die elektronische Version dieses Kapitels enthält Zusatzmaterial, auf das über folgenden Link zugegriffen werden kann https://doi.org/10.1007/978-3-658-36482-3_13.

© Der/die Autor(en), exklusiv lizenziert durch Springer Fachmedien Wiesbaden GmbH, ein Teil von Springer Nature 2022
M. Afrooz, *Leistungseffekte beim verschachtelten und geblockten Lernen mittels Lernvideos auf Tablets*, Mathematikdidaktik im Fokus, https://doi.org/10.1007/978-3-658-36482-3_13

Geschlechterzusammensetzung
Die geblockte Gruppe setzt sich aus $n_1 = 41$ Probanden (44.1 %) zusammen, davon sind 20 weiblich (48.8 %) und 21 männlich (51.2 %). Die verschachtelte Gruppe besteht aus insgesamt $n_2 = 52$ Probanden (M = 55.9 %), davon sind 24 weiblich (53.8 %) und 28 männlich (46.2 %). Im t-Test für die unabhängigen Stichproben (geblockt und verschachtelt) ergibt sich t(91) = .804, p = .673. Damit besteht kein signifikanter Unterschied zwischen der geblockten und verschachtelten Experimentalgruppe bezüglich der Geschlechterzusammensetzung.

Altersdurchschnitt
Bei der geblockten Gruppe sind die Schülerinnen und Schüler durchschnittlich M = 10.88 Jahre (SD = .557) und bei der verschachtelten Gruppe M = 10.69 Jahre (SD = .755) alt. Für die zwei unabhängigen Stichproben ergibt sich $F(90.633^2) = 1.863$, p = .176, sodass kein signifikanter Unterschied zwischen der geblockten und verschachtelten Lerngruppe hinsichtlich des Altersdurchschnitts nachgewiesen werden kann.

Kommunikation auf Deutsch im eigenen Haushalt
Von den 41 geblockt Unterrichteten gaben 34 Probanden (83 %) an, Deutsch hauptsächlich zu Hause zu sprechen. Bei den verschachtelt Lernenden waren es 47 von 52 Probanden (90 %).

Mit $F(74.283^3) = 1.061$, p = .306 unterscheiden sich die geblockte und verschachtelte Gruppe nicht signifikant voneinander in Bezug auf die Kommunikation auf Deutsch im eigenen Haushalt.

Vorwissen zum Thema „Dreiecke und Vierecke" aus der Primarstufe
In der folgenden Tabelle werden die deskriptiven Statistiken der geblockten und verschachtelten Lerngruppe hinsichtlich des Vorwissenstest dargestellt[4]:

---

[2] Aufgrund der Varianzheterogenität (p < .05) wird der Welch-Test angewandt und die Freiheitsgrade korrigiert (siehe Teil II, Abschnitt 11.5.1).

[3] Aufgrund der Varianzheterogenität (p < .05) wird der Welch-Test angewandt und die Freiheitsgrade korrigiert (siehe Teil II, Abschnitt 11.5.1).

[4] Das empirische Minimum und Maximum ergeben sich aus der Summe der neun dichotom kodierten Items (siehe Teil II, Abschnitt 11.4.1).

Tabelle 13.1 Deskriptive Statistiken der geblockten und verschachtelten Gruppe bezüglich des Vorwissenstests

Gruppe	N	Items	Emp. Min.	Emp. Max.	M	SD
Geblockt	41	9	1	9	6.00	1.88
Verschachtelt	52	9	1	9	5.92	1.76

Zum Messzeitpunkt des Vorwissenstest unterscheiden sich die geblockte und verschachtelte Experimentalgruppe nicht signifikant voneinander (t(91) = .203, p = .840). Somit besaßen die geblockt und verschachtelt Unterrichteten ein ähnliches Vorwissen bezüglich der Thematik „Dreiecke und Vierecke" aus dem Geometrieunterricht der Primarstufe (siehe Tabelle 13.1).

Vorerfahrungen bei der Nutzung von E-Learning im Unterricht, bei Hausaufgaben und in der Freizeit
Im Prä-Fragebogen unter dem Block „Inhalte und Anwendungen des E-Learning" wurde die Nutzung von acht verschiedenen E-Learning-Angeboten in den drei Skalen „E-Learning im Unterricht", „E-Learning bei Hausaufgaben" und „E-Learning in der Freizeit" abgefragt. Da alle Skalen dieselben acht Items aufweisen (siehe Teil II, Abschnitt 11.4.3), werden die deskriptiven Statistiken der drei Skalen in der folgenden Tabelle gemeinsam dargestellt[5]:
Eine grafische Darstellung soll die Mittelwerte der geblockten und verschachtelten Gruppe hinsichtlich der drei Skalen im Vergleich zueinander verdeutlichen:
Aus der Abbildung 13.1 und der Tabelle 13.2 wird ersichtlich, dass die geblockt Lernenden im Mittel mit 34.5 % und die verschachtelt Lernenden mit 39.9 % am meisten E-Learning-Angebote in der Freizeit nutzen. Am wenigsten wird das Lernen mit digitalen Medien und Angeboten im Unterricht praktiziert: Nach den Angaben der geblockt Lernenden zu durchschnittlich 5.5 % und der verschachtelt Lernenden zu 7.3 %. Bei Hausaufgaben nutzen im Mittel 8.5 % der geblockt Unterrichteten und 10.4 % der verschachtelt Unterrichteten Anwendungen von digitalen Medien. Die restlichen durchschnittlichen 51.5 % der geblockt Lernenden und 42.4 % der verschachtelt Lernenden verteilen sich darauf, dass bis zu acht der ausgewählten Anwendungen gar nicht genutzt werden. Dies deckt sich mit den Ergebnissen aus den vorgestellten Studien (siehe Teil I, Abschnitt 1.1 und 1.2).

---

[5] Das empirische Minimum und Maximum ergeben sich aus der Summe der acht dichotom kodierten Items pro Skala (siehe Teil II, Abschnitt 11.4.3).

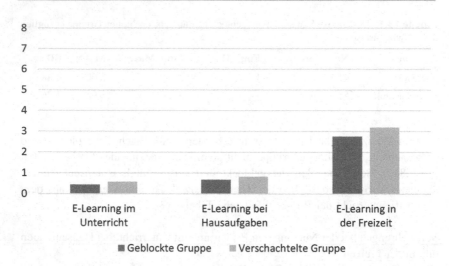

Abbildung 13.1 Mittelwerte der geblockten und verschachtelten Gruppe bezüglich der Skalen „E-Learning im Unterricht", „E-Learning bei Hausaufgaben" und „E-Learning in der Freizeit" des Prä-Fragebogens

Tabelle 13.2 Deskriptive Statistiken der geblockten und verschachtelten Gruppe bezüglich der Skalen „E-Learning im Unterricht", „E-Learning bei Hausaufgaben" und „E-Learning in der Freizeit" des Prä-Fragebogens

Skala	Gruppe	N	Emp. Min.	Emp. Max.	M	SD
E-Learning im Unterricht	Geblockt	41	0	6	.44	1.05
	Verschachtelt	52	0	6	.58	1.09
E-Learning bei Hausaufgaben	Geblockt	41	0	4	.68	1.15
	Verschachtelt	52	0	5	.83	1.26
E-Learning in der Freizeit	Geblockt	41	0	7	2.76	1.85
	Verschachtelt	52	0	7	3.19	1.85

Zur Überprüfung der Unterschiede hinsichtlich der Signifikanz (Sig.) werden die Ergebnisse der t-Tests für alle drei Skalen in der folgenden Tabelle zusammengefasst:

Tabelle 13.3
t-Test-Ergebnisse der
geblockten und
verschachtelten Gruppe
bezüglich der Skalen
„E-Learning im Unterricht",
„E-Learning bei
Hausaufgaben" und
„E-Learning in der Freizeit"
des Prä-Fragebogens

Skala	t	df	Sig.
E-Learning im Unterricht	.615	91	.540
E-Learning bei Hausaufgaben	.567	91	.572
E-Learning in der Freizeit	1.129	91	.262

Aus der Tabelle 13.3 ergeben sich in den t-Tests keine signifikanten Unterschiede zwischen der geblockten und verschachtelten Gruppe bezüglich der Nutzung von E-Learning-Angeboten im Unterricht, bei Hausaufgaben und in der Freizeit, sodass von ähnlichen Vorerfahrungen mit digitalen Medien ausgegangen werden kann. In der bisherigen Schullaufbahn wurden bei beiden Lerngruppen kaum virtuelle Lernumgebungen im Unterricht eingesetzt, sodass für die Schülerinnen und Schüler Lernvideos auf Tablets eine neue Methodik zur Wissensaneignung darstellen könnte. Mit Blick auf diese Erkenntnis wurden alle Schülerinnen und Schüler gleichermaßen vor der Arbeit mit den Tablets eingewiesen.

Insgesamt kann bezüglich der geblockten und verschachtelten Gruppe angenommen werden, dass die Substichproben aufgrund der obigen Kriterien weitestgehend homogen sind und in den folgenden Ergebnissen miteinander verglichen werden können[6] (vgl. Prasse et al., 2017). Im Rahmen der Forschungsfragen werden unter diesen Voraussetzungen die Leistungsentwicklungen der geblockten und verschachtelten Experimentalgruppe sowie die Leistungsunterschiede zwischen den beiden Gruppen ausgewertet und in den nächsten Kapiteln berichtet.

---

[6] Trotz der fünf untersuchten Merkmale können mögliche signifikante Unterschiede zwischen den beiden Experimentalgruppen nicht ausgeschlossen werden, weil nicht alle persönlichen Merkmale überprüft werden können.

Leistungsentwicklungen der geblockt und verschachtelt Lernenden

Die Beantwortung der ersten Forschungsfrage basiert auf der Auswertung des wiederholenden Wissenstests über die folgenden vier Messzeitpunkte:

- Prä (kurz vor der Intervention)
- Post (kurz nach der Intervention)
- Follow-up 1 (zwei Wochen nach der Intervention)
- Follow-up 2 (fünf Wochen nach der Intervention)

Die Anzahl der 17 Items pro Wissenstest gibt die maximal zu erreichende Punktzahl von 17 Punkten pro Wissenstest an, da die dichotom kodierten Items pro Skala aufsummiert wurden (siehe Teil II, Abschnitt 11.4.2).

Zur Klärung der ersten Forschungsfrage werden die Leistungsentwicklungen über alle vier Messzeitpunkte bezüglich der Thematik „Eigenschaften von Dreiecken und Vierecken" separat untersucht, indem zunächst die Ergebnisse der geblockten Gruppe (siehe Abschnitte 14.1 und 14.1.1) und danach der verschachtelten Gruppe (siehe Abschnitte 14.2 und 14.2.1) nach folgendem Schema dargestellt werden:

I. Auf manifester Ebene wird die gesamte Leistungsentwicklung anhand der Mittelwerte der geblockten bzw. verschachtelten Gruppe zu den oben genannten vier Messzeitpunkten grafisch und deskriptiv (inklusive Standardabweichungen und Lösungshäufigkeiten) dargestellt. Die Analysen werden tabellarisch zusammengefasst.
II. Daran anknüpfend werden die Unterschiede in der Leistungsentwicklung der geblockten bzw. verschachtelten Gruppe anhand einer einfaktoriellen Varianzanalyse mit vier Messwiederholungen auf Signifikanz untersucht. Für

© Der/die Autor(en), exklusiv lizenziert durch Springer Fachmedien Wiesbaden GmbH, ein Teil von Springer Nature 2022
M. Afrooz, *Leistungseffekte beim verschachtelten und geblockten Lernen mittels Lernvideos auf Tablets*, Mathematikdidaktik im Fokus,
https://doi.org/10.1007/978-3-658-36482-3_14

beide Gruppen wird die Effektstärke mittels partiellem Eta-Quadrat angegeben (Cohen, 1988).

Um im Rahmen der Forschungsfrage einzelne Entwicklungsschritte in der gesamten Leistungsentwicklung weiter zu untersuchen, werden t-Tests für die abhängigen Stichproben der geblockten bzw. verschachtelten Gruppe zu den folgenden paarweisen Messzeitpunkten durchgeführt:

i. Prä – Post
ii. Post – Follow-up 1
iii. Follow-up 1 – Follow-up 2

In Anbetracht der Zeiträume kann festgestellt werden, zu welchen der drei paarweisen Messzeitpunkte die geblockte Gruppe bzw. verschachtelte Gruppe signifikante Unterschiede aufweist. Bei signifikanten Unterschieden wird das Cohen's d berechnet und angegeben (Cohen, 1988).

Im zeitlichen Verlauf sind insbesondere die oben erwähnten Entwicklungsab-schnitte (i. – iii.) für eine nähere Untersuchung der gesamten Leistungsentwick-lung interessant, weil zum einen der vermutete Lernzuwachs im Zeitraum vor und nach der Intervention näher untersucht werden kann. Zum anderen können in den einzelnen Entwicklungsschritten von Post zu Follow-up 1 bzw. Follow-up 1 zu Follow-up 2 die Unterschiede bezüglich der Langfristigkeit der Effekte gezielter auf Signifikanz überprüft werden, welche durch Erinnerungs- bzw. Ver-gessensprozesse nach der Lerneinheit bedingt sein können (siehe auch Kapitel 15 und 16).

Im Teil IV (Kapitel 18) wird über die möglichen Gründe diskutiert, welche die Ergebnisse aus den Analysen erklären könnten.

14.1 Analysen zu den Leistungsentwicklungen der geblockt Lernenden

Forschungsfrage 1a: Wie entwickeln sich die Leistungen der geblockten Lern-gruppe in den Wissenstests beim E-Learning mit angeleiteten Lernvideos im Geometrieunterricht?

In der Forschungsfrage 1a wird überprüft, inwieweit sich die Mittelwerte der geblockten Gruppe über die vier Messzeitpunkte hinweg zur Thematik „Eigen-schaften von Dreiecken und Vierecken" unterscheiden. Zum Messzeitpunkt Prä wird ein geringes Vorwissen erwartet. Zum Messzeitpunkt Post müssten sich die

Leistungen bedingt durch die Lerneinheit verbessern. In der zeitlichen Entwicklung bis zum Follow-up 2 wird angenommen, dass die geblockt Lernenden ihr neu
erworbenes Wissen mit der Zeit verlieren (siehe Teil II, Kapitel 6). Der Bericht
der Analysen wird gemäß der oben beschriebenen Reihenfolge (siehe Kapitel 14)
erfolgen:

Analysen zu I:
In der Abbildung 14.1 sind die Mittelwerte der geblockten Experimentalgruppe
in der Leistungsentwicklung vom Messzeitpunkt Prä zum Follow-up 2 grafisch
dargestellt:

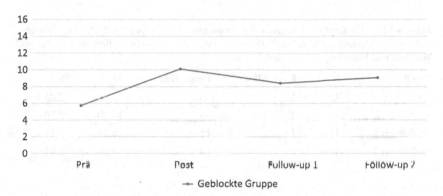

Abbildung 14.1 Mittelwerte der geblockten Gruppe bezüglich der Wissenstests zu den
Messzeitpunkten Prä (kurz davor), Post (kurz danach), Follow-up 1 (nach zwei Wochen) und
Follow-up 2 (nach fünf Wochen)

Aus den deskriptiven Statistiken der geblockten Lerngruppe zu den vier Messzeitpunkten lassen sich die folgenden Ergebnisse beschreiben: Die geblockte
Lerngruppe besaß zum Messzeitpunkt Prä ein sehr geringes Vorwissen zur Lerneinheit „Eigenschaften von Dreiecken und Vierecken". Im Mittel wurden ausschließlich
5.73 von 17 Punkten (SD = 2.05 Punkte) erreicht, damit waren durchschnittlich
33.7 % der Lösungen korrekt (siehe Abbildung 14.1). Zum Messzeitpunkt Post
erzielten die geblockt lernenden Schülerinnen und Schüler die besten Ergebnisse
mit durchschnittlich 10.10 von 17 Punkten (SD = 2.79 Punkte). Dabei erreichten
sie im Mittel 59.4 % richtige Lösungen (siehe Abbildung 14.1). Die Leistungen der
geblockt Lernenden verbesserten sich somit fast um das Doppelte. Zwei Wochen

nach der Lerneinheit verschlechtern sich die Leistungen wieder auf durchschnittlich 8.41 von 17 Punkten (SD = 3.13 Punkte).
    Im Follow-up 1-Test konnten sie im Durchschnitt 49.5 % der Aufgaben richtig lösen (siehe Abbildung 14.1). Nach weiteren drei Wochen verbesserten sich die Leistungen der geblockt Unterrichteten im Follow-up 2-Test minimal im Vergleich zum Follow-up 1-Test: Im Durchschnitt wurden 9.05 von 17 Punkten (SD = 2.91 Punkte) erzielt. Das entspricht im Mittel 53.2 % richtigen Lösungen im Follow-up 2-Test (siehe Abbildung 14.1).
    Insgesamt können die folgenden deskriptiven Statistiken der geblockten Lerngruppe zu den vier Messzeitpunkten (MZP) Prä, Post, Follow-up 1 und Follow-up 2 zusammengefasst werden:

Tabelle 14.1 Deskriptive Statistiken der geblockten Gruppe bezüglich der vier Wissenstests zu den Messzeitpunkten Prä (kurz davor), Post (kurz danach), Follow-up 1 (nach zwei Wochen) und Follow-up 2 (nach fünf Wochen)

MZP	N	Emp. Min.	Emp. Max.	M	SD
Prä	41	3	10	5.73	2.05
Post	41	2	16	10.10	2.79
Follow-up 1	41	1	15	8.41	3.13
Follow-up 2	41	2	14	9.05	2.91

Analysen zu II:
In der einfaktoriellen Varianzanalyse bezüglich der vier Messzeitpunkte ergibt sich ein Haupteffekt der Zeit ($F(3, 120) = 36.256$, $p < .001$, $\eta_p^2 = .475$), sodass von einer signifikanten Leistungsentwicklung der geblockten Gruppe über die vier Messzeitpunkte hinweg ausgegangen werden kann. Die Effektstärke entspricht einem starken Effekt.
    Die Analysen der einzelnen Entwicklungsschritte geben einen Aufschluss über mögliche signifikante Unterschiede zu den paarweisen Messzeitpunkten (siehe Abbildung 14.1; Tabelle 14.1):

i. Prä – Post
Zu den Messzeitpunkten Prä und Post unterscheiden sich die Mittelwerte der geblockt Lernenden signifikant mit einem großen Effekt voneinander (t(40) = 10.575, p < .001, d = 1.785).

ii. Post – Follow-up 1
Die Mittelwerte der geblockt Lernenden unterscheiden sich zu den Messzeitpunkten Post und Follow-up 1 ebenfalls signifikant voneinander (t(40) = 3.649, p = .001, d = .570). Es kommt ein mittlerer Effekt zustande.

iii. Follow-up 1 – Follow-up 2
Zu den Messzeitpunkten Follow-up 1 und Follow-up 2 unterscheiden sich die Mittelwerte der geblockt Lernenden nicht signifikant voneinander (t(40) = 1.607, p = .116).

14.1.1 Ergebnis zu den Leistungsentwicklungen der geblockt Lernenden

In den vorangegangenen Analysen wurde untersucht, inwieweit sich die Mittelwerte der geblockten Lerngruppe in der Leistungsentwicklung von Prä zu Follow-up 2 bezüglich des Themas „Eigenschaften von Dreiecken und Vierecken" unterscheiden. Es zeigte sich, dass der signifikante Unterschied der geblockt lernenden Schülerinnen und Schüler bezüglich der gesamten Leistungsentwicklung auf die folgenden Messzeitpunkte zurückgeführt werden kann:

Kurz nach der Intervention haben die geblockt Lernenden wie erwartet einen deutlichen Lernzuwachs erfahren. Die geblockt lernenden Schülerinnen und Schüler schnitten im Post-Test signifikant besser als im Prä-Test ab. Nach zwei Wochen verschlechterten sich die Leistungen erheblich entsprechend der vorherigen Vermutungen.

Des Weiteren ergaben die Analysen der t-Tests einen signifikanten Unterschied, bei dem die geblockt Lernenden im Post-Test deutlich besser als im Follow-up 1-Test abschnitten.

Zwischen dem Follow-up 1- und Follow-up 2-Test unterschieden sich die Leistungen aufgrund einer geringen Mittelwertdifferenz nicht signifikant voneinander, d. h. die Leistungsentwicklung blieb weitestgehend stabil über den Zeitraum von drei Wochen.

14.2 Analysen zu den Leistungsentwicklungen der verschachtelt Lernenden

Forschungsfrage 1b: Wie entwickeln sich die Leistungen der verschachtelten Lerngruppe in den Wissenstests beim E-Learning mit angeleiteten Lernvideos im Geometrieunterricht?

In der Forschungsfrage 1b wird analog zur Forschungsfrage 1a überprüft, inwieweit sich die Mittelwerte der verschachtelten Gruppe über die vier Messzeitpunkte hinweg zur Thematik „Eigenschaften von Dreiecken und Vierecken" unterscheiden. Zu Beginn der Intervention wird ein geringes Vorwissen wie bei der geblockten Gruppe erwartet. Nach der Lerneinheit müssten die Lernenden durch den Wissenserwerb einen deutlichen Lernzuwachs erfahren. In der zeitlichen Entwicklung bis zum Follow-up 2-Test wird angenommen, dass das neu erworbene Wissen bei den verschachtelt Lernenden nach zwei Wochen und weiteren drei Wochen aufgrund der verschachtelten Lernweise stabil bleibt (siehe Teil II, Kapitel 6). Der Bericht der Analysen wird gemäß der oben beschriebenen Reihenfolge erfolgen (siehe Kapitel 14):

Analysen zu I:
In der folgenden Abbildung sind die Mittelwerte der verschachtelten Experimentalgruppe in der Leistungsentwicklung vom Messzeitpunkt Prä zum Follow-up 2 grafisch dargestellt:

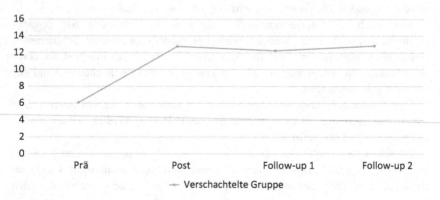

Abbildung 14.2 Mittelwerte der verschachtelten Gruppe bezüglich der Wissenstests zu den Messzeitpunkten Prä (kurz davor), Post (kurz danach), Follow-up 1 (nach zwei Wochen) und Follow-up 2 (nach fünf Wochen)

Zum Messzeitpunkt Prä besitzen die Lernenden der verschachtelten Lernbedingung ein geringes Vorwissen zur Lerneinheit „Eigenschaften von Dreiecken und Vierecken": Im Mittel wurden 6.08 von 17 Punkten (SD = 2.67 Punkte) erreicht, sodass durchschnittlich 35.8 % der Lösungen korrekt waren (siehe Abbildung 14.2). Kurz nach der Lerneinheit erzielten die verschachtelt Lernenden im Post-Test durchschnittlich 12.75 von 17 Punkten (SD = 3.33 Punkte), damit wurden im Mittel 75.0 % richtige Lösungen erreicht (siehe Abbildung 14.2). Die Leistungen verbesserten sich somit um mehr als das Doppelte im Vergleich zum Prä-Test. Zwei und fünf Wochen nach der Lerneinheit blieben die Leistungen der verschachtelt Lernenden wie vermutet weitestgehend stabil:

Im Follow-up 1-Test wurden durchschnittlich 12.25 von 17 Punkten (SD = 2.88 Punkte) erzielt, somit waren im Mittel 72.1 % der Lösungen richtig (siehe Abbildung 14.2). Im Follow-up 2-Test wurden im Durchschnitt 12.81 von 17 Punkten (SD = 2.86 Punkte) erreicht, damit wurden durchschnittlich 75.4 % der Aufgaben richtig gelöst (siehe Abbildung 14.2).

Die deskriptiven Statistiken der verschachtelten Lerngruppe werden zu den vier Messzeitpunkten Prä, Post, Follow-up 1 und Follow-up 2 in der folgenden Tabelle zusammengefasst:

Tabelle 14.2 Deskriptive Statistiken der verschachtelten Gruppe bezüglich der vier Wissenstests zu den Messzeitpunkten Prä (kurz davor), Post (kurz danach), Follow-up 1 (nach zwei Wochen) und Follow-up 2 (nach fünf Wochen)

MZP	N	Items	Emp. Min.	Emp. Max.	M	SD
Prä	52	17	1	11	6.08	2.67
Post	52	17	5	17	12.75	3.33
Follow-up 1	52	17	4	17	12.25	2.88
Follow-up 2	52	17	3	17	12.81	2.86

Analysen zu II:

In der einfaktoriellen Varianzanalyse bezüglich der vier Messzeitpunkte ergibt sich ein Haupteffekt der Zeit (F(2.548, 129.372[1]) = 122.334, p < .001, η_p^2 = .706), sodass von einem signifikanten Unterschied zwischen den Mittelwerten der verschachtelten Gruppe über die vier Messzeitpunkte hinweg ausgegangen werden

---

[1] Die Sphärizität ist beim Mauchly-Test nicht gegeben (p < .05). Da ε = .849 gilt, wird die Huynh-Feldt-Korrektur verwendet, um die Freiheitsgrade zu korrigieren (siehe Teil II, Abschnitt 11.5.2).

kann. Dabei ist der Unterschied bemerkenswert, weil er mit einer außerordentlich starken Effektstärke einhergeht.

Die Analysen der einzelnen Entwicklungsschritte geben einen Aufschluss über mögliche signifikante Unterschiede zu den folgenden paarweisen Messzeitpunkten (siehe Abbildung 14.2; Tabelle 14.2):

i. Prä – Post
Zu den Messzeitpunkten Prä und Post unterscheiden sich die Mittelwerte der verschachtelt Lernenden signifikant voneinander (t(51) = 14.276, p < .001, d = 2.210), wobei es sich um einen großen Effekt handelt.

ii. Post – Follow-up 1
Die Mittelwerte der verschachtelt Lernenden unterscheiden sich zu den Messzeitpunkten Post und Follow-up 1 nicht signifikant voneinander (t(51) = 1.390, p = .170).

iii. Follow-up 1 – Follow-up 2
Zu den Messzeitpunkten Follow-up 1 und Follow-up 2 unterscheiden sich die Mittelwerte der verschachtelt Lernenden nicht signifikant voneinander (t(51) = 1.752, p = .086).

14.2.1 Ergebnis zu den Leistungsentwicklungen der verschachtelt Lernenden

In den Analysen I. und II. wurde untersucht, inwieweit sich die Mittelwerte der verschachtelten Lerngruppe in der Leistungsentwicklung von Prä zu Follow-up 2 bezüglich des Themas „Eigenschaften von Dreiecken und Vierecken" unterscheiden. Es zeigte sich, dass der signifikante Unterschied der verschachtelt Lernenden in der gesamten Leistungsentwicklung auf den folgenden Messzeitpunkten beruht:

Kurz nach der Intervention verbesserten sich die Leistungen der verschachtelt Lernenden wie erwartet, wobei sie im Prä-Test signifikant schlechter als im Post-Test abschnitten.

Nach zwei Wochen blieben die Leistungen entsprechend der vorherigen Überlegungen stabil, indem sich die Mittelwerte zu den Zeitpunkten Post und Follow-up 1 minimal veränderten und sich damit nicht signifikant voneinander unterschieden. In der Zeit zwischen dem Follow-up 1 und Follow-up 2 ergab sich ebenfalls kein signifikanter Unterschied zwischen den Leistungen der verschachtelt Unterrichteten, weil die Mittelwertsdifferenz gering ausfiel.

Insgesamt zeigten sich ausschließlich geringe Unterschiede in den Mittelwerten der verschachtelt Lernenden vom Messzeitpunkt Post bis zum Follow-up 2, d. h. die Leistungen blieben ab dem Zeitpunkt kurz nach bis fünf Wochen nach der Lerneinheit nahezu unverändert.

Leistungsunterschiede zwischen den geblockt und verschachtelt Lernenden

Die Beantwortung der zweiten Forschungsfrage bezieht sich auf die Auswertung des Wissenstests über die vier Messzeitpunkte (Prä, Post, Follow-up 1, Follow-up 2). Zur Klärung der zweiten Forschungsfrage werden die Leistungsunterschiede zwischen der geblockten und verschachtelten Experimentalgruppe bezüglich der Thematik „Eigenschaften von Dreiecken und Vierecken" untersucht:

III. Auf manifester Ebene werden die deskriptiven Statistiken der geblockten und verschachtelten Gruppe bezüglich der vier Messzeitpunkte tabellarisch und grafisch gegenübergestellt.
IV. Darauffolgend wird eine zweifaktorielle Varianzanalyse durchgeführt, indem die Leistung als abhängige Variable und die Gruppe (geblockt vs. verschachtelt) als unabhängige Variable gewählt wird. Der Zeitfaktor bezieht sich auf den Zeitraum zwischen der ersten und vierten Erhebung des Wissenstests.

Um im Rahmen der Forschungsfrage einzelne Entwicklungsschritte aus der gesamten Leistungsentwicklung genauer zu untersuchen, werden in Anlehnung an die erste Forschungsfrage (siehe Kapitel 14) die Mittelwertsunterschiede zwischen der geblockten und verschachtelten Gruppe anhand von zweifaktoriellen Varianzanalysen zu denselben Messzeitpunkten auf Signifikanz untersucht:

  i. Prä – Post – Follow-up 1 – Follow-up 2
  ii. Prä – Post
  iii. Post – Follow-up 1
  iv. Follow-up 1 – Follow-up 2

M. Afrooz, *Leistungseffekte beim verschachtelten und geblockten Lernen mittels Lernvideos auf Tablets*, Mathematikdidaktik im Fokus, https://doi.org/10.1007/978-3-658-36482-3_15

Des Weiteren werden alle Analysen aus IV. mittels zweifaktoriellen Kovarianzanalysen mit der Kovariate des Vorwissens (anhand des Vorwissenstests)
zusätzlich berichtet, um die Vorkenntnisse der Lernenden zum Thema „Dreiecke und Vierecke" aus der Primarstufe als Ausgangniveau zu kontrollieren.
Mithilfe der Kovarianzanalysen können einerseits der Einfluss des Vorwissens auf die Leistungsentwicklungen herausgerechnet und andererseits die
Leistungsunterschiede zwischen der geblockten und verschachtelten Gruppe
unabhängig vom Vorwissen aus der Primarstufe berichtet werden. Für alle
durchgeführten (Ko-)Varianzanalysen werden die Effektstärken mittels partiellem Eta-Quadrat angegeben (Cohen, 1988).

V. Des Weiteren werden die Analysen aus IV. mittels t-Tests für die unabhängigen Stichproben (geblockte vs. verschachtelte Gruppe) bezüglich der
folgenden einzelnen Messzeitpunkte auf Signifikanz überprüft:

    i. Prä
    ii. Post
    iii. Follow-up 1
    iv. Follow-up 2

Bei signifikanten Unterschieden zwischen der geblockten und verschachtelten
Gruppe wird das Cohen's d berechnet und angegeben (Cohen, 1988).

15.1 Analysen zu den Leistungsunterschieden zwischen den geblockt und verschachtelt Lernenden

Forschungsfrage 2: Wie unterscheiden sich die Leistungen der geblockt vs. verschachtelt unterrichteten Lernenden in den Wissenstests beim E-Learning mit
angeleiteten Lernvideos im Geometrieunterricht voneinander?
    In der Forschungsfrage 2 wird überprüft, inwieweit sich die Mittelwerte der
geblockten und verschachtelten Gruppe über die vier Messzeitpunkte hinweg zur
Thematik „Eigenschaften von Dreiecken und Vierecken" unterscheiden. Mit Blick
auf die Varianzanalysen wird erwartet, dass sich die beiden Gruppen über die vier
Messzeitpunkte hinweg erheblich voneinander unterscheiden, da zu den einzelnen

Messzeitpunkten ab dem Post-Test bereits große Unterschiede in den deskriptiven Statistiken der beiden Gruppen ersichtlich waren (siehe Tabellen 14.1 und 14.2; Abbildungen 14.1 und 14.2). In diesem Kapitel wird dahingehend geprüft, inwieweit die Leistungsunterschiede zwischen den beiden Gruppen signifikant sind.

Der Bericht der Analysen soll gemäß der oben beschriebenen Reihenfolge (siehe Kapitel 15) erfolgen:

Analysen zu III:
Zunächst werden die deskriptiven Statistiken für die geblockte und verschachtelte Gruppe zu den Messzeitpunkten Prä, Post, Follow-up 1 und Follow-up 2 in der folgenden Tabelle und in der darauffolgenden Abbildung gemeinsam dargestellt:

Tabellarisch und grafisch fällt auf, dass zum Zeitpunkt Prä sowohl die geblockt Lernenden mit M = 5.73 Punkte (33.7 %); SD = 2.05 Punkte (12.1 %) als auch die verschachtelt Lernenden mit M = 6.08 Punkte (35.8 %); SD = 2.67 Punkte (15.7 %) vergleichsweise etwa 6 von 17 Punkten im Durchschnitt erreichten (siehe Abbildung 15.1). Vom Prä- zum Post-Test verbesserten sich in beiden Gruppen zwar die Leistungen, im Vergleich zueinander unterschieden sich die Mittelwerte der beiden Lerngruppen zum Messzeitpunkt Post um durchschnittlich 2.65 Punkten bzw. 15,6 % (siehe Abbildung 15.1).

Im Post-Test erreichte die geblockte Lerngruppe M = 10.10 Punkte (59.4 %); SD = 2.79 Punkte (16.4 %) und die verschachtelte Gruppe M = 12.75 Punkte (75 %);

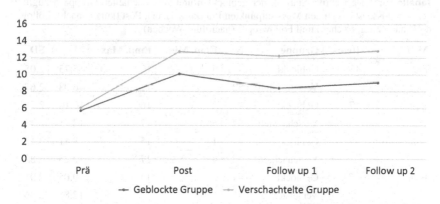

Abbildung 15.1 Mittelwerte der geblockten und verschachtelten Gruppe bezüglich der Wissenstests zu den Messzeitpunkten Prä (kurz davor), Post (kurz danach), Follow-up 1 (nach zwei Wochen) und Follow-up 2 (nach fünf Wochen)

SD = 3.33 Punkte (19.6 %). Zwischen dem Post- und Follow-up 1-Test verschlechterten sich die Leistungen in beiden Experimentalgruppen, im Vergleich zueinander unterschieden sich die Mittelwerte der beiden Lerngruppen zum Zeitpunkt Follow-up 1 um durchschnittlich 3.84 Punkten bzw. 22.6 % (siehe Abbildung 15.1): Im Follow-up 1-Test erzielte die geblockte Lerngruppe M = 8.41 Punkte (49.5 %); SD = 3.13 Punkte (18.4 %) und die verschachtelte Gruppe M = 12.25 Punkte (72.1 %); SD = 2.88 Punkte (16.9 %).

Vom Follow-up 1- zum Follow-up 2-Test blieben die Leistungen von beiden Gruppen separat betrachtet relativ stabil. Im Follow-up 2-Test unterschieden sich die geblockt und verschachtelt Lernenden um durchschnittlich 3.76 Punkte bzw. 22.1 % (siehe Abbildung 15.1): Die geblockte Experimentalgruppe erreichte M = 9.05 Punkte (53.2 %); SD = 2.91 Punkte (17.1 %) und die verschachtelte Gruppe M = 12.81 Punkte (75.4 %); SD = 2.86 Punkte (16.8 %).

Insgesamt unterschieden sich die beiden Gruppen in der Hinsicht, dass die verschachtelt Lernenden zu den drei Messzeitpunkten Post, Follow-up 1 und Follow-up 2 erheblich bessere Leistungen als die geblockt Lernenden erzielten (siehe Tabelle 15.1; Abbildung 15.1). Inwieweit diese Analysen signifikante Unterschiede zwischen den beiden Experimentalbedingungen hervorgebracht haben, soll im Folgenden zunächst mittels zweifaktoriellen (Ko-)Varianzanalysen mit Messwiederholung (siehe Analysen zu IV.) und später mithilfe von t-Tests (siehe Analysen zu V.) aufgeklärt werden.

Tabelle 15.1 Deskriptive Statistik der geblockten und verschachtelten Gruppe bezüglich der vier Wissenstests zu den Messzeitpunkten Prä (kurz davor), Post (kurz danach), Follow-up 1 (nach zwei Wochen) und Follow-up 2 (nach fünf Wochen)

MZP	Items	Gruppe	N	Emp. Min.	Emp. Max.	M	SD
Prä	17	Geblockt	41	3	10	5.73	2.05
		Verschachtelt	52	1	11	6.08	2.67
Post	17	Geblockt	41	2	16	10.10	2.79
		Verschachtelt	52	5	17	12.75	3.33
Follow-up 1	17	Geblockt	41	1	15	8.41	3.13
		Verschachtelt	52	4	17	12.25	2.88
Follow-up 2	17	Geblockt	41	2	14	9.05	2.91
		Verschachtelt	52	3	17	12.81	2.86

Analysen zu IV:

Zur Überprüfung der Leistungsunterschiede zwischen der geblockten und verschachtelten Lerngruppe im gesamten Erhebungszeitraum sowie in den einzelnen Entwicklungsschritten wurden die zweifaktoriellen (Ko-)Varianzanalysen mit vier bzw. zwei Messwiederholungen durchgeführt[1]:

i. Prä – Post – Follow-up 1 – Follow-up 2

Die zweifaktorielle Varianzanalyse mit den vier Messwiederholungen (Prä, Post, Follow-up 1, Follow-up 2) bringt folgende Effekte zwischen der geblockten und verschachtelten Lerngruppe hervor:

Tabelle 15.2 Ergebnisse der zweifaktoriellen Varianzanalyse mit dem Faktor Zeit (Prä, Post,Follow-up 1, Follow-up 2), der abhängigen Variable Leistung und unabhängigen Variable Gruppe (verschachtelt vs. geblockt)

Effekt	F	df1, df2	Sig.	η_p^2
Zeit	137.851	2.752, 250.450	p < .001	.602
Gruppe	32.292	1, 91	p < .001	.262
Zeit*Gruppe	14.208	2.752, 250.450	p < .001	.135

Der Haupteffekt der Zeit ist signifikant mit einem großen Effekt (siehe Tabelle 15.2). In der zweifaktoriellen Kovarianzanalyse mit denselben vier Messwiederholungen und der Kovariate des Vorwissens ergibt sich ebenfalls ein signifikanter Haupteffekt der Zeit mit einer großen Effektstärke (F(2.787, 248.007) = 138.742, p < .001, η_p^2 = .609).

Der Haupteffekt der Gruppe ist signifikant, wobei es sich um einen großen Effekt handelt (siehe Tabelle 15.2). In der Kovarianzanalyse mit der Kovariate des Vorwissens bleibt der Haupteffekt der Gruppe signifikant mit einem großen Effekt (F(1, 89) = 39.971, p < .001, η_p^2 = .310).

Der Interaktionseffekt zwischen der Zeit und der Gruppe (verschachtelt vs. geblockt) ist signifikant mit einem großen Effekt (siehe Tabelle 15.2). Die Kovarianzanalyse mit der Kovariate des Vorwissens bringt auch einen signifikanten Interaktionseffekt zwischen der Zeit und der Gruppe mit einer großen Effektstärke hervor (F(2.787, 248.007) = 14.381, p < .001, η_p^2 = .139).

---

[1] Falls die Sphärizität beim Mauchly-Test nicht gegeben war (p < .05), wurden die Freiheits­grade mittels der Huynh-Feldt-Korrektur korrigiert, da in allen betroffenen Analysen ε > .75 galt (siehe Teil II, Abschnitt 11.5.2).

Außerdem zeigt sich in der Kovarianzanalyse, dass der Interaktionseffekt zwischen der Zeit, der Lerngruppe und dem Vorwissen nicht signifikant ist (F(5.573, 248.007) = 1.342, p = .242, η_p^2 = .029).

ii. Prä – Post

Die Analysen der zweifaktoriellen Varianzanalyse mit zwei Messwiederholungen (Prä, Post) werden bezüglich der geblockten und verschachtelten Lerngruppe in der folgenden Tabelle dargestellt:

Tabelle 15.3 Ergebnisse der zweifaktoriellen Varianzanalyse mit dem Faktor Zeit (Prä, Post), der abhängigen Variable Leistung und unabhängigen Variable Gruppe (verschachtelt vs. geblockt)

Effekt	F	df1, df2	Sig.	η_p^2
Zeit	295.958	1, 91	p < .001	.765
Gruppe	9.568	1, 91	p = .003	.095
Zeit*Gruppe	12.929	1, 91	p = .001	.124

Der Haupteffekt der Zeit ist signifikant mit einem großen Effekt (siehe Tabelle 15.3). In der zweifaktoriellen Kovarianzanalyse mit denselben zwei Messwiederholungen und der zusätzlichen Kovariate des Vorwissens ergibt sich ebenfalls ein signifikanter Haupteffekt der Zeit mit einer großen Effektstärke (F(1, 89) = 309.481, p < .001, η_p^2 =.777).

Der Haupteffekt der Gruppe ist signifikant, wobei es sich um einen mittleren Effekt handelt (siehe Tabelle 15.3). In der Kovarianzanalyse mit der Kovariate des Vorwissens bleibt der Haupteffekt der Gruppe signifikant mit einem mittleren Effekt (F(1, 89) = 11.957, p < .001, η_p^2 = .118).

Der Interaktionseffekt zwischen der Zeit und der Gruppe ist signifikant mit einem mittleren Effekt (siehe Tabelle 15.3). Die Kovarianzanalyse mit der Kovariate des Vorwissens bringt auch einen statistisch signifikanten Interaktionseffekt zwischen der Zeit und der Gruppe mit einer mittleren Effektstärke hervor (F(1, 89) = 13.767, p < .001, η_p^2 = .134).

Des Weiteren ist in der Kovarianzanalyse der Interaktionseffekt zwischen der Zeit, der Gruppe und dem Vorwissen nicht signifikant (F(2, 89) = 3.140, p = .066, η_p^2 = .048).

iii. Post – Follow-up 1

Für die Leistungsentwicklung zwischen dem Post- und Follow-up 1-Test werden die Analysen der zweifaktoriellen Varianzanalyse hinsichtlich der geblockten und verschachtelten Lerngruppe in der folgenden Tabelle zusammengefasst:

Tabelle 15.4 Ergebnisse der zweifaktoriellen Varianzanalyse mit dem Faktor Zeit (Post, Follow-up 1), der abhängigen Variable Leistung und der unabhängigen Variable Gruppe (verschachtelt vs. geblockt)

Effekt	F	df_1, df_2	Sig.	η_p^2
Zeit	14.368	1, 91	p < .001	.136
Gruppe	32.591	1, 91	p < .001	.264
Zeit*Gruppe	4.219	1, 91	p = .043	.044

Der Haupteffekt der Zeit ist signifikant mit einem großen Effekt (siehe Tabelle 15.4). Die zweifaktorielle Kovarianzanalyse mit denselben zwei Messwiederholungen und der Kovariate des Vorwissens bringt ebenfalls einen signifikanten Haupteffekt der Zeit mit einer großen Effektstärke hervor (F(1, 89) = 14.638, p < .001, $\eta_p^2 = .141$).

Der Haupteffekt der Gruppe ist signifikant, wobei es sich um einen großen Effekt handelt (siehe Tabelle 15.4). In der Kovarianzanalyse mit der Kovariate des Vorwissens führt der Haupteffekt der Gruppe zu einem signifikanten Unterschied zwischen der verschachtelten und geblockten Gruppe mit einem großen Effekt (F(1, 89) = 39.256, p < .001, $\eta_p^2 = .306$).

Der Interaktionseffekt zwischen der Zeit und der Gruppe ist signifikant mit einem kleinen Effekt (siehe Tabelle 15.4). Der Interaktionseffekt zwischen der Zeit und der Gruppe bleibt in der Kovarianzanalyse mit der Kovariate des Vorwissens statistisch signifikant mit einem kleinen Effekt (F(1, 89) = 4.226, p = .043, $\eta_p^2 = .045$).

Außerdem wird kein signifikanter Interaktionseffekt zwischen der Zeit, der Gruppe und dem Vorwissen in der Kovarianzanalyse nachgewiesen (F(2, 89) = 2.206, p = .116, $\eta_p^2 = .047$).

iv. Follow-up 1 – Follow-up 2
Die Analysen der zweifaktoriellen Varianzanalyse mit zwei Messwiederholungen (Follow-up 1, Follow-up 2) werden für die beiden Lerngruppen in der folgenden Tabelle dargestellt:

Der Haupteffekt der Zeit ist signifikant mit einem mittleren Effekt (siehe Tabelle 15.5). In der zweifaktoriellen Kovarianzanalyse mit denselben zwei Messwiederholungen und der Kovariate des Vorwissens ergibt sich auch ein signifikanter Haupteffekt der Zeit mit einer mittleren Effektstärke (F(1, 89) = 5.570, p = .020, $\eta_p^2 = .059$).

Tabelle 15.5 Ergebnisse der zweifaktoriellen Varianzanalyse mit dem Faktor Zeit (Follow-up 1,Follow-up 2), der abhängigen Variable Leistung und der unabhängigen Variable Gruppe (verschachtelt vs. geblockt)

Effekt	F	df_1, df_2	Sig.	η_p^2
Zeit	5.652	1, 91	p = .020	.058
Gruppe	46.009	1, 91	p < .001	.336
Zeit*Gruppe	.023	1, 91	p = .879	.000

Der Haupteffekt der Gruppe ist signifikant, wobei es sich um einen großen Effekt handelt (siehe Tabelle '15.5). In der Kovarianzanalyse mit der Kovariate des Vorwissens bleibt der Haupteffekt der Gruppe signifikant mit einem großen Effekt (F(1, 89) = 52.228, p < .001, $\eta_p^2 = .370$).

Der Interaktionseffekt zwischen der Zeit und der Gruppe ist nicht signifikant (siehe Tabelle 15.5). In der Kovarianzanalyse mit der Kovariate des Vorwissens wird ebenfalls kein signifikanter Interaktionseffekt zwischen der Zeit und der Gruppe nachgewiesen (F(1, 89) = .020, p = .888, $\eta_p^2 = .000$).

Zudem zeigt sich in der Kovarianzanalyse, dass der Interaktionseffekt zwischen der Zeit, der Gruppe und dem Vorwissen nicht signifikant ist (F(2, 89) = .940, p = .395, $\eta_p^2 = .021$).

Analysen zu V:
Zu den einzelnen Messzeitpunkten Prä, Post, Follow-up 1 und Follow-up 2 können die folgenden Ergebnisse aus den t-Tests für die unabhängigen Lerngruppen (verschachtelt vs. geblockt) empirisch nachgewiesen werden (siehe auch Abbildung 15.1; Tabelle 15.1):

i. Prä
Zum Zeitpunkt Prä ergibt sich zwischen der geblockten und verschachtelten Gruppe kein signifikanter Unterschied (t(91) = .684, p = .496).

ii. Post
Zum Zeitpunkt Post zeigt sich, dass die verschachtelt Lernenden mit t(91) = 4.090, p < .001, d = .863 signifikant bessere Leistungen als die geblockt Lernenden erzielten. Dabei handelt es sich um einen großen Effekt.

iii. Follow-up 1
Die geblockte und verschachtelte Gruppe unterscheiden sich zum Messzeitpunkt Follow-up 1 signifikant mit einer großen Effektstärke voneinander (t(91) = 6.134, p < .001, d = 1.277). Die verschachtelt Lernenden schnitten besser als die geblockt Lernenden ab.

iv. Follow-up 2

Zum Zeitpunkt Follow-up 2 unterscheiden sich die geblockte und verschachtelte Experimentalgruppe signifikant voneinander, wobei von einem großen Effekt ausgegangen werden kann (t(91) = 6.253, p < .001, d = 1.303). Die verschachtelt Lernenden erreichten deutlich bessere Leistungen als die geblockt Lernenden.

15.1.1 Ergebnis zu den Leistungsunterschieden zwischen den geblockt und verschachtelt Lernenden

In den obigen Analysen wurde untersucht, inwieweit sich die Mittelwerte zwischen der geblockten und verschachtelten Lerngruppe in der gesamten Leistungsentwicklung von Prä zu Follow-up 2 zum Thema „Eigenschaften von Dreiecken und Vierecken" unterscheiden. Mittels der Varianzanalysen wurde nachgewiesen, dass sich die Leistungsentwicklungen der geblockten und verschachtelten Lerngruppe signifikant voneinander unterscheiden. Mit Blick auf die zweite Forschungsfrage bestätigte dies die Annahme, dass die verschachtelte Lernbedingung für den deklarativen Wissenserwerb im Geometrieunterricht von Vorteil ist. Darüber hinaus wurde nicht nur die kurzfristigen, sondern im Besonderen die langfristigen Effekte des verschachtelten Lernens ersichtlich:

In Anbetracht des Leistungsanstiegs vom Prä- zum Post-Test verbesserten sich die Leistungen der verschachtelt Lernenden signifikant besser als der geblockt Lernenden. Darüber hinaus blieben die Leistungen der verschachtelt Lernenden zwischen den Zeitpunkten Post und Follow-up 1 stabil, während bei den geblockt Lernenden ein erheblicher Leistungsabfall zu verzeichnen war. Zwischen dem Follow-up 1 und Follow-up 2 verliefen die Leistungsentwicklungen der geblockt und verschachtelt Lernenden zwar parallel zueinander, wodurch sich die Leistungen in beiden Gruppen kaum verschlechterten. Dennoch schnitten die verschachtelt Lernenden nach den Analysen der t-Tests zu den drei Messzeitpunkten Post, Follow-up 1 und Follow-up 2 signifikant besser als die geblockt Lernenden ab.

Mithilfe der Kovarianzanalysen mit dem potenziell relevanten Einflussfaktor des Vorwissens aus der Primarstufe wurde explorativ nachgewiesen, dass die Leistungsunterschiede zwischen der geblockten und verschachtelten Lernbedingung nicht durch das Vorwissen signifikant beeinflusst werden. Infolgedessen änderten sich die Ergebnisse zu den Leistungsunterschieden nicht in Bezug auf die Interpretation der Signifikanz oder der Effektstärken. Daher entsprechen die Ergebnisberichte der Kovarianzanalysen weitestgehend den Analysen der zweifaktoriellen Varianzanalysen ohne die Kovariate des Vorwissens.

Einflussfaktoren auf die Leistungen der geblockt und verschachtelt Lernenden

In der dritten Forschungsfrage soll überprüft werden, inwieweit das mathematische Selbstkonzept, die Anstrengungsbereitschaft und die Einstellung zum Lernen mit digitalen Medien einen Einfluss auf die Leistungen der geblockt und verschachtelt Lernenden ausüben. Zur Klärung der dritten Forschungsfrage werden die drei oben genannten Einflussvariablen einzeln untersucht, um einen unmittelbaren Zusammenhang zwischen dem Einflussfaktor und den Leistungen identifizieren zu können. Die Auswertungen der Forschungsfragen 3a bis 3c erfolgen anhand der Wissenstests über vier Messzeitpunkte (Prä, Post, Follow-up 1, Follow-up 2) und mittels der Fragebögen über zwei Messzeitpunkte (Prä, Post) hinweg. Dabei werden die Analysen zu allen drei Einflussfaktoren entsprechend dem folgenden Schema berichtet:

VI. Da alle drei Einflussfaktoren sowohl zum Messzeitpunkt Prä als auch zum Zeitpunkt Post erhoben wurden, werden zunächst die deskriptiven Statistiken der geblockten und verschachtelten Gruppe bezüglich der Einflussfaktoren in der Entwicklung über die beiden Messzeitpunkte hinweg auf manifester Ebene grafisch und tabellarisch dargestellt.

Um die Entwicklungen weiter zu untersuchen, wird eine zweifaktorielle Varianzanalyse mit zwei Messwiederholungen bezüglich der abhängigen Variablen des Einflussfaktors und der unabhängigen Variablen der Gruppe (geblockt vs. verschachtelt) durchgeführt. Die Effektstärke wird mittels partiellem Eta-Quadrat angegeben (Cohen, 1988).

Zusätzlich werden t-Tests zu den einzelnen Messzeitpunkten Prä und Post für die unabhängigen Stichproben (siehe Analysen i. bis iii.) und für die abhängigen Stichproben (siehe Analysen iv. bis v.) durchgeführt:

© Der/die Autor(en), exklusiv lizenziert durch Springer Fachmedien
Wiesbaden GmbH, ein Teil von Springer Nature 2022
M. Afrooz, *Leistungseffekte beim verschachtelten und geblockten Lernen mittels
Lernvideos auf Tablets*, Mathematikdidaktik im Fokus,
https://doi.org/10.1007/978-3-658-36482-3_16

i. Prä – Post (geblockte vs. verschachtelte Gruppe)
ii. Prä (geblockte vs. verschachtelte Gruppe)
iii. Post (geblockte vs. verschachtelte Gruppe)
iv. Prä – Post (geblockte Gruppe)
v. Prä – Post (verschachtelte Gruppe)

Bei signifikanten Unterschieden wird das Cohen's d angegeben (Cohen, 1988).

VII. Um den Einfluss pro Kovariate auf die Leistungen zu prüfen, wird jede Einflussvariable einzeln in das Modell der zweifaktorielle Kovarianzanalyse mit Messwiederholung aufgenommen. Die Messzeitpunkte beziehen sich auf die Wiederholungen des Wissenstests. Für die abhängige Variable wird die Leistung und für die unabhängige Variable die Lerngruppe gewählt. Da eine Kovariate ausschließlich einen Einfluss auf eine Leistungsentwicklung ausüben kann, wenn sie vor der Erhebung der Wissenstests stattfindet, wird jede Kovariate zu den folgenden Messzeitpunkten untersucht:

i. Prä – Post – Follow-up 1 – Follow-up 2 (Kovariate Prä)
ii. Prä – Post (Kovariate Prä)
iii. Post – Follow-up 1 (Kovariate Post)
iv. Follow-up 1 – Follow-up 2 (Kovariate Post)

In den Analysen i. bis iv. werden die Leistungsunterschiede zwischen der geblockten und verschachtelten Lerngruppe im gesamten Erhebungszeitraum sowie in den einzelnen Entwicklungsschritten hinsichtlich der Kovariaten kontrolliert. Da der Einfluss pro Kovariate in Bezug auf die zeitlichen Leistungsentwicklungen herausgerechnet wird, können die Leistungsunterschiede zwischen der geblockten und verschachtelten Lerngruppe unabhängig von dem jeweiligen Einflussfaktor berichtet werden.

Für alle durchgeführten Kovarianzanalysen werden die Effektstärken mittels partiellem Eta-Quadrat angegeben (Cohen, 1988).

16.1 Analysen zum Einfluss des mathematischen Selbstkonzepts auf die Leistungen der geblockt und verschachtelt Lernenden

Forschungsfrage 3a: Hat das mathematische Selbstkonzept einen Einfluss auf die Leistungen der geblockten vs. verschachtelten Lerngruppe beim E-Learning mit angeleiteten Lernvideos im Geometrieunterricht?

In der Forschungsfrage 3a wird überprüft, inwieweit das mathematische Selbstkonzept die Leistungsunterschiede zwischen der geblockten und verschachtelten Gruppe über die vier Messzeitpunkte hinweg zur Thematik „Eigenschaften von Dreiecken und Vierecken" beeinflusst. Mit Blick auf die theoretischen Überlegungen (siehe Teil II, Kapitel 6) wird erwartet, dass kein deutlicher Einfluss des mathematischen Selbstkonzeptes auf die Leistungen der geblockt und verschachtelt Lernenden ausgeübt wird, da sich das mathematische Selbstkonzept in der kurzen, sechs-stündig angelegten Intervention nicht erheblich ändern müsste. Der Bericht der Analysen wird gemäß der oben beschriebenen Reihenfolge (siehe Kapitel 16) erfolgen:

Analysen zu VI:
Zunächst werden die deskriptiven Statistiken bezüglich des mathematischen Selbstkonzeptes für die geblockte und verschachtelte Lerngruppe zu den Messzeitpunkten Prä und Post in der folgenden Tabelle gemeinsam dargestellt.

Tabelle 16.1 Deskriptive Statistik der geblockten und verschachtelten Gruppe bezüglich des mathematischen Selbstkonzeptes zu den Messzeitpunkten Prä (kurz davor) und Post (kurz danach)

MZP	Gruppe	N	Items	Emp. Min.	Emp. Max.	M	SD
Prä	Geblockt	41	13	1.46	4	2.91	.73
	Verschachtelt	52	13	1.31	4	2.95	.65
Post	Geblockt	41	13	1.31	4	2.83	.71
	Verschachtelt	52	13	1.23	4	2.91	.73

Da es sich beim mathematischen Selbstkonzeptes um eine vierstufige Skala handelte, welche aus dem Mittel von 13 Items gebildet wurde (siehe Teil II, Abschnitt 11.4.3), kann höchstens ein empirisches Maximum von vier angenommen werden. Je höher der Wert, desto höher schätzen die Lernenden ihr mathematisches Selbstkonzept ein. In der folgenden Abbildung werden die Mittelwerte der geblockten und verschachtelten Gruppe grafisch veranschaulicht:

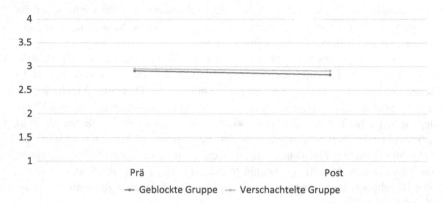

Abbildung 16.1 Mittelwerte der geblockten und verschachtelten Gruppe bezüglich des mathematischen Selbstkonzeptes zu den Messzeitpunkten Prä (kurz davor) und Post (kurz danach)

Aus der Tabelle 16.1 und der Abbildung 16.1 wird ersichtlich, dass sich die beiden Lerngruppen sowohl zu Beginn des Untersuchungszeitraumes als auch kurz nach der Intervention kaum voneinander unterscheiden. Die geblockt und verschachtelt Lernenden schätzten ihr mathematisches Selbstkonzept zum Messzeitpunkt Prä und Post ähnlich zueinander ein. Demzufolge wird erwartet, dass keine signifikanten Unterschiede innerhalb der Gruppen oder zwischen der geblockten und verschachtelten Gruppe zustande kommen.

Zur Überprüfung der Annahmen bezüglich der Entwicklungen des mathematischen Selbstkonzeptes wurden eine zweifaktorielle Varianzanalyse (siehe Analyse i.) und t-Tests (siehe Analysen ii. bis v.) durchgeführt:

i. Prä – Post (geblockte vs. verschachtelte Gruppe)
Die zweifaktorielle Varianzanalyse mit den zwei Messwiederholungen Prä und Post ergibt zwischen der geblockten und verschachtelten Gruppe weder einen signifikanten Haupteffekt der Zeit (F(1, 91) = 1.459, p = .230, η_p^2 = .016) noch einen signifikanten Haupteffekt der Gruppe (F(1, 91) = .027, p = .871, η_p^2 = .000). Der Interaktionseffekt zwischen der Zeit und der Lernbedingung wird ebenfalls nicht signifikant (F(1, 91) = .018, p = .893, η_p^2 = .000).

ii. Prä (geblockte vs. verschachtelte Gruppe)
Zwischen der geblockten und verschachtelten Experimentalgruppe kommt wie erwartet kein signifikanter Effekt hinsichtlich der Einschätzung des mathematischen Selbstkonzeptes zum Messzeitpunkt Prä zustande (t(91) = .291, p = .772).

iii. Post (geblockte vs. verschachtelte Gruppe)
Zum Messzeitpunkt Post unterscheiden sich die Einschätzungen der geblockt und verschachtelt Lernenden zum mathematischen Selbstkonzept ebenfalls nicht signifikant voneinander (t(91) = .532, p = .596).

iv. Prä – Post (geblockte Gruppe)
Innerhalb der geblockten Gruppe unterscheiden sich die Einschätzungen des mathematischen Selbstkonzeptes zu den Zeitpunkten Prä und Post nicht signifikant voneinander (t(40) = .984, p = .331).

v. Prä – Post (verschachtelte Gruppe)
Innerhalb der verschachtelten Gruppe unterscheiden sich die Einschätzungen des mathematischen Selbstkonzeptes zu den Messzeitpunkten Prä und Post ebenfalls nicht signifikant voneinander (t(51) = .822, p = .415).

Analysen zu VII:
Die Leistungsunterschiede zwischen der geblockten und verschachtelten Lerngruppe werden hinsichtlich der Kovariate des mathematischen Selbstkonzeptes für den gesamten Erhebungszeitraum sowie für einzelne Entwicklungsschritte überprüft. Dahingehend werden zweifaktorielle Kovarianzanalysen mit vier bzw. zwei Messwiederholungen durchgeführt, wobei sich die abhängige Variable der Zeit auf die Wiederholungen des Wissenstests bezieht[1]:

i. Prä – Post – Follow-up 1 – Follow-up 2 (Kovariate Prä)
Da der Prä-Fragebogen, in welchem das mathematische Selbstkonzept abgefragt wurde, vor dem Prä-Test durchgeführt wurde, wird die Kovariate „Mathematisches Selbstkonzept zum Messzeitpunkt Prä" (Math. Selbstkonzept Prä) gewählt, um die Leistungsentwicklung über die vier Messzeitpunkte (Prä, Post, Follow-up 1 und Follow-up 2) zu kontrollieren. Die Ergebnisse der zweifaktoriellen Varianzanalyse werden in der folgenden Tabelle dargestellt:

---

[1] Falls die Sphärizität beim Mauchly-Test nicht gegeben war (p < .05), wurden die Freiheitsgrade mittels der Huynh-Feldt-Korrektur korrigiert, da in den betroffenen Analysen ε > .75 galt (siehe Teil II, Abschnitt 11.5.2).

Tabelle 16.2 Ergebnisse der zweifaktoriellen Kovarianzanalyse mit dem Faktor Zeit (Prä, Post, Follow-up 1, Follow-up 2), der abhängigen Variable Leistung, der unabhängigen Variable Gruppe (verschachtelt vs. geblockt) und der Kovariate „Mathematisches Selbstkonzept zum Messzeitpunkt Prä"

Effekt	F	df1, df2	Sig.	η_p^2
Zeit	138.006	2.789, 248.226	p < .001	.608
Gruppe	31.957	1, 89	p < .001	.264
Zeit*Gruppe	14.329	2.789, 248.226	p < .001	.139
Zeit*Gruppe*Math. Selbstkonzept Prä	1.228	5.578, 248.226	p = .294	.027

Der Haupteffekt der Zeit ist signifikant mit einem großen Effekt (siehe Tabelle 16.2). Zum Vergleich ergab sich in der zweifaktoriellen Varianzanalyse ohne Kovariate mit denselben vier Messwiederholungen ebenfalls ein signifikanter Haupteffekt der Zeit mit einer großen Effektstärke (F(2.752, 250.450) = 137.851, p < .001, η_p^2 = .602).

Der Haupteffekt der Gruppe ist signifikant, wobei es sich um einen großen Effekt handelt (siehe Tabelle 16.2). In der zweifaktoriellen Varianzanalyse ohne Kovariate war der Haupteffekt der Gruppe ebenfalls signifikant mit einem großen Effekt (F(1, 91) = 32.292, p < .001, η_p^2 = .262).

Der Interaktionseffekt zwischen der Zeit und der Gruppe (verschachtelt vs. geblockt) ist signifikant mit einer großen Effektstärke (siehe Tabelle 16.2). Die zweifaktorielle Varianzanalyse ohne Kovariate brachte einen vergleichsweise signifikanten Interaktionseffekt zwischen der Zeit und der Gruppe mit einem großen Effekt hervor (F(2.752, 250.450) = 14.208, p < .001, η_p^2 = .135).

Zudem ist in der zweifaktoriellen Kovarianzanalyse der Interaktionseffekt zwischen der Zeit, der Gruppe und dem mathematischen Selbstkonzept zum Messzeitpunkt Prä nicht signifikant (F(5.578, 248.226) = 1.228, p = .294, η_p^2 = .027; siehe Tabelle 16.2).

ii. Prä – Post (Kovariate Prä)
Um die Leistungsentwicklungen über die Messzeitpunkte Prä und Post zu kontrollieren, wird die zweifaktorielle Kovarianzanalyse mit der Kovariate „Mathematisches Selbstkonzept zum Messzeitpunkt Prä" durchgeführt. Die Analysen werden in der folgenden Tabelle zusammengefasst:

Tabelle 16.3 Ergebnisse der zweifaktoriellen Kovarianzanalyse mit dem Faktor Zeit (Prä, Post), der abhängigen Variable Leistung, der unabhängigen Variable Gruppe (verschachtelt vs. geblockt) und der Kovariate „Mathematisches Selbstkonzept zum Messzeitpunkt Prä"

Effekt	F	df1, df2	Sig.	η_p^2
Zeit	290.823	1, 89	p < .001	.766
Gruppe	9.314	1, 89	p = .003	.095
Zeit*Gruppe	12.665	1, 89	p = .001	.125
Zeit*Gruppe*Math. Selbstkonzept Prä	.364	2, 89	p = .696	.008

Der Haupteffekt der Zeit ist signifikant mit einer großen Effektstärke (siehe Tabelle 16.3). Die zweifaktorielle Varianzanalyse ohne Kovariate mit denselben zwei Messwiederholungen brachte ebenfalls einen signifikanten Haupteffekt der Zeit mit einer großen Effektstärke hervor (F(1, 91) = 295.958, p < .001, η_p^2 = .765).

Der Haupteffekt der Gruppe ist signifikant, wobei es sich um einen mittleren Effekt handelt (siehe Tabelle 16.3). In der zweifaktoriellen Varianzanalyse ohne Kovariate ergab der Haupteffekt der Gruppe einen signifikanten Unterschied zwischen der verschachtelten und geblockten Gruppe mit einem mittleren Effekt (F(1, 91) = 9.568, p < .001, η_p^2 = .095).

Der Interaktionseffekt zwischen der Zeit und der Gruppe ist signifikant mit einem mittleren Effekt (siehe Tabelle 16.3). Der Interaktionseffekt zwischen der Zeit und der Gruppe war in der zweifaktoriellen Varianzanalyse ohne Kovariate ebenfalls statistisch signifikant mit einer mittleren Effektstärke (F(1, 91) = 12.929, p = .001, η_p^2 = .124).

Außerdem wird in der zweifaktoriellen Kovarianzanalyse kein signifikanter Interaktionseffekt zwischen der Zeit, der Gruppe und dem mathematischen Selbstkonzept zum Messzeitpunkt Prä nachgewiesen (F(2, 89) = .364, p = .696, η_p^2 = .008; siehe Tabelle 16.3).

iii. Post – Follow-up 1 (Kovariate Post)
Zur Kontrolle der Leistungsentwicklungen vom Messzeitpunkt Post zu Follow-up 1 wird die zweifaktorielle Kovarianzanalyse mit der Kovariate „Mathematisches Selbstkonzept zum Messzeitpunkt Post" (Math. Selbstkonzept Post) durchgeführt. Daraus ergeben sich die folgenden Ergebnisse:

Tabelle 16.4 Ergebnisse der zweifaktoriellen Kovarianzanalyse mit dem Faktor Zeit (Post, Follow-up 1), der abhängigen Variable Leistung, der unabhängigen Variable Gruppe (verschachtelt vs. geblockt) und der Kovariate „Mathematisches Selbstkonzept zum Messzeitpunkt Post"

Effekt	F	df1, df2	Sig.	η_p^2
Zeit	15.170	1, 89	p < .001	.146
Gruppe	32.866	1, 89	p < .001	.270
Zeit*Gruppe	4.655	1, 89	p = .034	.050
Zeit*Gruppe*Math. Selbstkonzept Post	1.718	2, 89	p = .185	.037

Der Haupteffekt der Zeit ist signifikant mit einem großen Effekt (siehe Tabelle 16.4). In der zweifaktoriellen Varianzanalyse ohne Kovariate mit denselben zwei Messwiederholungen ergab sich ebenfalls ein signifikanter Haupteffekt der Zeit mit einem großen Effekt (F(1, 91) = 14.368, p < .001, η_p^2 = .136).

Der Haupteffekt der Gruppe ist signifikant, wobei es sich um einen großen Effekt handelt (siehe Tabelle 16.4). In der zweifaktoriellen Varianzanalyse ohne Kovariate wurde der Haupteffekt der Gruppe ebenfalls signifikant mit einem großen Effekt (F(1, 91) = 32.591, p < .001, η_p^2 = .264).

Der Interaktionseffekt zwischen der Zeit und der Gruppe ist signifikant mit einem kleinen Effekt (siehe Tabelle 16.4). Durch die zweifaktorielle Varianzanalyse ohne Kovariate wird auch ein signifikanter Interaktionseffekt zwischen der Zeit und Gruppe mit einer kleinen Effektstärke nachgewiesen (F(1, 91) = 4.219, p = .043, η_p^2 = .044).

Zudem zeigt sich in der zweifaktoriellen Kovarianzanalyse, dass der Interaktionseffekt zwischen der Zeit, der Gruppe und dem mathematischen Selbstkonzept zum Messzeitpunkt Post nicht signifikant ist (F(2, 89) = 1.718, p = .185, η_p^2 = .037; siehe Tabelle 16.4).

iv. Follow-up 1 – Follow-up 2 (Kovariate Post)
Um die Leistungsentwicklungen über die Messzeitpunkte Follow-up 1 und Follow-up 2 zu kontrollieren, wird die zweifaktorielle Kovarianzanalyse mit der Kovariate „Mathematisches Selbstkonzept zum Messzeitpunkt Post" durchgeführt. Die Analysen werden in der folgenden Tabelle dargestellt:

Tabelle 16.5 Ergebnisse der zweifaktoriellen Kovarianzanalyse mit dem Faktor Zeit (Follow-up 1, Follow-up 2), der abhängigen Variable Leistung, der unabhängigen Variable Gruppe (verschachtelt vs. geblockt) und der Kovariate „Mathematisches Selbstkonzept zum Messzeitpunkt Post"

Effekt	F	df_1, df_2	Sig.	η_p^2
Zeit	6.415	1, 89	p = .013	.067
Gruppe	45.569	1, 89	p < .001	.339
Zeit*Gruppe	.031	1, 89	p = .862	.000
Zeit*Gruppe*Math. Selbstkonzept Post	2.401	2, 89	p = .096	.051

Der Haupteffekt der Zeit ist signifikant mit einer mittleren Effektstärke (siehe Tabelle 16.5).

In der zweifaktoriellen Varianzanalyse ohne Kovariate mit denselben zwei Messwiederholungen ergab sich ebenfalls ein signifikanter Haupteffekt der Zeit mit einer mittleren Effektstärke (F(1, 91) = 5.652, p = .020, η_p^2 = .058).

Der Haupteffekt der Gruppe ist signifikant, wobei es sich um einen großen Effekt handelt (siehe Tabelle 16.5). In der zweifaktoriellen Varianzanalyse ohne Kovariate war der Haupteffekt der Gruppe ebenfalls signifikant mit einem großen Effekt (F(1, 91) = 46.009, p < .001, η_p^2 = .336).

Der Interaktionseffekt zwischen der Zeit und der Gruppe ist nicht signifikant (siehe Tabelle 16.5). Mittels der zweifaktoriellen Varianzanalyse ohne Kovariate wird auch kein signifikanter Interaktionseffekt zwischen der Zeit und der Lerngruppe nachgewiesen (F(1, 91) = .023, p = .879, η_p^2 = .000).

Des Weiteren ist in der zweifaktoriellen Kovarianzanalyse der Interaktionseffekt zwischen der Zeit, der Gruppe und dem mathematischen Selbstkonzept zum Messzeitpunkt Post nicht signifikant (F(2, 89) = 2.401, p = .096, η_p^2 = .051; siehe Tabelle 16.5).

16.1.1 Ergebnis zum Einfluss des mathematischen Selbstkonzepts auf die Leistungen der geblockt und verschachtelt Lernenden

In den explorativen Analysen wurde untersucht, inwieweit die Leistungsunterschiede zwischen der geblockten und verschachtelten Lerngruppe in der Intervention zum Thema „Eigenschaften von Dreiecken und Vierecken" von der Einschätzung zum mathematischen Selbstkonzept beeinflusst werden. Bereits die Entwicklungen der geblockten und verschachtelten Lerngruppe bezüglich des mathematischen Selbstkonzeptes ließen erkennen, dass sich die Einschätzungen des mathematischen Selbstkonzeptes im Zeitraum von Prä zu Post in beiden Gruppen ähnelten und über die Zeit der durchgeführten Lerneinheit stabil blieben. Außerdem stimmten die Ergebnisse der zweifaktoriellen Varianzanalysen ohne Kovariate und die Kovarianzanalysen mit der Kovariate des mathematischen Selbstkonzeptes weitestgehend überein: In allen untersuchten Leistungsentwicklungen änderten sich die Leistungsunterschiede nicht beim Entfernen der Kovariate des mathematischen Selbstkonzeptes hinsichtlich der Interpretationen der Signifikanzen bzw. der Effektstärken.

Insgesamt wurde die Annahme bestätigt, dass die erheblichen Leistungsunterschiede zwischen der geblockten und verschachtelten Lerngruppe unabhängig von den Einschätzungen zum mathematischen Selbstkonzept sind. Infolgedessen bleibt die deutliche Überlegenheit der verschachtelt Lernenden gegenüber den geblockt Lernenden zu den Messzeitpunkten Post, Follow-up 1 und Follow-up 2 bestehen.

16.2   Analysen zum Einfluss der Anstrengungsbereitschaft auf die Leistungen der geblockt und verschachtelt Lernenden

Forschungsfrage 3b: Hat die Anstrengungsbereitschaft einen Einfluss auf die Leistungen der geblockten vs. verschachtelten Lerngruppe beim E-Learning mit angeleiteten Lernvideos im Geometrieunterricht?

In der Forschungsfrage 3b wird überprüft, inwieweit die Anstrengungsbereitschaft die Leistungsunterschiede zwischen der geblockten und verschachtelten Gruppe über die vier Messzeitpunkte hinweg zur Thematik „Eigenschaften von Dreiecken und Vierecken" beeinflusst. Mit Blick auf die theoretischen Überlegungen (siehe Teil II, Kapitel 6) wird erwartet, dass sich die Bereitschaft der verschachtelt Lernenden im Zeitraum von Prä zu Post durch die höher aufzubringende mentale Anstrengung innerhalb der kurzzeitig erschwerten Intervention geringfügig verschlechtert. Bei den geblockt Lernenden müsste die Anstrengungsbereitschaft wegen der gewohnten, geblockten Unterrichtsweise relativ stabil bleiben. Da es sich allerdings um eine kurz angelegte Lerneinheit handelt, wird kein erheblicher Einfluss der Anstrengungsbereitschaft auf die Leistungen der geblockt und verschachtelt Lernenden erwartet.

Der Bericht der Analysen wird gemäß der oben beschriebenen Reihenfolge (siehe Kapitel 16) erfolgen:

Analysen zu VI:
Die deskriptiven Statistiken werden bezüglich der Anstrengungsbereitschaft für die geblockte und verschachtelte Gruppe zu den Messzeitpunkten Prä und Post in der folgenden Tabelle gemeinsam dargestellt:

Tabelle 16.6 Deskriptive Statistik der geblockten und verschachtelten Gruppe bezüglich der Anstrengungsbereitschaft zu den Messzeitpunkten Prä (kurz davor) und Post (kurz danach)

MZP	Gruppe	N	Items	Emp. Min.	Emp. Max.	M	SD
Prä	Geblockt	41	9	1.33	4	2.53	.63
	Verschachtelt	52	9	1.56	3.67	2.66	.50
Post	Geblockt	41	9	1.31	4	2.47	.74
	Verschachtelt	52	9	1.22	3.67	2.41	.59

Da es sich bei der Anstrengungsbereitschaft um eine vierstufige Skala handelte, welche aus dem Mittel von neun Items gebildet wurde (siehe Teil II, Abschnitt 11.4.3), kann höchstens ein empirisches Maximum von vier angenommen werden. Je höher der Wert, desto höher schätzen die Lernenden ihre Anstrengungsbereitschaft ein. In der nachfolgenden Abbildung werden die Mittelwerte grafisch veranschaulicht:

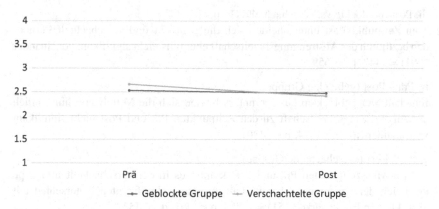

Abbildung 16.2 Mittelwerte der geblockten und verschachtelten Gruppe bezüglich der Anstrengungsbereitschaft zu den Messzeitpunkten Prä (kurz davor) und Post (kurz danach)

Die Anstrengungsbereitschaft der geblockt Lernenden bleibt entsprechend der Annahmen im Zeitraum von Prä zu Post stabil, während sich die Anstrengungsbereitschaft der verschachtelt Lernenden verschlechtert. Zu den einzelnen Messzeitpunkten unterscheiden sich die geblockt und verschachtelt Lernenden hinsichtlich der Anstrengungsbereitschaft kaum voneinander (siehe Tabelle 16.6, Abbildung 16.2).

Zur Überprüfung bezüglich der Entwicklungen der Anstrengungsbereitschaft auf Signifikanz wurden eine zweifaktorielle Varianzanalyse (siehe Analyse i.) und t-Tests (siehe Analysen ii. bis v.) durchgeführt:

i. Prä – Post (geblockte vs. verschachtelte Gruppe)
Die zweifaktorielle Varianzanalyse mit zwei Messwiederholungen (Prä, Post) ergibt zwischen der geblockten und verschachtelten Gruppe einen signifikanten Haupteffekt der Zeit mit einer mittleren Effektstärke ($F(1, 91) = 9.667$, $p = .003$, $\eta_p^2 = .096$).

Der Haupteffekt der Gruppe ($F(1, 91) = .074$, $p = .786$, $\eta_p^2 = .001$) und der Interaktionseffekt zwischen der Zeit und der Lernbedingung ($F(1, 91) = 3.607$, $p = .061$, $\eta_p^2 = .038$) sind nicht signifikant.

ii. Prä (geblockte vs. verschachtelte Gruppe)
Zum Zeitpunkt Prä kommt hinsichtlich der Anstrengungsbereitschaft kein signifikanter Effekt zwischen der geblockten und verschachtelten Lerngruppe zustande ($t(91) = 1.072$, $p = .287$).

iii. Post (geblockte vs. verschachtelte Gruppe)
Zum Zeitpunkt Post unterscheiden sich die geblockt und verschachtelt Lernenden bezüglich der Anstrengungsbereitschaft ebenfalls nicht signifikant voneinander ($t(91) = .443$, $p = .659$).

iv. Prä – Post (geblockte Gruppe)
Innerhalb der geblockten Gruppe unterscheiden sich die Mittelwerte hinsichtlich der Anstrengungsbereitschaft zu den Zeitpunkten Prä und Post nicht signifikant voneinander ($t(40) = .814$, $p = .420$).

v. Prä – Post (verschachtelte Gruppe)
Zu den Messzeitpunkten Prä und Post kommt es in der verschachtelten Gruppe bezüglich der Anstrengungsbereitschaft zu einem signifikanten Unterschied mit einer kleinen Effektstärke ($t(51) = 3.753$, $p < .001$, $d = .457$).

Analysen zu VII:
In diesem Abschnitt werden die Leistungsunterschiede zwischen der geblockten und verschachtelten Lerngruppe hinsichtlich der Kovariate „Anstrengungsbereitschaft" kontrolliert. Infolgedessen wurden zweifaktorielle Kovarianzanalysen mit vier bzw. zwei Messwiederholungen durchgeführt, wobei sich die abhängige Variable der Zeit auf die Wiederholungen des Wissenstests bezieht[2]:

i. Prä – Post – Follow-up 1 – Follow-up 2 (Kovariate Prä)
Da der Prä-Fragebogen mit der Skala zur Anstrengungsbereitschaft vor dem Prä-Test durchgeführt wurde, wird die Kovariate „Anstrengungsbereitschaft zum Messzeitpunkt Prä" (Anstrengungsbereitschaft Prä) gewählt, um die gesamte Leistungsentwicklung über die Messzeitpunkte Prä, Post, Follow-up 1 und Follow-up 2 zu kontrollieren. Die Ergebnisse der zweifaktoriellen Varianzanalyse werden in der folgenden Tabelle zusammengefasst:

Tabelle 16.7 Ergebnisse der zweifaktoriellen Kovarianzanalyse mit dem Faktor Zeit (Prä, Post, Follow-up 1, Follow-up 2), der abhängigen Variable Leistung, der unabhängigen Variable Gruppe (verschachtelt vs. geblockt) und der Kovariate „Anstrengungsbereitschaft zum Messzeitpunkt Prä"

Effekt	F	df1, df2	Sig.	η_p^2
Zeit	133.066	2.809, 249.996	p < .001	.599
Gruppe	30.883	1, 89	p < .001	.258
Zeit*Gruppe	13.669	2.809, 249.996	p < .001	.133
Zeit*Gruppe*Anstrengungsbereitschaft Prä	.686	5.618, 249.996	p = .651	.015

Der Haupteffekt der Zeit bleibt signifikant mit einem großen Effekt (siehe Tabelle 16.7). In der zweifaktoriellen Varianzanalyse ohne Kovariate mit denselben zwei Messwiederholungen kam ebenfalls ein signifikanter Haupteffekt der Zeit mit einer großen Effektstärke zustande (F(2.752, 250.450) = 137.851, p < .001, $\eta_p^2 = .602$).
Der Haupteffekt der Gruppe ist signifikant, wobei es sich um einen großen Effekt handelt (siehe Tabelle 16.7). Die zweifaktorielle Varianzanalyse ohne Kovariate ergab auch einen signifikanten Haupteffekt der Gruppe mit einer großen Effektstärke (F(1, 91) = 32.292, p < .001, $\eta_p^2 = .262$).

---

[2] Falls die Sphärizität beim Mauchly-Test nicht gegeben war (p < .05), wurden die Freiheitsgrade mittels der Huynh-Feldt-Korrektur korrigiert, da in den betroffenen Analysen $\varepsilon > .75$ galt (siehe Teil II, Abschnitt 11.5.2).

Der Interaktionseffekt zwischen der Zeit und der Gruppe wird signifikant mit einer mittleren Effektstärke (siehe Tabelle 16.7), während die zweifaktorielle Varianzanalyse ohne Kovariate einen signifikanten Interaktionseffekt zwischen der Zeit und Lerngruppe mit einem großen Effekt hervorbrachte (F(2.752, 250.450) = 14.208, p < .001, η_p^2 =.135).

Außerdem ist der Interaktionseffekt zwischen der Zeit, der Gruppe und der Anstrengungsbereitschaft zum Messzeitpunkt Prä in der zweifaktoriellen Kovarianzanalyse nicht signifikant (F(5.618, 249.996) = .686, p = .651, η_p^2 =.015; siehe Tabelle 16.7).

ii. Prä – Post (Kovariate Prä)

Um die Leistungsentwicklungen im Zeitraum von Prä zu Post zu kontrollieren, wird die zweifaktorielle Kovarianzanalyse mit der Kovariate „Anstrengungsbereitschaft zum Messzeitpunkt Prä" durchgeführt. Die Analysen werden in der folgenden Tabelle dargestellt:

Tabelle 16.8 Ergebnisse der zweifaktoriellen Kovarianzanalyse mit dem Faktor Zeit (Prä, Post), der abhängigen Variable Leistung, der unabhängigen Variable Gruppe (verschachtelt vs. geblockt) und der Kovariate „Anstrengungsbereitschaft zum Messzeitpunkt Prä"

Effekt	F	df1, df2	Sig.	η_p^2
Zeit	289.209	1, 89	p < .001	.765
Gruppe	9.180	1, 89	p = .003	.093
Zeit*Gruppe	12.704	1, 89	p = .001	.125
Zeit*Gruppe* Anstrengungsbereitschaft Prä	1.521	2, 89	p = .224	.033

Der Haupteffekt der Zeit ist signifikant mit einer großen Effektstärke (siehe Tabelle 16.8). Die zweifaktorielle Varianzanalyse ohne Kovariate mit denselben zwei Messwiederholungen brachte ebenfalls einen signifikanten Haupteffekt der Zeit mit einer großen Effektstärke hervor (F(1, 91) = 295.958, p < .001, η_p^2 = .765).

Der Haupteffekt der Gruppe ist signifikant, wobei es sich um einen mittleren Effekt handelt (siehe Tabelle 16.8). In der zweifaktoriellen Varianzanalyse ohne Kovariate ergab sich ebenfalls ein signifikanter Haupteffekt der Gruppe mit einem mittleren Effekt (F(1, 91) = 9.568, p < .001, η_p^2 = .095).

Der Interaktionseffekt zwischen der Zeit und Lerngruppe ist signifikant mit einem mittleren Effekt (siehe Tabelle 16.8) wie in der zweifaktoriellen Varianzanalyse ohne Kovariate. Da war der Interaktionseffekt zwischen der Zeit und der Gruppe signifikant mit einer mittleren Effektstärke (F(1, 91) = 12.929, p = .001, η_p^2 = .124).

Des Weiteren wird in der zweifaktoriellen Kovarianzanalyse kein signifikanter Interaktionseffekt zwischen der Zeit, der Gruppe und der Anstrengungsbereitschaft zum Messzeitpunkt Prä nachgewiesen (F(2, 89) = 1.521, p = .224, η_p^2 = .033; siehe Tabelle 16.8).

iii. Post – Follow-up 1 (Kovariate Post)

Zur Kontrolle der Leistungsentwicklungen über die Messzeitpunkte Post und Follow-up 1 wird die zweifaktorielle Kovarianzanalyse mit der Kovariate „Anstrengungsbereitschaft zum Messzeitpunkt Post" (Anstrengungsbereitschaft Post) durchgeführt. Daraus ergeben sich die folgenden Ergebnisse:

Tabelle 16.9 Ergebnisse der zweifaktoriellen Kovarianzanalyse mit dem Faktor Zeit (Post, Follow-up 1), der abhängigen Variable Leistung, der unabhängigen Variable Gruppe (verschachtelt vs. geblockt) und der Kovariate „Anstrengungsbereitschaft zum Messzeitpunkt Post"

Effekt	F	df1, df2	Sig.	η_p^2
Zeit	14.049	1, 89	p < .001	.136
Gruppe	34.050	1, 89	p < .001	.277
Zeit*Gruppe	4.006	1, 89	p = .048	.043
Zeit*Gruppe*Anstrengungsbereitschaft Post	.264	2, 89	p = .769	.006

Der Haupteffekt der Zeit bleibt signifikant mit einem großen Effekt (siehe Tabelle 16.9).

In der zweifaktoriellen Varianzanalyse ohne Kovariate mit denselben zwei Messwiederholungen kam ebenfalls ein signifikanter Haupteffekt der Zeit mit einer großen Effektstärke zustande (F(1, 91) = 14.368, p < .001, η_p^2 = .136).

Der Haupteffekt der Gruppe ist signifikant, wobei es sich um eine große Effektstärke handelt (siehe Tabelle 16.9). In der zweifaktoriellen Varianzanalyse ohne Kovariate war der Haupteffekt der Gruppe auch signifikant mit einem großen Effekt (F(1, 91) = 32.591, p < .001, η_p^2 = .264).

Der Interaktionseffekt zwischen der Zeit und der Gruppe ist signifikant mit einem kleinen Effekt (siehe Tabelle 16.9). In der zweifaktoriellen Varianzanalyse ohne Kovariate wurde ein vergleichsweise signifikanter Interaktionseffekt zwischen der Zeit und Gruppe mit einer kleinen Effektstärke nachgewiesen (F(1, 91) = 4.219, p = .043, η_p^2 = .044).

Zusätzlich wird in der zweifaktoriellen Kovarianzanalyse der Interaktionseffekt zwischen der Zeit, der Gruppe und der Anstrengungsbereitschaft zum Messzeitpunkt Post nicht signifikant (F(2, 89) = .264, p = .769, η_p^2 = .006; siehe Tabelle 16.9).

iv. Follow-up 1 – Follow-up 2 (Kovariate Post)

Um die Leistungsentwicklungen über die Messzeitpunkte Follow-up 1 und Follow-up 2 zu kontrollieren, wird die zweifaktorielle Kovarianzanalyse mit der Kovariate „Anstrengungsbereitschaft zum Messzeitpunkt Post" durchgeführt. Die Ergebnisse der Analysen werden in der folgenden Tabelle zusammengefasst:

Tabelle 16.10 Ergebnisse der zweifaktoriellen Kovarianzanalyse mit dem Faktor Zeit (Follow-up 1, Follow-up 2), der abhängigen Variable Leistung, der unabhängigen Variable Gruppe (verschachtelt vs. geblockt) und der Kovariate „Anstrengungsbereitschaft zum Messzeitpunkt Post"

Effekt	F	df_1, df_2	Sig.	η_p^2
Zeit	5.332	1, 89	p = .023	.057
Gruppe	46.078	1, 89	p < .001	.341
Zeit*Gruppe	.025	1, 89	p = .874	.000
Zeit*Gruppe*Anstrengungsbereitschaft Post	1.859	2, 89	p = .162	.040

Der Haupteffekt der Zeit ist signifikant mit einem mittleren Effekt (siehe Tabelle 16.10).

In der zweifaktoriellen Varianzanalyse ohne Kovariate mit denselben zwei Messwiederholungen ergab sich ebenfalls ein signifikanter Haupteffekt der Zeit mit einer mittleren Effektstärke (F(1, 91) = 5.652, p = .020, η_p^2 = .058).

Der Haupteffekt der Gruppe ist signifikant mit einer großen Effektstärke (siehe Tabelle 16.10) wie in der zweifaktoriellen Varianzanalyse ohne Kovariate. Da war der Haupteffekt der Gruppe signifikant mit einem großen Effekt (F(1, 91) = 46.009, p < .001, η_p^2 = .336).

Der Interaktionseffekt zwischen der Zeit und Experimentalgruppe ist nicht signifikant (siehe Tabelle 16.10). In der zweifaktoriellen Varianzanalyse ohne Kovariate ergab sich ebenfalls kein signifikanter Interaktionseffekt zwischen der Zeit und der Gruppe (F(1, 91) = .023, p = .879, η_p^2 = .000).

Zudem ist der Interaktionseffekt zwischen der Zeit, der Lerngruppe und der Anstrengungsbereitschaft zum Messzeitpunkt Post in der zweifaktoriellen Kovarianzanalyse nicht signifikant (F(2, 89) = 1.859, p = .162, η_p^2 = .040; siehe Tabelle 16.10).

16.2.1 Ergebnis zum Einfluss der Anstrengungsbereitschaft auf die Leistungen der geblockt und verschachtelt Lernenden

In den Analysen VI. und VII. wurde untersucht, inwieweit die Leistungsunterschiede zwischen der geblockten und verschachtelten Experimentalgruppe über die Messzeitpunkte Prä, Post, Follow-up 1 und Follow-up 2 in der Intervention zum Thema „Eigenschaften von Dreiecken und Vierecken" von der Anstrengungsbereitschaft beeinflusst werden. Die Anstrengungsbereitschaft der verschachtelten Gruppe verringerte sich wie erwartet nach der Intervention, während sie bei der geblockten Gruppe unverändert blieb. Die Entwicklungen bezüglich der Anstrengungsbereitschaft unterschieden sich zwischen der geblockten und verschachtelten Lerngruppe allerdings nicht signifikant voneinander.

Die Ergebnisse der zweifaktoriellen Varianzanalysen ohne Kovariate und der Kovarianzanalysen mit der Kovariate der Anstrengungsbereitschaft stimmen weitestgehend überein, indem die Leistungsunterschiede zwischen der geblockten und verschachtelten Gruppe beim Ausschluss der Anstrengungsbereitschaft nahezu unverändert blieben. So kam es ausschließlich bei der Leistungsentwicklung über alle vier Messzeitpunkte hinweg zu einer Verringerung der Effektstärke des Interaktionseffektes zwischen der Zeit und Lerngruppe (geblockt vs. verschachtelt). Es handelte sich jedoch um eine minimale Differenz, da die große Effektstärke von $\eta_p^2 = .135$ auf die mittlere Effektstärke von $\eta_p^2 = .133$ vermindert wurde. Da die Werte knapp an der Grenze zwischen dem mittleren und großen Effekt liegen (vgl. Streiner, 2010) und der Unterschied signifikant blieb, wird von einem sehr geringen Einfluss der Anstrengungsbereitschaft auf die Leistungsentwicklungen der geblockt und verschachtelt Lernenden ausgegangen. Zudem ist der Interaktionseffekt zwischen der Zeit, der Gruppe und der Kovariate nicht signifikant. Deshalb kommt insgesamt kein signifikanter Einfluss der Anstrengungsbereitschaft auf die Leistungen zustande.

Davon abgesehen wurden die Leistungsunterschiede zu allen anderen Entwicklungsstadien beim Entfernen der Kovariate der Anstrengungsbereitschaft unbedeutend verändert, sodass die Ergebnisse in den Kovarianzanalysen bezüglich der Signifikanzen oder der Effektstärken nicht anderweitig interpretiert werden mussten.

Zusammenfassend wurde die Annahme bestätigt, dass die Anstrengungsbereitschaft keinen erheblichen Einfluss auf die Leistungsunterschiede zwischen der geblockten und verschachtelten Lerngruppe ausübte. Aufgrund dessen bleibt der eindeutige Vorteil der verschachtelten Lernbedingung gegenüber der geblockten Lernweise zu den Messzeitpunkten Post, Follow-up 1 und Follow-up 2 erhalten.

16.3 Analysen zum Einfluss der Einstellung zum Lernen mit digitalen Medien auf die Leistungen der geblockt und verschachtelt Lernenden

Forschungsfrage 3c: Hat die Einstellung zum Lernen mit digitalen Medien einen Einfluss auf die Leistungen der geblockten vs. verschachtelten Lerngruppe beim E-Learning mit angeleiteten Lernvideos im Geometrieunterricht?

In der Forschungsfrage 3c wird überprüft, inwieweit die Einstellung zum Lernen mit digitalen Medien die Leistungsunterschiede zwischen der geblockten und verschachtelten Gruppe über die Messzeitpunkte Prä, Post, Follow-up 1 und Follow-up 2 zur Thematik „Eigenschaften von Dreiecken und Vierecken" beeinflusst. Mit Blick auf die theoretischen Überlegungen (siehe Teil II, Kapitel 6) wird angenommen, dass kein erheblicher Einfluss der Einstellung zum Lernen mit digitalen Medien auf die Leistungsentwicklungen der geblockt und verschachtelt Lernenden ausgeübt wird, da in beiden Lernbedingungen dieselbe digitale Methode (Lernvideos auf Tablets) eingesetzt wurde. Dahingehend müssten sich die Einstellungen zum Lernen mit digitalen Medien in beiden Lerngruppen gleichermaßen im Zeitraum vom Messzeitpunkt Prä zu Post entwickeln.

Die Analysen werden gemäß der oben beschriebenen Reihenfolge (siehe Kapitel 16) berichtet:

Analysen zu VI:
Entsprechend der obigen Analysen werden die deskriptiven Statistiken bezüglich der Einstellung zum Lernen mit digitalen Medien zu den Messzeitpunkten Prä und Post für die geblockte und verschachtelte Gruppe im Vergleich zueinander tabellarisch dargestellt:

Tabelle 16.11 Deskriptive Statistik der geblockten und verschachtelten Gruppe bezüglich der Einstellung zum Lernen mit digitalen Medien zu den Messzeitpunkten Prä (kurz davor) und Post (kurz danach)

MZP	Gruppe	N	Items	Emp. Min.	Emp. Max.	M	SD
Prä	Geblockt	41	12	1.42	4.00	2.82	.66
	Verschachtelt	52	12	1.42	4.00	2.72	.58
Post	Geblockt	41	12	1.75	4.00	3.01	.62
	Verschachtelt	52	12	1.75	4.00	2.84	.55

Da es sich bei der Einstellung zum Lernen mit digitalen Medien um eine vierstufige Skala handelt, welche aus dem Mittel von zwölf Items gebildet wurde (siehe

Teil II, Abschnitt 11.4.3), kann höchstens ein empirisches Maximum von vier angenommen werden. Je höher der Wert, desto positiver sind die Lernenden gegenüber
dem Lernen mit digitalen Medien eingestellt.

In der folgenden Abbildung werden die Mittelwerte grafisch abgebildet:

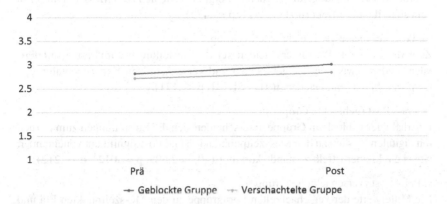

Abbildung 16.3 Mittelwerte der geblockten und verschachtelten Gruppe bezüglich der
Einstellung zum Lernen mit digitalen Medien zu den Messzeitpunkten Prä (kurz davor) und
Post (kurz danach)

Sowohl tabellarisch als auch grafisch fällt auf, dass sich die Entwicklungen
bezüglich der Einstellung zum Lernen mit digitalen Medien im Zeitraum zwischen
den Messzeitpunkten Prä und Post in beiden Lerngruppen geringfügig verbessern.
Dabei sind die Einstellungen der geblockt und verschachtelt Lernenden zu Beginn
der Intervention nahezu gleich. Zum Messzeitpunkt Post sind die geblockt Lernenden gegenüber dem Lernen mit digitalen Medien minimal positiver als die
verschachtelt Lernenden eingestellt (siehe Tabelle 16.11, Abbildung 16.3).

Zur Überprüfung dieser Mittelwerte auf Signifikanz wurden eine zweifaktorielle
Varianzanalyse (siehe Analyse i.) und t-Tests (siehe Analysen ii. bis v.) durchgeführt:

i. Prä – Post (geblockte vs. verschachtelte Gruppe)
Die zweifaktorielle Varianzanalyse mit den zwei Messwiederholungen Prä und Post
ergibt zwischen der geblockten und verschachtelten Gruppe einen signifikanten
Haupteffekt der Zeit mit einer mittleren Effektstärke ($F(1, 91) = 9.426$, $p = .003$,
$\eta_p^2 = .094$). Der Haupteffekt der Gruppe ($F(1, 91) = .027$, $p = .451$, $\eta_p^2 = .006$)

und der Interaktionseffekt zwischen der Zeit und der Lerngruppe ($F(1, 91) = 1.287$, $p = .260$, $\eta_p^2 = .012$) werden nicht signifikant.

ii. Prä (geblockte vs. verschachtelte Gruppe)
Zwischen der geblockten und verschachtelten Experimentalgruppe ergibt sich hinsichtlich der Einstellung zum Lernen mit digitalen Medien zum Messzeitpunkt Prä kein signifikanter Effekt ($t(91) = .711$, $p = .479$).

iii. Post (geblockte vs. verschachtelte Gruppe)
Zum Messzeitpunkt Post unterscheiden sich die Einstellungen zum Lernen mit digitalen Medien zwischen der geblockten und verschachtelten Experimentalgruppe nicht signifikant voneinander ($t(91) = 1.381$, $p = .171$).

iv. Prä – Post (geblockte Gruppe)
Innerhalb der geblockten Gruppe unterscheiden sich die Einstellungen zum Lernen mit digitalen Medien zu den Messzeitpunkten Prä und Post signifikant voneinander, wobei ein kleiner Effekt zustande kommt ($t(40) = 2.629$, $p = .012^3$, $d = .212$).

v. Prä – Post (verschachtelte Gruppe)
Die Mittelwerte der verschachtelten Lerngruppe zu den Messzeitpunkten Prä und Post unterscheiden sich in der Einstellung zum Lernen mit digitalen Medien nicht signifikant voneinander ($t(51) = 1.707$, $p = .094$).

Analysen zu VII:
Die Leistungsunterschiede zwischen der geblockten und verschachtelten Lerngruppe werden hinsichtlich der Kovariate „Einstellung zum Lernen mit digitalen Medien" für den gesamten Erhebungszeitraum sowie für die einzelnen Entwicklungsschritte überprüft. Infolgedessen werden zweifaktorielle Kovarianzanalysen mit vier bzw. zwei Messwiederholungen durchgeführt, wobei sich die abhängige Variable der Zeit auf die Wiederholungen des Wissenstests bezieht[4]:

i. Prä – Post – Follow-up 1 – Follow-up 2 (Kovariate Prä)
Da der Prä-Fragebogen mit der Skala zur Einstellung zum Lernen mit digitalen Medien vor dem Prä-Test durchgeführt wurde, wird die Kovariate „Einstellung zum Lernen mit digitalen Medien zum Messzeitpunkt Prä" (Eins. Lernen dig. Medien

---

[3] Die ermittelte Signifikanz könnte zufällig entstanden sein, da der korrigierte α-Wert aus der Bonferroni-Holm-Korrektur an dieser Stelle überschritten wurde (siehe Teil II, Abschnitt 11.5.2).

[4] Falls die Sphärizität beim Mauchly-Test nicht gegeben war ($p < .05$), wurden die Freiheitsgrade mittels der Huynh-Feldt-Korrektur korrigiert, da in den betroffenen Analysen $\varepsilon > .75$ galt (siehe Teil II, Abschnitt 11.5.2).

Prä) gewählt, um die Leistungsentwicklung über die Messzeitpunkte Prä, Post, Follow-up 1 und Follow-up 2 zu kontrollieren. Die Ergebnisse der zweifaktoriellen Varianzanalyse werden in der folgenden Tabelle dargestellt:

Tabelle 16.12 Ergebnisse der zweifaktoriellen Kovarianzanalyse mit dem Faktor Zeit (Prä, Post, Follow-up 1, Follow-up 2), der abhängigen Variable Leistung, der unabhängigen Variable Gruppe (verschachtelt vs. geblockt) und der Kovariate „Einstellung zum Lernen mit digitalen Medien zum Messzeitpunkt Prä"

Effekt	F	df1, df2	Sig.	η_p^2
Zeit	134.079	2.815, 250.498	p < .001	.601
Gruppe	31.737	1, 89	p < .001	.263
Zeit*Gruppe	13.791	2.815, 250.498	p < .001	.134
Zeit*Gruppe*Eins. Lernen dig. Medien Prä	.265	5.629, 250.498	p = .946	.006

Der Haupteffekt der Zeit ist signifikant mit einem großen Effekt (siehe Tabelle 16.12). Zum Vergleich ergab sich in der zweifaktoriellen Varianzanalyse ohne Kovariate mit denselben zwei Messwiederholungen ebenfalls ein signifikanter Haupteffekt der Zeit mit einer großen Effektstärke (F(2.752, 250.450) = 137.851, p < .001, η_p^2 = .602).

Der Haupteffekt der Gruppe ist signifikant, wobei es sich um einen großen Effekt handelt (siehe Tabelle 16.12). In der zweifaktoriellen Varianzanalyse ohne Kovariate war der Haupteffekt der Gruppe auch signifikant mit einem großen Effekt (F(1, 91) = 32.292, p < .001, η_p^2 = .262).

Der Interaktionseffekt zwischen der Zeit und der Gruppe (verschachtelt vs. geblockt) ist signifikant mit einem mittleren Effekt (siehe Tabelle 16.12). Im Vergleich dazu brachte die zweifaktorielle Varianzanalyse ohne Kovariate einen signifikanten Interaktionseffekt zwischen der Zeit und der Gruppe mit einer großen Effektstärke hervor (F(2.752, 250.450) = 14.208, p < .001, η_p^2 = .135).

Zudem ist in der zweifaktoriellen Kovarianzanalyse der Interaktionseffekt zwischen der Zeit, der Gruppe und der Einstellung zum Lernen mit digitalen Medien zum Messzeitpunkt Prä nicht signifikant (F(5.629, 250.498) = 1.228, p = .946, η_p^2 = .006; siehe Tabelle 16.12).

ii. Prä – Post (Kovariate Prä)
Um die Leistungsentwicklungen über die Messzeitpunkte Prä und Post zu kontrollieren, wird die zweifaktorielle Kovarianzanalyse mit der Kovariate „Einstellung zum Lernen mit digitalen Medien zum Messzeitpunkt Prä" durchgeführt. Die Analysen werden in der folgenden Tabelle zusammengefasst:

Tabelle 16.13 Ergebnisse der zweifaktoriellen Kovarianzanalyse mit dem Faktor Zeit (Prä, Post), der abhängigen Variable Leistung, der unabhängigen Variable Gruppe (verschachtelt vs. geblockt) und der Kovariate „Einstellung zum Lernen mit digitalen Medien zum Messzeitpunkt Prä"

Effekt	F	df1, df2	Sig.	η_p^2
Zeit	288.564	1, 89	p < .001	.764
Gruppe	9.493	1, 89	p = .003	.096
Zeit*Gruppe	12.419	1, 89	p = .001	.122
Zeit*Gruppe*Eins. Lernen dig. Medien Prä	.321	2, 89	p = .726	.007

Der Haupteffekt der Zeit ist signifikant mit einer großen Effektstärke (siehe Tabelle 16.13). Die zweifaktorielle Varianzanalyse mit denselben zwei Messwiederholungen ohne Kovariate brachte ebenfalls einen signifikanten Haupteffekt der Zeit mit einer großen Effektstärke hervor ($F(1, 91) = 295.958$, $p < .001$, $\eta_p^2 = .765$).

Der Haupteffekt der Gruppe ist signifikant, wobei es sich um einen mittleren Effekt handelt (siehe Tabelle 16.13). In der zweifaktoriellen Varianzanalyse ohne Kovariate ergab der Haupteffekt der Gruppe einen signifikanten Unterschied zwischen der verschachtelten und geblockten Gruppe mit einem mittleren Effekt ($F(1, 91) = 9.568$, $p < .001$, $\eta_p^2 = .095$).

Der Interaktionseffekt zwischen der Zeit und der Gruppe ist signifikant mit einem mittleren Effekt (siehe Tabelle 16.13). Der Interaktionseffekt zwischen der Zeit und der Gruppe war in der zweifaktoriellen Varianzanalyse ohne Kovariate auch statistisch signifikant mit einer mittleren Effektstärke ($F(1, 91) = 12.929$, $p = .001$, $\eta_p^2 = .124$).

Außerdem wird in der zweifaktoriellen Kovarianzanalyse kein signifikanter Interaktionseffekt zwischen der Zeit, der Gruppe und der Einstellung zum Lernen mit digitalen Medien zum Messzeitpunkt Prä nachgewiesen ($F(2, 89) = .321$, $p = .726$, $\eta_p^2 = .007$; siehe Tabelle 16.13).

iii. Post – Follow-up 1 (Kovariate Post)
Zur Kontrolle der Leistungsentwicklungen zwischen den Zeitpunkten Post und Follow-up 1 wird die zweifaktorielle Kovarianzanalyse mit der Kovariate „Einstellung zum Lernen mit digitalen Medien zum Messzeitpunkt Post" (Eins. Lernen dig. Medien Post) durchgeführt. Daraus ergeben sich die folgenden Ergebnisse:

Tabelle 16.14 Ergebnisse der zweifaktoriellen Kovarianzanalyse mit dem Faktor Zeit (Post, Follow-up 1), der abhängigen Variable Leistung, der unabhängigen Variable Gruppe (verschachtelt vs. geblockt) und der Kovariate „Einstellung zum Lernen mit digitalen Medien zum Messzeitpunkt Post"

Effekt	F	df1, df2	Sig.	η_p^2
Zeit	13.676	1, 89	p < .001	.133
Gruppe	30.936	1, 89	p < .001	.258
Zeit*Gruppe	4.087	1, 89	p = .046	.044
Zeit*Gruppe*Eins. Lernen dig. Medien Post	.213	2, 89	p = .808	.005

Der Haupteffekt der Zeit ist signifikant mit einem mittleren Effekt (siehe Tabelle 16.14).

In der zweifaktoriellen Varianzanalyse ohne Kovariate mit denselben zwei Messwiederholungen ergab sich ebenfalls ein signifikanter Haupteffekt der Zeit mit einer großen Effektstärke ($F(1, 91) = 14.368$, $p < .001$, $\eta_p^2 = .133$).

Der Haupteffekt der Gruppe ist signifikant, wobei es sich um einen großen Effekt handelt (siehe Tabelle 16.14). In der zweifaktoriellen Varianzanalyse ohne Kovariate wurde der Haupteffekt der Gruppe ebenfalls signifikant mit einem großen Effekt ($F(1, 91) = 32.591$, $p < .001$, $\eta_p^2 = .264$).

Der Interaktionseffekt zwischen der Zeit und der Gruppe ist signifikant mit einem kleinen Effekt (siehe Tabelle 16.14) wie in der zweifaktoriellen Varianzanalyse ohne Kovariate. Da war der Interaktionseffekt zwischen der Zeit und der Gruppe signifikant mit einer kleinen Effektstärke ($F(1, 91) = 4.219$, $p = .043$, $\eta_p^2 = .044$).

Zudem zeigt sich in der zweifaktoriellen Kovarianzanalyse, dass der Interaktionseffekt zwischen der Zeit, der Gruppe und der Einstellung zum Lernen mit digitalen Medien zum Messzeitpunkt Post nicht signifikant ist ($F(2, 89) = .213$, $p = .808$, $\eta_p^2 = .005$; siehe Tabelle 16.14).

iv. Follow-up 1 – Follow-up 2 (Kovariate Post)
Um die Leistungsentwicklungen über die Messzeitpunkte Follow-up 1 und Follow-up 2 zu kontrollieren, wird die zweifaktorielle Kovarianzanalyse mit der Kovariate „Einstellung zum Lernen mit digitalen Medien zum Messzeitpunkt Post" durchgeführt. Die Analysen werden in der folgenden Tabelle dargestellt:

Tabelle 16.15 Ergebnisse der zweifaktoriellen Kovarianzanalyse mit dem Faktor Zeit (Follow-up 1, Follow-up 2), der abhängigen Variable Leistung, der unabhängigen Variable Gruppe (verschachtelt vs. geblockt) und der Kovariate „Einstellung zum Lernen mit digitalen Medien zum Messzeitpunkt Post"

Effekt	F	df_1, df_2	Sig.	η_p^2
Zeit	5.245	1, 89	p = .024	.056
Gruppe	44.082	1, 89	p < .001	.331
Zeit*Gruppe	.000	1, 89	p = .991	.000
Zeit*Gruppe*Eins. Lernen dig. Medien Post	.629	2, 89	p = .535	.014

Der Haupteffekt der Zeit ist signifikant mit einem mittleren Effekt (siehe Tabelle 16.15).

In der zweifaktoriellen Varianzanalyse ohne Kovariate mit denselben zwei Messwiederholungen ergab sich ebenfalls ein signifikanter Haupteffekt der Zeit mit einer mittleren Effektstärke (F(1, 91) = 5.652, p = .020, $\eta_p^2 = .058$).

Der Haupteffekt der Gruppe ist signifikant, wobei es sich um einen großen Effekt handelt (siehe Tabelle 16.15). In der zweifaktoriellen Varianzanalyse ohne Kovariate war der Haupteffekt der Gruppe auch signifikant mit einer großen Effektstärke (F(1, 91) = 46.009, p < .001, $\eta_p^2 = .336$).

Der Interaktionseffekt zwischen der Zeit und der Gruppe ist nicht signifikant (siehe Tabelle 16.15). Mittels der zweifaktoriellen Varianzanalyse ohne Kovariate wird auch kein signifikanter Interaktionseffekt zwischen der Zeit und der Gruppe nachgewiesen (F(1, 91) = 0.023, p = .879, $\eta_p^2 = .000$).

Des Weiteren ist in der zweifaktoriellen Kovarianzanalyse der Interaktionseffekt zwischen der Zeit, der Gruppe und der Einstellung zum Lernen mit digitalen Medien zum Messzeitpunkt Post nicht signifikant (F(2, 89) = .629, p = .535, $\eta_p^2 = .014$; siehe Tabelle 16.15).

16.3.1 Ergebnis zum Einfluss der Einstellung zum Lernen mit digitalen Medien auf die Leistungen der geblockt und verschachtelt Lernenden

In den oben beschriebenen Analysen wurde untersucht, inwieweit die Leistungen der geblockten und verschachtelten Experimentalgruppe zu den Messzeitpunkten Prä, Post, Follow-up 1 und Follow-up 2 von der Einstellung zum Lernen mit digitalen Medien beeinflusst werden. Dabei wurde festgestellt, dass sich die Entwicklungen der geblockten und verschachtelten Lerngruppe bezüglich der Einstellung zum Lernen mit digitalen Medien nicht signifikant voneinander unterschieden. Die geblockte Gruppe entwickelte nach der Intervention eine signifikant positivere Einstellung zum Lernen mit digitalen Medien im Vergleich zu Beginn der Intervention, allerdings kann die Signifikanz aus Zufall entstanden sein, da der korrigierte α-Wert aus der Bonferroni-Holm-Korrektur überschritten wurde. Deshalb wird der explorativ gefundene signifikante Unterschied zwar berichtet, jedoch sollte er mit Bedacht interpretiert werden.

Die Ergebnisse der zweifaktoriellen Varianzanalysen ohne Kovariate und der Kovarianzanalysen mit der Kovariate der Einstellung zum Lernen mit digitalen Medien stimmten weitestgehend überein: Die Leistungsunterschiede der geblockten und verschachtelten Gruppe veränderten sich kaum beim Ausschluss der Einstellung zum Lernen mit digitalen Medien. So kam es ausschließlich bei der Leistungsentwicklung über alle Messzeitpunkte hinweg zu einer Verminderung der Effektstärke des Interaktionseffektes zwischen der Zeit und der Lerngruppe (geblockt vs. verschachtelt). Es handelte sich allerdings um eine minimale Differenz, da die große Effektstärke von $\eta_p^2 = .135$ auf eine mittlere Effektstärke ($\eta_p^2 = .134$) verkleinert wurde. Da die Werte knapp an der Grenze zwischen dem mittleren und großen Effekt liegen (vgl. Streiner, 2010) und der Interaktionseffekt zwischen der Zeit und der Gruppe signifikant blieb, wird ein sehr geringer Einfluss der Einstellung zum Lernen mit digitalen Medien auf die Leistungsentwicklungen der geblockt und verschachtelt Lernenden angenommen.

Zudem ist der Interaktionseffekt zwischen der Zeit, der Gruppe und der Kovariate nicht signifikant, d. h. es kann von keinem signifikanten Einfluss der Einstellung zum Lernen mit digitalen Medien auf die Leistungen ausgegangen werden. Darüber hinaus wurden die Leistungsunterschiede zwischen den beiden Gruppen zu allen anderen Entwicklungsstadien beim Entfernen der Kovariate „Einstellung zum Lernen mit digitalen Medien" unbedeutend verändert, sodass die Interpretationen der Signifikanzen bzw. Effektstärken bezüglich der Ergebnisse der Kovarianzanalysen nicht angepasst werden mussten.

Insgesamt wurde die Erwartung bestätigt, dass die Einstellung zum Lernen mit digitalen Medien keinen erheblichen Einfluss auf die Leistungen der geblockten und verschachtelten Lerngruppe ausübt. Demzufolge bleibt die erhebliche Überlegenheit der verschachtelten Lerngruppe gegenüber der geblockten Gruppe zu den Messzeitpunkten Post, Follow-up 1 und Follow-up 2 bestehen.

Zusammenfassung der Ergebnisse 17

Im Kontext der quantitativen Interventionsstudie dieser Arbeit stand die Frage im Mittelpunkt, wie sich die Leistungen von Schülerinnen und Schülern der fünften Jahrgangsstufe im Rahmen von zwei verschiedenen Lernbedingungen (geblockt vs. verschachtelt) unterscheiden. Die virtuell angelegte Intervention (Lernvideos auf Tablets) untersuchte anhand von viermaligen Erhebungen der Wissenstests das deklarative Wissen zur Thematik „Eigenschaften von Dreiecken und Vierecken".

Mit quantitativen Forschungsmethoden konnten die Leistungsentwicklungen der geblockt und verschachtelt Lernenden separat (Forschungsfragen 1a und 1b) sowie die Leistungsunterschiede zwischen den beiden Gruppen (Forschungsfrage 2) untersucht werden. Um die Leistungsunterschiede hinsichtlich potenziell relevanter Einflussfaktoren explorativ zu kontrollieren (Forschungsfragen 3a bis 3c), wurden die Lernenden bezüglich des mathematischen Selbstkonzepts, der Anstrengungsbereitschaft und der Einstellung zum Lernen mit digitalen Medien kurz vor und nach der Intervention mithilfe eines Fragebogens befragt.

Die sechs zentralen Ergebnisse aus den durchgeführten Analysen werden in der folgenden Abbildung zusammengefasst und im Teil IV (Kapitel 18) diskutiert (siehe Abbildung 17.1):

© Der/die Autor(en), exklusiv lizenziert durch Springer Fachmedien   237
Wiesbaden GmbH, ein Teil von Springer Nature 2022
M. Afrooz, *Leistungseffekte beim verschachtelten und geblockten Lernen mittels Lernvideos auf Tablets*, Mathematikdidaktik im Fokus,
https://doi.org/10.1007/978-3-658-36482-3_17

Leistungsentwicklungen der geblockt und verschachtelt Lernenden

Forschungsfrage 1a:
Die geblockt Lernenden erzielten signifikant bessere Leistungen kurz nach der Intervention als kurz davor, welche nach zwei Wochen signifikant schlechter ausfielen und nach weiteren drei Wochen stabil blieben.

Forschungsfrage 1b:
Bei den verschachtelt Lernenden kam es zu einem signifikanten Leistungszuwachs zwischen den Zeitpunkten kurz vor und nach der Intervention. Die Leistungen blieben zwei und fünf Wochen nach der Lerneinheit nahezu unverändert.

Leistungsunterschiede zwischen den geblockt und verschachtelt Lernenden

Forschungsfrage 2:
Die Leistungen der geblockt und verschachtelt Lernenden unterschieden sich in der Leistungsentwicklung im gesamten Erhebungszeitraum (kurz vor der Intervention bis fünf Wochen danach) signifikant voneinander. Zu allen Messzeitpunkten ab dem Zeitpunkt kurz nach der Intervention erreichten die verschachtelt Lernenden deutlich bessere Leistungen. Das Vorwissen aus dem Geometrieunterricht der Primarstufe beeinflusste die Leistungsunterschiede nicht signifikant.

Einflussfaktoren auf die Leistungen der geblockt und verschachtelt Lernenden

Forschungsfrage 3a:
Das mathematische Selbstkonzept übte keinen signifikanten Einfluss auf die Leistungsunter-schiede zwischen den geblockt und verschachtelt Lernenden aus.

Forschungsfrage 3b:
Die Anstrengungsbereitschaft beeinflusste die Leistungsunterschiede zwischen den geblockt und verschachtelt Lernenden nicht signifikant.

Forschungsfrage 3c:
Die Einstellung zum Lernen mit digitalen Medien wirkte sich nicht signifikant auf die Leistungsunterschiede zwischen den geblockt und verschachtelt Lernenden aus.

Abbildung 17.1 Zusammenfassung der Ergebnisse bezüglich aller Forschungsfragen

Teil IV

Diskussion

Im 18. Kapitel des Diskussionsteils werden die erlangten Forschungsergebnisse diskutiert, in den aktuellen Forschungskontext eingeordnet und in Beziehung zu den kognitiven Theorien von Sweller et al. (2011) und Bjork und Bjork (2011) gesetzt. Anschließend werden im 19. Kapitel die Grenzen der durchgeführten Interventionsstudie aufgezeigt und kritisch reflektiert. Im 20. Kapitel des Diskussionsteils wird unter Berücksichtigung des pädagogischen Konzepts (insbesondere des verschachtelten Lernens) und der virtuellen Lernumgebung (Lernvideos auf Tablets) auf mögliche Implikationen für das Lehren und Lernen eingegangen. Das 21. Kapitel schließt mit einer Zusammenfassung und einem Ausblick für weitere Forschungsarbeiten im Zusammenhang mit der durchgeführten empirischen Untersuchung.

Alle Ergebnisse werden analog zu den drei Fragenkomplexen und vor dem Hintergrund bisheriger Erkenntnisse aus Untersuchungen zum verschachtelten und geblockten Lernen diskutiert. Die Aussagen in der Diskussion und Interpretation der Ergebnisse beschränken sich auf die Stichprobe von 93 Schülerinnen und Schülern, welche an der Studie zu allen Messzeitpunkten teilgenommen haben. Da sich die Erkenntnisse auf eine begrenzte Anzahl an Probanden beziehen, erhebt die vorliegende Interventionsstudie keinen Anspruch auf Allgemeingültigkeit.

18.1 Leistungsentwicklungen der geblockt und verschachtelt Lernenden

In diesem Abschnitt werden die dargestellten Ergebnisse im Hinblick auf vergleichbare Studien, das Design der durchgeführten Studie und das Vorwissen der Schülerinnen und Schüler diskutiert. Zunächst werden die Leistungsentwicklungen separat pro Lerngruppe (geblockt bzw. verschachtelt) betrachtet, während der direkte Vergleich der beiden Experimentalgruppen im nächsten Abschnitt behandelt wird (siehe Abschnitt 18.2).

Die vorliegende Studie deckte mit dem authentischen Design einer virtuellen Lernumgebung im realen Mathematikunterricht mehrere Forschungsdesiderate ab

Ergänzende Information Die elektronische Version dieses Kapitels enthält Zusatzmaterial, auf das über folgenden Link zugegriffen werden kann https://doi.org/10.1007/978-3-658-36482-3_18.

(siehe Teil I, Kapitel 4), sodass ein direkter Vergleich zu empirischen Untersuchungen nicht möglich ist. Die durchgeführte Interventionsstudie zeigt trotzdem eine ähnliche Tendenz hinsichtlich der Erkenntnisse zu anderen Studien, welche geblockt und verschachtelt lernende Probanden untersuchten: Sowohl in der geblockten als auch in der verschachtelten Experimentalbedingung verbesserten sich die Leistungen signifikant vom Messzeitpunkt Prä zu Post. In den Studien von Mayfield und Chase (2002) sowie Rau et al. (2013) stiegen die Leistungen der geblockt und verschachtelt Lernenden im Zeitraum kurz vor bis kurz nach der Intervention ebenfalls signifikant an.

Das geringe Vorwissen der Schülerinnen und Schüler zum Messzeitpunkt Prä lässt sich in der vorliegenden Studie folgendermaßen erklären: Beide Lerngruppen besaßen vor der Intervention ein geringes Vorwissen zur Thematik der durchgeführten Lerneinheit. Nach dem hessischen Kultusministerium (2011a; 2011b; 2011c) sollten die Schülerinnen und Schüler der fünften Jahrgangsstufe das Thema „Eigenschaften von Dreiecken und Vierecken" vor der Untersuchung noch nicht behandelt haben. Nach dem Geometrieunterricht aus der Primarstufe kann davon ausgegangen werden, dass sie zwar Grundformen (z. B. Rechtecke und Quadrate) kennen, jedoch im ersten Halbjahr des fünften Jahrgangs kein Vorwissen zu allen geometrischen Figuren (z. B. zum Parallelogramm und gleichschenkligen Dreieck) sowie zu den geometrischen Grundbegriffen (z. B. der Parallelität und Orthogonalität) besitzen. Der Themenkomplex zum Winkelbegriff inklusive der Winkelarten in geometrischen Figuren werden erst in der sechsten Jahrgangsstufe behandelt.

Da die Leistungen in beiden Bedingungen signifikant anstiegen und Einflussfaktoren u. a. im Zusammenhang mit der Lehrervariable kontrolliert wurden (siehe Teil II, Abschnitt 8.5), kann darauf zurückgeschlossen werden, dass der Lernzuwachs höchstwahrscheinlich aus der eigenständigen Erarbeitung der Lerninhalte mittels der Lernvideos und Übungsphasen innerhalb der Intervention zustande kam. Aus kognitionspsychologischer Sicht ermöglichte die selbst entwickelte Lerneinheit, welche an das Vorwissen und den Schwierigkeitsgrad der fünften Jahrgangsstufe angepasst wurde, eine Aufnahme der neuen Inhalte über die sensorischen Register und eine weitere Verarbeitung der Informationen im Arbeitsgedächtnis. Da sowohl bei den geblockt als auch bei den verschachtelt Lernenden zum Messzeitpunkt Post ein signifikanter Leistungszuwachs zu verzeichnen war, konnten die Lerninhalte in beiden Gruppen aus dem Gedächtnis abgerufen werden. Das Wiedererinnern der neu gelernten Informationen zum Messzeitpunkt kurz nach der Intervention deutet darauf hin, dass die Lernprozesse in beiden Lernbedingungen zunächst kurzfristig gesehen erfolgreich waren (vgl. Atkinson & Shiffrin, 1968; Sweller et al., 2011).

Die darauffolgenden Leistungsentwicklungen nach dem Messzeitpunkt Post lassen sich auch in anderen empirischen Befunden zur Untersuchung von mittelfristigen Wirkungen des geblockten und verschachtelten Lernens wiederfinden (siehe Teil I, Kapitel 4): Das zentrale Ergebnis, dass sich die Leistungen der geblockt Lernenden im Zeitraum vom Messzeitpunkt Post bis Follow-up 1 (zwei Wochen nach der Lerneinheit) signifikant verschlechterten, wurde vergleichsweise in den Wissenstests der empirischen Untersuchungen von Rau et al. (2013) und Ziegler und Stern (2014) zu den Messzeitpunkten kurz nach und eine Woche nach der Intervention nachgewiesen. Bei der Studie von Rohrer und Taylor (2007) kam es nach einer Woche sogar zu einem deutlich signifikanten Leistungsabfall der geblockt Lernenden. Da der Follow-up 1-Test in der vorliegende Studie nach zwei Wochen eingesetzt wurde, scheint der signifikante Leistungsabstieg der geblockt Lernenden im Hinblick auf die bereits erfolgten empirischen Untersuchungen plausibel zu sein.

Die Leistungen der verschachtelt Lernenden blieben in den empirischen Untersuchungen von Rohrer und Taylor (2007) sowie von Ziegler und Stern (2014) im Zeitraum kurz nach und eine Woche nach der Intervention nahezu unverändert. In der vorliegenden Studie war die Leistungsentwicklung der verschachtelten Gruppe selbst zwei Wochen nach der Lerneinheit stabil, sodass kein signifikanter Leistungsunterschied zwischen den Messzeitpunkten Post und Follow-up 1 nachgewiesen werden konnte. Die Gemeinsamkeit aller Studien also bestand darin, dass die verschachtelt Lernenden in einem Zeitraum von ein bis zwei Wochen nach der Lerneinheit etwa genauso viele Lerninhalte wie kurz danach abrufen konnten. Inwieweit die Ergebnisse auf die Lernbedingung (geblockt oder verschachtelt) zurückzuführen sind, lässt sich an dieser Stelle noch nicht klären, da andere Variablen einen Einfluss auf die Leistungen ausüben könnten (z. B. das mathematische Selbstkonzept, siehe Abschnitt 18.3).

Zwischen den Messzeitpunkten Follow-up 1 und Follow-up 2 (fünf Wochen nach der Intervention) unterschieden sich die Leistungen sowohl in der geblockten als auch in der verschachtelten Gruppe nicht signifikant voneinander. Die Leistungen verbesserten sich in dem Zeitraum von drei Wochen sogar minimal. Eine mögliche Begründung dafür stellt der Testungseffekt dar, welcher zu den wünschenswerten Erschwernissen gehört und beim mehrmaligen Bearbeiten von Wissenstests auftreten kann (siehe Teil I, Kapitel 3). Durch den Testungseffekt kommt es zu einem wiederholten Abruf aus dem Langzeitgedächtnis, welcher sich gedächtnispsychologisch auswirken und die Leistungsergebnisse beeinflussen kann. So kann das mehrmalige Testen mittels eines Wissenstests zu einem langfristigeren Behalten des Gelernten führen (Lipowsky et al., 2015; Roediger & Karpicke, 2006). Da der Wissenstest mit denselben Aufgaben viermal eingesetzt wurde, könnten die Leistungen aufgrund dessen vom Follow-up 1 zum Follow-up 2 stabil geblieben sein.

Einen weiteren Erklärungsansatz bieten die Messzeitpunkte zum Einsatz der Wissenstests: Zwischen den Messzeitpunkten Post und Follow-up 1 konnten Störvariablen im Kontext mit dem weiterführenden Mathematikunterricht (z. B. das Weiterbehandeln der Thematik „Eigenschaften von Dreiecken und Vierecken") ausgeschlossen werden, weil die Ferien dazwischen lagen. Im Zeitraum zwischen dem Follow-up 1 und Follow-up 2 fand hingegen der reguläre Mathematikunterricht statt, wodurch die Lehrpersonen selbst und die ausgewählten Lerninhalte einen Einfluss auf die Leistungsergebnisse zum Messzeitpunkt Follow-up 2 ausüben könnten. Mit den Lehrkräften wurde zwar abgesprochen, den Themenkomplex „Eigenschaften von Dreiecken und Vierecken" nicht fortzuführen und die Materialien sowie die Arbeitsweisen in den Parallelklassen gleich zu halten. Das Aufgreifen und Abrufen der erlernten Eigenschaften der Dreiecke und Vierecke durch angrenzende Themen könnte jedoch trotzdem bewusst oder unbewusst erfolgt sein. Dahingehend konnte der reguläre Unterricht nicht kontrolliert werden. Dafür spricht auch, dass die Leistungsentwicklungen der geblockt und verschachtelt Lernenden vom Follow-up 1 zum Follow-up 2 ähnlich bzw. parallel zueinander verlaufen (siehe Teil III, Abschnitt 16.1, Abbildung 16.1).

18.2 Leistungsunterschiede zwischen den geblockt und verschachtelt Lernenden

Da ein Zusammenhang zwischen dem Vorwissen aus dem Geometrieunterricht der Primarstufe und den erzielten Leistungen bestehen könnte, wurde der Einflussfaktor des Vorwissens kontrolliert. Dadurch konnten die Effekte bezüglich der Leistungsunterschiede zwischen den beiden Lerngruppen statistisch bereinigt und weitestgehend auf die Lernbedingung (geblockt vs. verschachtelt) zurückgeführt werden.

In allen Leistungsentwicklungen übte das Vorwissen keinen signifikanten Unterschied aus, sodass die Leistungsunterschiede zwischen der geblockten und verschachtelten Gruppe signifikant mit überwiegend großen Effekten bestehen blieben. Ein Erklärungsansatz dafür könnte sein, dass sich der Vorwissenstest auf die Lerninhalte „Dreiecke und Vierecke" aus der dritten Jahrgangsstufe bezog, sodass der abgefragte Inhalt bereits zwei Jahre zurücklag. Zudem wurde die Thematik „Eigenschaften von Dreiecken und Vierecken" in der Intervention neu eingeführt. Über das Vorwissen aus der Primarstufe hinaus wurden neue geometrische Figuren und Begriffe definiert, z. B. die parallelen Eigenschaften im Parallelogramm. Außerdem konnte bei der Prüfung auf Vergleichbarkeit der beiden Experimentalgruppen nachgewiesen werden, dass beide Gruppen ein ähnliches Vorwissen aufwiesen (siehe Teil III, Kapitel 13). Da sich die geblockte und verschachtelte Gruppe hinsichtlich des Vorwissens nicht signifikant unterschieden, konnte demzufolge auch kein Einfluss des Vorwissens auf die Leistungsentwicklungen gefunden werden.

Um die signifikanten Leistungsunterschiede zwischen den geblockt und verschachtelt Lernenden zu erklären, welche unabhängig von dem Vorwissen waren, werden kognitive Theorien, insbesondere die CLT von Sweller et al. (2011), herangezogen (siehe Teil I, Kapitel 2): Mittels der Varianzanalysen mit Messwiederholung konnte gezeigt werden, dass sich die geblockt und verschachtelt Lernenden in der Leistungsentwicklung über den gesamten Erhebungszeitraum (von Prä bis Follow-up 2) signifikant mit überwiegend großen Effekten voneinander unterscheiden, obwohl sie zu Beginn der Intervention mit nahezu gleichen Lernvoraussetzungen starteten. Zwar erfolgte in beiden Lernbedingungen ein Zuwachs der Leistungen vom Messzeitpunkt Prä zu Post (siehe Abschnitt 18.1), allerdings fiel er beim verschachtelten Lernen signifikant größer aus.

Unter Berücksichtigung der CLT nach Sweller kann im Rahmen des diskriminativen Kontrastierens erklärt werden (siehe Teil I, Abschnitt 2.2.1), dass das sekundäre Wissen zur Thematik „Eigenschaften von Dreiecken und Vierecken" während der Intervention auf zwei unterschiedliche Lernweisen (geblockt oder verschachtelt) erworben wurde. Beim verschachtelten Lernen wurden die Seiten- und Winkeleigenschaften pro geometrischer Figur gleichzeitig in den Lernvideos und Übungsphasen präsentiert: Die Seiten- und Winkeleigenschaften wurden beim verschachtelten Lernen pro geometrischer Figur (z. B. Quadrat) in einem Lernvideo miteinander vernetzt, während beim geblockten Lernen zuerst der Lernblock zu den Seiteneigenschaften und danach die Winkeleigenschaften der geometrischen Figuren separat voneinander in den Lernvideos unterrichtet wurden. Analog zu den Lernvideos wurden in der verschachtelten Praxis die Seiten- und Winkeleigenschaften pro geometrischer Figur (z. B. des Quadrats) auf einer Seite im Arbeitsheft behandelt. Im Gegensatz dazu wurden bei der geblockten Praxis auf einer Seite ausschließlich die Seiten- oder Winkeleigenschaften einer geometrischen Figur (z. B. des Quadrats) gelehrt. Durch die kombinierte Lernweise hatten die verschachtelt Lernenden im Vergleich zu den geblockt Lernenden den Vorteil, die Gemeinsamkeiten und Unterschiede bezüglich der Seiten- und Winkeleigenschaften innerhalb einer Figur in jeder Stunde ohne explizite Aufforderungen zum Vergleichen der Lerninhalte zu erlernen.

Durch den signifikanten Unterschied zwischen der geblockten und verschachtelten Gruppe in der Leistungsentwicklung ab dem Messzeitpunkt Post bis zum Follow-up 2 konnte die Annahme bestätigt werden, dass die Wirkungen der Verschachtelung kognitiv nachhaltig waren. Für den Erwerb des deklarativen Wissens zur Thematik „Eigenschaften von Dreiecken und Vierecken" veränderten sich die verschachtelt Lernenden in der Leistungsentwicklung kaum, während sich die Leistungen der geblockt Lernenden signifikant vom Messzeitpunkt Post zum Follow-up 1 verschlechtern. Hinsichtlich der Leistungsentwicklung der geblockt Lernenden kann deshalb nicht von einem kognitiv nachhaltigen Lernen ausgegangen werden[1]. Eine mögliche Erklärung könnte in der unterschiedlichen Art der Lern- und Erinnerungsprozesse liegen, welche mithilfe der CLT nach Sweller und der NTD nach Bjork erklärt werden können (siehe Teil I, Kapitel 2; vgl. Atkinson & Shiffrin, 1968; Zech, 2002):

Nach der CLT von Sweller et al. (2011) sind beim Erlernen von neuem Wissen insbesondere zwei kognitive Belastungen grundlegend: Die extrinsische Fremdbelastung und die intrinsische Eigenbelastung. Entsprechend der Empfehlungen nach der CLT wurde die extrinsische kognitive Belastung in beiden Experimentalgruppen gleichermaßen gering gehalten. Alle Schülerinnen und Schüler wurden mit denselben Materialien (Arbeitsheft, Lernvideos auf Tablets und Musterlösungen mit identischem Inhalt) unterrichtet. Der Unterschied lag lediglich in der Reihenfolge der einzelnen Lerninhalte bei der geblockten bzw. verschachtelten Lernbedingung. Die Lernweise führte zu einer unterschiedlichen intrinsischen kognitiven Belastung, welche im Gedächtnis verarbeitet werden musste und sich auf die Leistungsergebnisse auswirkte.

Der Lernprozess beim geblockten Lernen der „Eigenschaften von Dreiecken und Vierecken" wurde durch eine niedrige intrinsische kognitive Belastung einfach gehalten. Dahingehend wirkte sich die geringe Elementinteraktivität bezüglich der separaten Lernblöcke „Seiteneigenschaften" und „Winkeleigenschaften" auf den Erwerb des deklarativen Wissens aus, weil die Lerninhalte in der geblockten Weise einzeln verarbeitet wurden. Aufgrund der geringen kognitiven Belastung wurde nach der NTD von Bjork und Bjork (2011) die Stärke des

---

[1] Zwischen den Zeitpunkten Follow-up 1 und Follow-up 2 verschlechterten sich zwar die Leistungen der geblockt Lernenden nicht, jedoch waren die Ergebnisse bei der geblockten Gruppe zum Messzeitpunkt Follow-up 2 signifikant schlechter als bei der verschachtelten Gruppe. Der parallele Verlauf der beiden Leistungsentwicklungen wurde bereits diskutiert (siehe Abschnitt 18.1).

Abrufs minimiert, sodass die Seiten- und Winkeleigenschaften von Dreiecken und Vierecken bei den Lernenden mit einem schwächeren Reiz verbunden wurden und nicht alle neuen Inhalte aufgenommen werden konnten. Dadurch könnte das Problem aufgetreten sein, dass die neuen Lerninhalte zwar im Arbeitsgedächtnis als Zwischenprodukte gespeichert werden, jedoch eine bewusste Organisation in die Schemata des Langzeitgedächtnisses ausgeblieben ist. Da die Stärke der Speicherung ebenfalls nicht ansteigen konnte, erfolgte keine dauerhafte Erhaltung der Seiten- und Winkeleigenschaften von Dreiecken und Vierecken im Langzeitgedächtnis. Die geblockt Lernenden konnten somit zwar zum Messzeitpunkt Post auf die Zwischenprodukte aus dem Arbeitsgedächtnis zurückgreifen, bereits zwei Wochen nach der Intervention fiel ihnen jedoch das Erinnern an die Inhalte aus der Thematik „Eigenschaften von Dreiecken und Vierecken" schwieriger als den verschachtelt Lernenden.

Bei der verschachtelten Lernweise gingen, bedingt durch die kombinierten Seiten- und Winkeleigenschaften pro geometrischer Figur und die kurzzeitige Erschwernis beim Wissenserwerb, eine höhere Elementinteraktivität und eine größere intrinsische kognitive Belastung als bei der geblockten Lernweise einher. Das wiederholte Präsentieren der Seiten- und Winkeleigenschaften von Dreiecken und Vierecken bewirkte eine simultane Verarbeitung im Arbeitsgedächtnis, welche zu einem tieferen geometrischen Begriffsverständnis als beim geblockten Lernen führen konnte. Die Verschachtelung der Seiten- und Winkeleigenschaften pro geometrischer Figur löste im Vergleich zum geblockten Lernen einen größeren Reiz bei den Lernenden aus, wodurch die Stärke des Abrufs wuchs. Dadurch konnten die Lerninhalte tiefer als beim geblockten Lernen mit dem Vorwissen (z. B. aus dem Geometrieunterricht der Primarstufe oder dem Alltagswissen) in die bereits existierenden Schemata verankert werden. Die Stärke der Speicherung konnte so weit ansteigen, dass eine dauerhafte Speicherung im Langzeitgedächtnis ausgelöst wurde. Die Erhöhung der beiden Stärken führte dazu, dass es den verschachtelt Lernenden durch die langfristig vernetzten Gedächtnisstrukturen einfacher fiel, sich an die neuen Lerninhalte zu erinnern.

Insgesamt konnten die verschachtelt Lernenden die Seiten- und Winkeleigenschaften der erlernten geometrischen Figuren selbst nach fünf Wochen fast genauso erfolgreich abrufen wie kurz nach der Intervention. Im Vergleich zu den geblockt Lernenden konnten sie somit signifikant bessere Leistungen ab dem Messzeitpunkt Post bis zum Follow-up 2 erzielen.

18.3 Einflussfaktoren auf die Leistungen der geblockt und verschachtelt Lernenden

Da die Kontrolle der potenziellen Einflussvariablen im Zusammenhang mit einer verschachtelt bzw. geblockt konstruierten E-Learning-Lernumgebung aktuell ein Forschungsdesiderat darstellt (siehe Teil I, Kapitel 4), wurde der Einfluss der Kontrollvariablen „Mathematisches Selbstkonzept", „Anstrengungsbereitschaft" und „Einstellung zum Lernen mit digitalen Medien" auf die Leistungen der beiden Lerngruppen explorativ untersucht. Durch die Kontrolle der Einflussfaktoren konnten die Ergebnisse statistisch bereinigt werden, sodass die Leistungen weitestgehend auf die unterschiedliche Lernweise (geblockt oder verschachtelt) zurückgeführt werden konnten. Das zentrale Ergebnis bezüglich der Kovarianzanalysen, dass keine der Kovariaten einen signifikanten Einfluss auf die Leistungsunterschiede zwischen der geblockten und verschachtelten Experimentalgruppe ausübte, lässt sich mithilfe der theoretischen Grundlagen und dem Studiendesign begründen (siehe Teil I, Abschnitte 3.3.3 bis 3.3.5):

Das mathematische Selbstkonzept kann bei jungen Schülerinnen und Schülern aufgrund einer Überschätzung der eigenen Fähigkeiten positiv verzerrt sein und sich innerhalb kürzester Zeit ändern. Deshalb war es durchaus denkbar, dass sich das mathematische Selbstkonzept innerhalb der durchgeführten Intervention verändern könnte und ein Zusammenhang zwischen dem mathematischen Selbstkonzept und den Leistungen der Lernenden bestehen könnte (Baumeister et al., 2003; Valentine, DuBois, & Cooper, 2004; Wylie, 1979). Im Kontext der vorliegenden Studie konnte gezeigt werden, dass die erhobenen mathematischen Selbstkonzepte der Lernenden aus der fünften Jahrgangsstufe bereits weitestgehend ausdifferenziert waren und sich eine normative Stabilität eingestellt hat. Da sich die Probanden bezüglich ihrer eigenen mathematischen Selbstkonzepte bewusst waren, könnten sich die verschiedenen Unterrichtsweisen (geblocktes oder verschachteltes Lernen) sich nicht zwangsläufig auf eine Veränderung der mathematischen Selbstkonzepte auswirken (vgl. Marsh, Craven, & Debus 1998; Wigfield et al., 1997). Die Resistenz der mathematischen Selbstkonzepte über die Messzeitpunkte Prä und Post könnte außerdem mit dem zeitlichen Rahmen der Studie in Verbindung stehen. In der vorliegenden empirischen Untersuchung handelte es sich um eine sehr kurze Intervention, welche auf sechs Schulstunden begrenzt war. Aufgrund dessen könnten die mathematischen Selbstkonzepte stabil geblieben sein und die Leistungen der geblockt und verschachtelt Lernenden nicht signifikant beeinflusst werden.

Im Vergleich zum mathematischen Selbstkonzept verschlechterte sich die Anstrengungsbereitschaft in der verschachtelten Lerngruppe vom Messzeitpunkt

Prä zu Post, während sie in der geblockten Gruppe über denselben Messzeitraum stabil blieb. Dies könnte auf die erhöhte Komplexität durch das neue, verschachtelte Unterrichtskonzept zurückgeführt werden: Die kurzzeitige Erschwernis durch die simultane Verarbeitung der Seiten- und Winkeleigenschaften pro geometrischer Figur könnte dazu führen, dass sich die mental herausfordernde Intervention bei den verschachtelt Lernenden negativ auf die Anstrengungsbereitschaft zum Messzeitpunkt Post auswirkt. Die Lernenden im geblockten Unterrichtskonzept mussten sich im Vergleich zu den verschachtelt Lernenden weniger anstrengen, weil sie die Seiten- und Winkeleigenschaften der geometrischen Figuren nacheinander erlernten. Das geblockte Lernen stellte eine gewohnte und einfache Unterrichtsweise für die Lernenden dar, auf die sie sich nicht neu einstellen mussten (vgl. Lehrl & Richter, 2018; Sweller et al., 2011).

Trotz der unterschiedlichen Entwicklungen der beiden Experimentalgruppen bezüglich der Anstrengungsbereitschaft ergab sich in der Kovarianzanalyse kein signifikanter Einfluss auf die gesamte Leistungsentwicklung (von Prä zu Follow-up 2), d. h. die Auswirkungen der Anstrengungsbereitschaft waren auf die Leistungen der geblockten und verschachtelten Gruppe zu gering. Dies zeigten auch die Ergebnisse der t-Tests, bei denen die Mittelwerte der verschachtelt und geblockt Lernenden bezüglich der Anstrengungsbereitschaft zu den Messzeitpunkten Prä und Post so nah beieinander lagen, dass sie sich nicht signifikant unterschieden.

Die zeitliche Begrenzung auf sechs Schulstunden kann auch an dieser Stelle als Erklärungsansatz für den fehlenden Einfluss der Anstrengungsbereitschaft auf die Leistungen der geblockt und verschachtelt Lernenden verwendet werden. Die Intervention war zu kurz angelegt, um gegebenenfalls stärkere Unterschiede zwischen den Lerngruppen hinsichtlich der Anstrengungsbereitschaft verursachen zu können. Für die weitere Forschung besteht allerdings die Möglichkeit, die Leistungsunterschiede unter der Kontrolle der Anstrengungsbereitschaft in einer länger andauernden Intervention (z. B. über mehrere Wochen) durchzuführen (siehe Kapitel 21). Mithilfe der sechs-stündig angelegten Intervention konnte trotzdem eine Tendenz dafür nachgewiesen werden, dass die Verschachtelung der Lerninhalte aus der Thematik „Eigenschaften von Dreiecken und Vierecken" eine höhere kognitive Beanspruchung der Gedächtnisprozesse als eine einfache Blockung der Inhalte initiiert. Um diese interessante kognitive Verarbeitung des neuen Wissens näher zu untersuchen, können weitere Forschungsarbeiten durchgeführt werden (siehe Kapitel 21).

Die Entwicklung der Einstellung zum Lernen mit digitalen Medien vom Messzeitpunkt Prä zu Post bezüglich unterschied sich zu den beiden zuvor dargestellten Einflussfaktoren: Zu Beginn der Intervention waren beide Lerngruppen positiv gegenüber dem Lernen mit digitalen Medien eingestellt. Dies kann u. a. darauf zurückgeführt werden, dass die Lernenden bereits positive Erfahrungen mit Mediennutzungen im außerschulischen Bereich gesammelt haben (siehe Teil I, Abschnitt 1.2; vgl. Bastian, 2017; Tillmann & Bremer, 2017). Diese Vorkenntnisse stellen eine optimale Voraussetzung dafür dar, dass die Lerneinheit mit den Lernvideos auf Tablets von den Lernenden akzeptiert wird und sich die Einstellungen zum Lernen mit digitalen Medien nach der E-Learning-Umgebung steigern.

In der Tat verbesserten sich in beiden Lernbedingungen die Einstellungen zum Lernen mit digitalen Medien vom Messzeitpunkt Prä zu Post. Die Entwicklungen bezüglich der Einstellung zum Lernen mit digitalen Medien verliefen in der geblockten und verschachtelten Gruppe ähnlich zueinander, sodass sie sich nicht signifikant voneinander unterschieden. In Folge dessen beeinflusste die Einstellung zum Lernen mit digitalen Medien die Leistungen der geblockt und verschachtelt Lernenden nicht signifikant. Ein Erklärungsansatz dafür könnte darin liegen, dass sowohl das geblockte als auch das verschachtelte Lernen unter einer virtuellen Lernumgebung mit derselben Lernmethode (Lernvideos auf Tablets) stattfand.

Analog zu den beiden vorher beschriebenen Einflussfaktoren könnten die Entwicklungen bezüglich der Einstellung zum Lernen mit digitalen Medien erhöht werden, wenn die Intervention länger dauern würde. Da bei allen Einflussfaktoren der zeitliche Rahmen eine entscheidende Rolle spielt, sollten die Leistungen und relevante Einflussfaktoren bei einer länger andauernden Intervention in Anschlussstudien weiter untersucht werden (siehe Kapitel 21). Darüber hinaus könnten die Einstellungen zum Lernen mit digitalen Medien verstärkt werden, indem lediglich digitale Lernmaterialien in der gesamten Intervention angeboten werden. Im Kontext dieser Studie könnten die Lernenden ausschließlich mit Tablets arbeiten, d. h. dass sie im Vergleich zur durchgeführten Studie auch die Aufgaben in den Übungsphasen digital bearbeiten und korrigieren. Demzufolge könnte die Kombination aus digitalen Medien (Lernvideos auf Tablets) und analogen Medien (Arbeitsheft und Lösungen) den Effekt bezüglich der Einstellung zum Lernen mit digitalen Medien geringfügig abgeschwächt haben (vgl. Stöcklin, 2012). Um die Einstellung zum Einsatz digitaler Medien differenzierter untersuchen zu können, könnten in weiteren Forschungsarbeiten Experimentalbedingungen mit ausschließlich analogen vs. digitalen Methoden untersucht werden (siehe Kapitel 21).

Bei der Überprüfung der Kovariaten wurde bewusst jede Einflussvariable separat in die zweifaktoriellen Kovarianzanalysen aufgenommen, damit der direkte

Einfluss des jeweiligen Faktors auf die Leistungen der beiden Lerngruppen getestet werden konnte. An dieser Stelle wäre es denkbar, mehrere Kovariaten in einem Modell zu kontrollieren. Bei der Berechnung von Kovarianzanalysen mit mehreren Einflussfaktoren können allerdings Multikollinearitätsprobleme entstehen, bei denen die erklärenden Kovariaten eine starke Interaktion zueinander aufweisen, sodass die Modellinterpretation nicht mehr eindeutig sein könnte (Luhmann, 2015).

Mit Blick auf die vorliegende Studie liegt die Pearson-Korrelation zwischen dem mathematischen Selbstkonzept und der Anstrengungsbereitschaft mit dem Koeffizienten $r = .521$ im Bereich einer hohen Korrelation (Cohen, 1988), sodass beide Kovariaten in einem Modell eine Verzerrung der Modellinterpretation verursachen könnten. Beim Testen der übrigen Möglichkeiten („Mathematisches Selbstkonzept" und „Einstellung zum Lernen mit digitalen Medien" sowie „Anstrengungsbereitschaft" und „Einstellung zum Lernen mit digitalen Medien") in jeweils einem Modell ergeben sich wie in den Analysen zum dritten Fragenkomplex in allen Entwicklungen keine signifikanten Interaktionseffekte zwischen der Zeit, der Lernbedingung und den Kovariaten. Zudem bleiben alle Unterschiede bezüglich der Interpretationen der Signifikanzen und der Effektstärken stabil. Insgesamt zeigen sich also keine Auswirkungen der drei ausgewählten Kovariaten auf die Leistungen der geblockt und verschachtelt Lernenden, selbst wenn zwei Einflussfaktoren in einem Modell kontrolliert werden (siehe Anhang im elektronischen Zusatzmaterial, Tabellen A13 bis A20).

Das Ergebnis, dass keine der Kovariaten einen signifikanten Einfluss auf die Leistungsunterschiede zwischen der geblockten und verschachtelten Lerngruppe ausübt, stellt im Rahmen des Forschungsdesiderates eine neue Erkenntnis dar. Die erheblichen signifikanten Leistungsunterschiede zugunsten der verschachtelten Lerngruppe konnten in der E-Learning-Umgebung zum Thema „Eigenschaften von Dreiecken und Vierecken" verifiziert werden, da sie trotz der Bereinigung der ausgewählten Einflussfaktoren bestehen blieben und überwiegend große Effektstärken hervorbrachten.

18.4 Rückbezug zum selbst entwickelten Modell

Das theoriegeleitete, selbst entwickelte Modell aus Teil I (siehe Abbildung 5.1, Kapitel 5) wird in diesem Abschnitt auf Basis der durchgeführten Interventionsstudie mit Aspekten aus den nachgewiesenen Ergebnissen ergänzt: Die Interventionsstudie zeigte insbesondere, dass sich die geblockt und verschachtelt Lernenden in der virtuellen Lernumgebung mit Lernvideos auf Tablets, selbst bei der Eliminierung von Einflussfaktoren (z. B. des mathematischen Selbstkonzeptes) erheblich in der langfristigen Leistungsentwicklung unterschieden. Die Schülerinnen und Schüler in der geblockten Lernbedingung vergaßen die Lerninhalte aus der Thematik „Eigenschaften von Dreiecken und Vierecken" bereits zwei Wochen nach der Lerneinheit, da es zu einem deutlichen Leistungsabfall im Vergleich zum Messzeitpunkt kurz nach der Intervention kam. Währenddessen blieben die Leistungen der verschachtelt Lernenden über fünf Wochen nach der Lerneinheit stabil (siehe Abschnitte 18.1 bis 18.3):

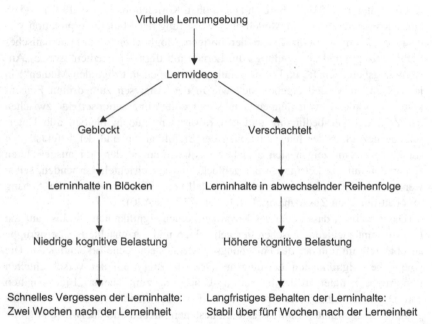

Abbildung 18.1 Erweitertes Modell zu den Wirkungsmechanismen der geblockten und verschachtelten Lernweise in einer virtuellen Lernumgebung mit Lernvideos

Das Modell zielt darauf ab, die Wirkungsmechanismen des geblockten und verschachtelten Lernens in einer Video-Lernumgebung prägnant zu veranschaulichen. Die vereinfachte Darstellung ermöglicht eine übersichtliche Gegenüberstellung des geblockten und verschachtelten Lernens. Die Besonderheit des

Modells besteht darin, dass die Forschungslücke zur Untersuchung des geblockten und verschachtelten Lernens im Zusammenhang mit E-Learning aufgegriffen wird (siehe Abbildung 18.1).

Das Modell beruht auf der einen Seite auf den theoretischen Grundlagen aus der CLT nach Sweller et al. (2011) sowie aus der NTD nach Bjork und Bjork (2011), auf der anderen Seite werden die zentralen Erkenntnisse der virtuell durchgeführten Interventionsstudie eingebaut. Anhand des Modells werden die Unterschiede der geblockten und verschachtelten Lernweise hinsichtlich der kognitiven Belastung deutlich, welche eine bedeutende Rolle bei der kognitiv nachhaltigen Leistungsentwicklung einnimmt. Das Modell zeigt dahingehend auf, wie sich das geblockte und verschachtelte Unterrichtskonzept auf den Vergessens- bzw. Erinnerungsprozess von Lerninhalten in einer Video-Lernumgebung auswirken kann. Mit Blick auf die durchgeführte Studie lieferte das verschachtelte Lernen im Gegensatz zum geblockten Lernen über den Zeitraum von fünf Wochen nach der Lerneinheit ein Indiz für eine kognitiv nachhaltige Leistungsentwicklung im Geometrieunterricht der fünften Jahrgangsstufe.

Da das Modell die Wirkungsmechanismen des geblockten und verschachtelten Lernens in der vorliegenden Studie übersichtlich darstellt, kann es nicht allgemeingültig für alle virtuellen Lernumgebungen in Kombination mit einer geblockten bzw. verschachtelten Lernweise transferiert werden. Inwieweit das Modell auf andere Themengebiete im Mathematikunterricht bezogen werden kann und wie sich die Leistungen nach dem Zeitraum von fünf Wochen entwickeln, lässt sich an dieser Stelle (noch) nicht beurteilen. Auf der Grundlage von Anschlussstudien kann das entwickelte Modell verändert oder ergänzt werden (siehe Kapitel 20 und 21).

Praktische Implikationen zum Lehren und Lernen 19

Im folgenden Kapitel werden in Anlehnung an die aktuelle Lage der Digitalisierung im Schulalltag (z. B. hinsichtlich des Angebots an Lehrerfortbildungen) und an die durchgeführte Interventionsstudie Hinweise und Anregungen für das Lehren und Lernen im realen Geometrieunterricht gegeben.

Vor dem Hintergrund des Beschlusses der Kultusministerkonferenz (2019) wächst die Forderung, sowohl analoge als auch digitale Medien in den Mathematikunterricht zu integrieren. Eine Kombination aus digitalen und analogen Medien wie in der vorliegenden Studie stellt ebenfalls einen sinnvollen didaktischen Methodenmix dar (siehe Teil I, Abschnitt 3.3; Weigand, 2011; 2014). In der selbst entwickelten Intervention der vorliegenden Studie konnte die Verbindung von Lernvideos und einem analogen Arbeitsheft vielversprechend realisiert werden. Das gewohnte, analoge Medium eines Arbeitsheftes konnte an die herkömmliche Arbeitsweise anknüpfen, während durch die Video-Lernumgebung die Diskrepanz zwischen der digital geprägten Lebenswelt und dem vorwiegend analog geführten Schulalltag der Lernenden minimiert werden konnte. Dadurch konnte ein Bezug zum außerschulischen, digitalen Wissenserwerb hergestellt werden, welcher z. B. auf das Ansehen von YouTube-Videos beruht (siehe Teil I, Abschnitte 1.1 und 1.2; Aufenanger, 2017a; Borromeo Ferri & Szostek, 2020; Rummler & Wolf, 2012).

Laut der aktuellen Ausgangslage ist die Mediennutzung an deutschen Schulen im internationalen Vergleich deutlich unterdurchschnittlich (Eickelmann et al., 2019), obwohl es sich zu Zeiten der Corona-Pandemie anbietet, verschiedene digitale Lernmethoden auszuprobieren und die Chancen des Lernens mit digitalen Medien zu nutzen (vgl. Schütze, 2017). In der heutigen Gesellschaft steigen außerdem die Anforderungen an die Lehrpersonen zunehmend an, welche sowohl die Lehrerausbildungen als auch –fortbildungen betreffen (Schubarth, 2017).

M. Afrooz, *Leistungseffekte beim verschachtelten und geblockten Lernen mittels Lernvideos auf Tablets*, Mathematikdidaktik im Fokus, https://doi.org/10.1007/978-3-658-36482-3_19

Die Problematik besteht insbesondere darin, dass die Medienbildung für Lehrpersonen bisher ausschließlich ein optionaler Teil der Lehrerausbildungen und –fortbildungen ist (Bertelsmann Stiftung, 2018; Kammerl & Mayrberger, 2011).

Mit Blick auf die Lehrerprofessionalität fehlen den Lehrkräften die grundsätzlichen Kompetenzen, digitale Medien im Mathematikunterricht so einzusetzen, dass kognitiv nachhaltige virtuelle Lernumgebungen in einem pädagogischen Gesamtkonzept entstehen (Weigand, 2011; 2012). Aufgrund dessen wächst der Bedarf an fachdidaktischen Fortbildungen zum Lehren und Lernen mit digitalen Medien, um einerseits die Medienkompetenzen von Lehrkräften zu erweitern und andererseits die vielseitigen Facetten von digitalen Medien für den Mathematikunterricht aufzuzeigen (Schütze, 2017).

In diesem Zusammenhang kann eine innovative, theoriegeleitete Fortbildungsplattform für Lehrende der Sekundarstufen angeführt werden (Barzel et al., 2013): Das Projekt „European development for the use of mathematics technology in classrooms" (EdUmatics) bietet zahlreiche Unterrichtsmaterialien mit konkreten Aufgabenstellungen, Lösungshinweisen, Informationen zur Gestaltung von virtuellen Lernumgebungen, Forschungsberichten zur Digitalisierung im Mathematikunterricht sowie Zusatzmaterialien (z. B. Videos) zur Nutzung für Fortbildungen an. Dabei können Lehrpersonen in fünf Modulen Anregungen und Hilfestellungen erhalten, wie sie ein schülerzentriertes und eigenverantwortliches Lernen unter Einsatz von digitalen Medien fördern können. Im Kontext der vorliegenden Studie ist insbesondere das Modul „Unterrichtshilfen zum Einsatz von Technologie im Unterricht" hervorzuheben, bei dem die Lehrenden reale Praxisbeispiele anhand von Videos hinsichtlich ihrer Ideen reflektieren und für den eigenen Fachunterricht weiterentwickeln können. Da die Materialien auf der Internet-Plattform[1] frei verfügbar und in mehreren Sprachen angeboten werden, können sie sowohl in Fortbildungen als auch von zu Hause verwendet werden.

Eine weitere Möglichkeit besteht darin, Minifortbildungen durch die Einführung eines Medientages (z. B. zur Nutzung und Bedienung von Tablets) anzubieten. Dies wird bereits an der Schillerschule in Walldorf und an der Rosa-Luxemburg-Schule in Potsdam praktiziert, um den Umgang mit Tablets zu üben. Durch das Angebot der Minifortbildungen wurde eine positive Resonanz bei den Lehrpersonen erzielt, da sie beim Gestalten und Durchführen von virtuellen Lernumgebungen unterstützt werden (Hedtke, 2019). Solche Fortbildungen können sich insbesondere an konkreten Beispielen und an die erforderlichen

---

[1] Unter www.edumatics.eu sind die Materialien kostenfrei zugänglich.

Rahmenbedingungen für virtuelle Lernumgebungen orientieren (z. B. eine jahrgangsspezifische Einweisung in die Arbeit mit Tablets), sodass den Lehrpersonen ein Zugang zu verschiedenen E-Learning-Angeboten gegeben wird.

Im Kontext der vorliegenden Studie kann im Besonderen auf das Potenzial von selbst entwickelten Lernvideos auf Tablets eingegangen werden, wobei die Lehrpersonen zunächst hinsichtlich der Konstruktion von Video-Lernumgebungen und der Förderung von kognitiv nachhaltigem Lernen fortgebildet werden müssen. Falls der zeitliche Aufwand für die Lehrenden zu hoch ist (Arnold et al., 2004), können sie alternativ in Lehrerfortbildungen dahingehend geschult werden, wie sie didaktisch sinnvolle Lernvideos im Internet (z. B. auf Lernplattformen oder YouTube) erkennen können und welche Grenzen sie haben.

Der bedeutende Vorteil bei der Selbstkonstruktion von Lernvideos besteht allerdings darin, dass die Lehrpersonen die Lernvideos frei gestalten können. Die eigens konstruierten Lernvideos zum Thema „Eigenschaften von Dreiecken und Vierecken" in der durchgeführten empirischen Untersuchung repräsentieren einen innovativen Ansatz, wie Lerninhalte im Geometrieunterricht der fünften Jahrgangsstufe optimal an die Voraussetzungen der Jahrgangsstufe (z. B. an das Vorwissen aus der Primarstufe), den Schwierigkeitsgrad und der Schulform) angepasst werden können. Neben der inhaltlichen Korrektheit konnten die Kriterien der Übersichtlichkeit und der Strukturiertheit adäquat in den selbst entwickelten Lernvideos umgesetzt werden (Guo et al., 2014).

Aus der Gestaltung der Lernvideos zum Thema „Eigenschaften von Dreiecken und Vierecken" können weitere Vorteile abgeleitet werden: Die Lehrpersonen können u. a. die Anordnung der Lerninhalte bestimmen und bewusst eine verschachtelte Reihenfolge einbauen. Die Lernvideos können kompakt mit einer angemessenen Länge von drei bis fünf Minuten aufgenommen und anhand von passenden visuellen Darstellungen veranschaulicht werden. Mit Blick auf die durchgeführte Studie ergab sich der pädagogische Mehrwert, dass mithilfe des audio-visuellen Formates nicht nur die Lernprozesse der Schülerinnen und Schüler mithilfe unterschiedlicher Darstellungsformen unterstützt werden konnten, sondern auch ein höheres geometrisches Begriffsverständnis zum Thema „Eigenschaften von Dreiecken und Vierecken" initiiert werden konnte. Durch die Video-Lernumgebung konnte ein eigenverantwortlicher und selbstgesteuerter Wissenserwerb ermöglicht werden, bei dem die Lernenden ihr eigenes Lerntempo durch die Funktion des Pausierens der Lernvideos bestimmen konnten und sich neue Begriffe, z. B. die Parallelität, wiederholt erklären lassen konnten (vgl. Borromeo Ferri & Szostek, 2020).

Bei der Vorbereitung einer Video-Lernumgebung empfiehlt es sich, möglichst viele Störvariablen (z. B. den Zugriff auf unnötige Apps) zu minimieren. Um den Ablenkungsfaktor bei der Nutzung der Tablets in der durchgeführten Studie zu umgehen, wurden die Lernvideos vorab auf die Tablets überspielt. Zudem hatten die Lernenden während der Intervention keinen Zugriff auf das Internet. Dadurch konnten die Lernenden in der Intervention ihre Aufmerksamkeit und Konzentration weitestgehend auf die Lerninhalte in den Lernvideos fokussieren. Mit Blick auf die signifikanten Leistungszuwächse in beiden Experimentalbedingungen im Zeitraum von Prä zu Post konnte evidenzbasiert gezeigt werden, dass die selbstständig entwickelten Lernvideos zum Thema „Eigenschaften von Dreiecken und Vierecken" für die Verwendung im realen Geometrieunterricht der fünften Jahrgangsstufe geeignet sind.

Im Sinne einer didaktisch sinnvollen Einbettung von Lernvideos in den Mathematikunterricht zeigt sich in der durchgeführten empirischen Untersuchung, wie Lernvideos zum Thema „Eigenschaften von Dreiecken und Vierecken" im Hinblick auf kognitiv nachhaltiges Lernen ausgerichtet werden können. Die Verbindung von Lernvideos mit dem pädagogischen Konzept des verschachtelten Lernens begünstigt das langfristige Erinnern der Lerninhalte deutlich besser als die Kombination mit dem geblockten Lernen. Die Entwicklung von verschachtelt angeordneten Lerninhalten bringt insbesondere keinen Mehraufwand im Vergleich zu geblockt angeordneten Lerninhalten hervor, da ausschließlich die Reihenfolge variiert. Beim Aufzeichnen der Lernvideos (z. B. mittels des Programmes „Active Presenter") können einzeln aufgenommene Lernvideos sowohl in eine geblockte als auch in eine verschachtelte Reihenfolge problemlos verschoben werden. Eine verschachtelte Anordnung von bestehenden Lernvideos aus Lernplattformen lässt sich sogar dann umsetzen, wenn mehrere, kurze Videos zu verschiedenen Unterthemen eines Themenkomplexes verfügbar sind. Demzufolge kann die Reihenfolge der Lernvideos bei der Vorbereitung der Video-Lernumgebung unkompliziert von der Lehrperson verändert werden.

In vielen Schulen ist die Ausstattung von digitalen Endgeräten unzureichend, indem z. B. kein einziger Klassensatz an Tablets oder Notebooks zum Ausleihen existiert (siehe Teil I, Abschnitt 1.1). Dahingehend können die Ansätze „Bring your own device" oder „Bring your rented device" in Erwägung gezogen werden, bei denen die Schülerinnen und Schüler ihre eigenen oder gemietete digitale Medien (z. B. Tablets) im Präsenzunterricht nutzen (vgl. Borromeo Ferri & Szostek, 2020). Dahingehend können virtuelle Lernumgebungen einfacher umgesetzt werden und z. B. eigens entwickelte Lernvideos im Mathematikunterricht eingesetzt werden.

Neben der Einbindung der Lernvideos auf Tablets im Präsenzunterricht, wie in der vorliegenden Studie, bieten sich Möglichkeiten des außerschulischen Lernens ohne Anwesenheit der Lehrperson an (z. B. im Fernunterricht und Home-schooling zu Zeiten der Corona-Pandemie). Denn zukünftige Entwicklungen im Zusammenhang mit E-Learning sollten nicht nur im schulischen Bereich statt-finden, sondern in einer umfassenden Lernumgebung den Arbeitsplatz zu Hause einbeziehen (Weigand, 2014). Lernmaterialien, wie die kurzen Lernvideos zum Thema „Eigenschaften von Dreiecken und Vierecken", ermöglichen insbesondere eine flexible Anwendung im schulischen und außerschulischen Bereich. Die Lern-videos können über Lernplattformen (z. B. Moodle) bereitgestellt werden, welche nicht an das digitale Medium Tablet gebunden sind, sondern problemlos auch mit dem eigenen Laptop oder PC und einer Internetverbindung verwendet werden können. Selbst entwickelte Arbeitsmaterialien (wie das Arbeitsheft und die Mus-terlösungen in der durchgeführten Studie) können ebenfalls digital zur Verfügung gestellt werden. Eine kombinierte Form des schulischen und außerschulischen Lernens wäre im Sinne eines „Flipped Classrooms" ebenfalls möglich, indem die Lerninhalte mittels Lernvideos zu Hause erarbeitet und die Anwendung des Gelernten im Präsenzunterricht vollzogen werden, z. B. anhand von Übungen im Arbeitsheft (vgl. Bergmann & Sams, 2012; Werner & Spannagel, 2018).

Insgesamt kann für das Lehren mit digitalen Medien impliziert werden, dass Lehrkräfte auf die besonderen Herausforderungen beim Entwickeln von Video Lernumgebungen vorbereitet werden müssen. Die Lernvideos müssen mit einem mathematikdidaktisch sinnvollen Unterrichtskonzept verbunden und adäquat in den Mathematikunterricht eingebettet werden, damit sie ein kognitiv langfristi-ges Lernen unterstützen. Im Zusammenhang mit der vorliegenden Studie soll an dieser Stelle nochmals die Originalität des pädagogischen Ansatzes der Verschachtelung in Kombination mit Lernvideos auf Tablets betont werden:

Die selbstkonstruierten, verschachtelt angeordneten Lernvideos zum Thema „Eigenschaften von Dreiecken und Vierecken" liefern ein gelungenes Beispiel dafür, wie das kognitiv nachhaltige Lernen gefördert werden kann. In der durch-geführten Intervention ließen sich die verschachtelt angeordneten Lernvideos in die Video-Lernumgebung derart implementieren, dass der Wissensabruf bei den verschachtelt Lernenden über mehrere Wochen nach der Lerneinheit anhielt. Neben der Einbindung in den Präsenzunterricht können die kurzen Lernvideos fle-xibel von zu Hause aus zur individuellen Festigung, Vertiefung und Wiederholung von bereits erlernten Inhalten genutzt werden.

Limitationen der Interventionsstudie 20

Die Aussagen dieser Arbeit stützen sich zwar auf die nachgewiesenen, empirischen Befunde der Interventionsstudie, jedoch ergeben sich einschränkende Bedingungen aus der Durchführung der Studie sowie aus der Erhebung und Auswertung der Daten. Diese Grenzen des Studiendesigns sollen bei der Interpretation und Diskussion der Ergebnisse berücksichtigt werden.

In diesem Kapitel werden die Wissenstests und Fragebögen z. B. hinsichtlich der inhaltlichen Zusammensetzung diskutiert (siehe Abschnitt 20.1). Außerdem erfolgt eine Auseinandersetzung mit dem Umgang mit fehlenden Daten (Drop-outs und Missing Data, siehe Abschnitt 20.2). Darüber hinaus wird kritisch reflektiert, inwieweit die durchgeführte Interventionsstudie in Bezug auf das Lehrer-Schüler-Verhältnis, die Arbeitsmaterialien und der Sozialform einen authentischen Mathematikunterricht repräsentiert (siehe Abschnitt 20.3).

20.1 Erhebungsinstrumente

Vorwissenstest

Da der Vorwissenstest auf dem Testinstrument aus den „VerA 3" (Institut zur Qualitätsentwicklung im Bildungswesen, 2008; 2013) basierte, wurde von einer eindimensionalen Skala ausgegangen, welche das deklarative Wissen zur Thematik „Dreiecke und Vierecke" abfragt und als eine gemeinsame Fähigkeit zusammengefasst werden kann (siehe Teil II, Abschnitt 10.1.1). Die Reliabilität der Skala war zwar mit $\alpha = .61$ noch im akzeptablen Bereich (Streiner, 2010), jedoch hätte sie optimiert werden können. Eine Möglichkeit aus statistischer Perspektive könnte der Ausschluss von Items mit geringeren Itemschwierigkeiten sein, jedoch fiel die Entscheidung bewusst darauf, keine Items aus dem Vorwissenstest zu eliminieren. Für die geringen Trennschärfen von zwei Items

M. Afrooz, *Leistungseffekte beim verschachtelten und geblockten Lernen mittels Lernvideos auf Tablets*, Mathematikdidaktik im Fokus, https://doi.org/10.1007/978-3-658-36482-3_20

waren die Itemschwierigkeiten ursächlich (eines war zu leicht und das andere zu schwer). Da der Vorwissenstest aus inhaltlichen Gründen breiter gefasst sein sollte, wurden keine Items selektiert. Bei der Selektion von Items könnte zudem die Inhaltsvalidität gefährdet werden (siehe Teil II, Abschnitt 11.1.1).

Aus inhaltlicher Perspektive könnte darüber hinaus diskutiert werden, inwieweit die Aufgabenauswahl für das Erfassen des Vorwissens der Schülerinnen und Schüler aus dem fünften Jahrgang geeignet war. Da die vorliegende Interventionsstudie im Jahr 2019 durchgeführt wurde und sich die Lernenden im Jahr 2017 im dritten Jahrgang befanden, wären die Aufgaben aus dem Aufgabenpool zu den „VerA 3" aus dem Jahr 2017 zum Thema „Dreiecke und Vierecke" besser an die Lernvoraussetzungen der Stichprobe angepasst. Da jedoch zum Zeitpunkt der Entwicklung der vorliegenden Studie kein Zugriff zu den „VerA 3" aus dem Jahr 2017 gegeben war, bezog sich der Vorwissenstest auf die verfügbaren Aufgaben aus dem Jahr 2013.

Darüber hinaus besteht die Möglichkeit, eigene Aufgaben zu konstruieren, welche sich z. B. an einem bestehenden Aufgabenpool zu den „VerA 3" oder an Schulbüchern aus dem Primarbereich orientieren können. Mit Blick auf die Reliabilität wäre es dahingehend empfehlenswert, den Vorwissenstest anhand einer größeren Anzahl an Items zusammenzustellen, weil die Reliabilität von der Itemanzahl abhängt. In diesem Zusammenhang steigt die Reliabilität bei einer höher werdenden Itemanzahl (Rost, 2004). Da allerdings der Schwerpunkt der vorliegenden Studie auf die Untersuchung der Leistungen mittels des wiederholenden Wissenstests im Prä-Post-Follow-up-Design gelegt wurde, war der Einsatz des Vorwissenstests aus dem bestehenden Aufgabenpool der „VerA 3" ausreichend, um das Vorwissen aus dem Geometrieunterricht der Primarstufe als Kontrollvariable zu erheben.

Wissenstest im Prä-Post-Follow-up-Design

Das deklarative Wissen zum Thema „Eigenschaften von Dreiecken und Vierecken" wurde mittels einer Intervallskala über 17 Test-Items erfasst, weil die Aufgaben zu den Seiten- und Winkeleigenschaften der geometrischen Figuren inhaltlich nicht eindeutig voneinander getrennt werden konnten und zusammen in einer gemeinsamen Lerneinheit unterrichtet wurden. In diesem Zusammenhang wären inhaltlich gesehen unterschiedliche Fähigkeitsbereiche denkbar, z. B. die zwei Fähigkeitsbereiche „Seiteneigenschaften von Dreiecken und Vierecken" und „Winkeleigenschaften von Dreiecken und Vierecken" oder die vier Fähigkeitsbereiche „Seiteneigenschaften von Dreiecken", „Seiteneigenschaften von Vierecken", „Winkeleigenschaften von Dreiecken" und „Winkeleigenschaften von Vierecken". Bei der Entwicklung des Wissenstests wurden zwar Items zu den

Seiten- und Winkeleigenschaften getrennt voneinander administriert, allerdings konnten aus statistischer Perspektive über alle Messzeitpunkte hinweg keine eindeutigen Subskalen gefunden werden (siehe Teil II, Abschnitt 11.4.2). Deshalb können keine Aussagen über differenzierte Beurteilungen hinsichtlich einzelner Fähigkeitsbereichen (z. B. bezüglich der Seiteneigenschaften von Dreiecken) getroffen werden.

Der Wissenstest im Prä-Post-Follow-up-Design fragte das deklarative Wissen zum Thema „Eigenschaften von Dreiecken und Vierecken" und die neu gelernten Begriffe (z. B. die Parallelität) ab, indem geschlossene Aufgabenformate (z. B. Multiple Choice) und halboffene Formate (z. B. Lückentexte) eingesetzt wurden. Aus den Leistungsergebnissen kann daher keine Aussage darüber getroffen werden, inwiefern das erworbene Wissen von den Lernenden angewendet bzw. transferiert werden kann. Im Kontext einer Diskussion zur Validität bezüglich der Erfassung eines umfassenden Wissens zum Thema „Eigenschaften von Dreiecken und Vierecken" stellt sich die Frage, ob zusätzliche Items zur Überprüfung des prozeduralen Wissens ergänzt werden können.

Da es sich um neue Lerninhalte handelte und die Intervention mit sechs Schulstunden kurz angelegt war, wurde der Fokus bewusst auf die Erarbeitung der neuen geometrischen Begriffe gesetzt. Denn der Erwerb eines umfangreichen deklarativen Wissens stellt eine notwendige Bedingung für eine erfolgreiche Prozeduralisierung des Wissens dar. Der ausschließliche Erwerb von Faktenwissen sollte trotzdem nicht das alleinige Ziel beim Erlernen neuer Inhalte sein (Edelmann, 2000; Rittle-Johnson et al., 2001). Mit Blick auf die durchgeführte Intervention könnte durch eine Einbindung von Anwendungsaufgaben der Lernzuwachs und die Leistungsergebnisse bei den Schülerinnen und Schülern gegebenenfalls anderweitig (z. B. niedriger) ausfallen (vgl. Borromeo Ferri et al., 2020). Deshalb kann bei einer zeitlich längeren Intervention (z. B. in Anschlussstudien) die Abfrage von Anwendungswissen sowohl in die Arbeitsmaterialien als auch in offene Testaufgaben implementiert werden, indem die geometrischen Figuren z. B. durch ein mentales Variieren der Seiten und Winkel erzeugt, die Eigenschaften für die Konstruktion genutzt oder in Problemlöse- und Anwendungsaufgaben integriert werden (siehe Kapitel 21; Weigand et al., 2019).

Fragebogen im Prä-Post-Design

Alle eingesetzten Skalen des Fragebogens wurden aus mehrfach durchgeführten Testinstrumenten aus empirischen Untersuchungen übernommen (Beißert, Köhler, Rempel, & Beierlein, 2014; Bertelsmann-Stiftung, 2017; Bundesinstitut für Bildungsforschung, Innovation und Entwicklung des österreichischen Schulwesens, 2003; Deutsches Institut für Pädagogische Forschung, 2003; Leibniz-Institut für Bildungsforschung und Bildungsinformation, 2014b). Da die administrierten Items der Messkonzepte „Mathematisches Selbstkonzept", „Anstrengungsbereitschaft", „Inhalte und Anwendungen des E-Learning" und „Einstellung zum Lernen mit digitalen Medien" allgemein formuliert waren (z. B. im Konstrukt „Anstrengungsbereitschaft" das Item „Es macht mir Spaß, über Lösungen von Problemen nachzudenken."), können sie für verschiedene Studien des schulischen Mathematikbereichs angewendet werden.

In Bezug auf die durchgeführte Interventionsstudie hätten trotzdem die Items sowohl inhaltlich an das Thema „Eigenschaften von Dreiecken und Vierecken" als auch methodisch an die Lernvideos auf Tablets stärker angepasst werden können. Demzufolge wäre eine eigene Entwicklung des Fragebogens möglich, bei dem die Items spezifischer an die Lerneinheit abgestimmt werden könnten. Mit Blick auf den dritten Fragenkomplex (siehe Teil III, Kapitel 16) könnten sich die oben genannten Konstrukte im Zeitraum von Prä zu Post anders entwickeln (z. B. höher ausfallen) und dadurch gegebenenfalls einen größeren Einfluss auf die Leistungen der geblockt und verschachtelt Lernenden ausüben.

Aus den empirischen Befunden der Studie kann keine Antwort darauf gefunden werden, trotzdem kann aus den theoretischen Überlegungen angeführt werden, dass z. B. das mathematische Selbstkonzept eine normative Stabilität aufweist und sich nach einer kurz angelegten Intervention kaum ändert. Eine spezifischere Abfrage des mathematischen Selbstkonzeptes würde somit nicht zwangsläufig die Entwicklung verändern (Marsh, Craven, & Debus 1998). In diesem Rahmen wäre eher das Untersuchen der Messkonzepte in einer länger angelegten Intervention empirisch gesehen sinnvoll, um gegebenenfalls andere Effekte oder Einflüsse generieren zu können (siehe Kapitel 21). Da der Schwerpunkt der vorliegenden Studie auf die Untersuchung der Leistungen gelegt wurde, war der Einsatz der bestehenden Skalen zur Kontrolle der Leistungsunterschiede ausreichend. Zudem wurden die Items der Konzepte „Inhalte und Anwendungen des E-Learning" und „Einstellung zum Lernen mit digitalen Medien" z. B. durch die Ergänzung des Wortes „Tablet" an die virtuelle Lernumgebung angepasst.

Neben den ausgewählten Konzepten hätten noch weitere Einflussfaktoren kontrolliert werden können, um die Leistungsergebnisse der geblockt und verschachtelt Lernenden von Störvariablen statistisch zu bereinigen. Die Auswahl wurde auf die obigen drei Konzepte getroffen, weil sie nach den theoretischen Grundlagen in einem relevanten Zusammenhang mit dem verschachtelten und geblockten Lernen sowie mit dem E-Learning stehen (siehe Teil I, Abschnitte 3.3.3 bis 3.3.5). Die Auswirkungen der Einflussfaktoren auf die Leistungen der Lernenden sollten dann mithilfe der Interventionsstudie explorativ untersucht werden. Die Begrenzung auf drei Konzepte begründet sich darin, dass die Lernenden des fünften Jahrgangs nicht mit zu vielen Fragen in einem Fragebogen überfordert werden sollten. Angesichts der Tatsache, dass zu den Messzeitpunkten Prä und Post jeweils direkt nach dem Fragebogen der Wissenstest eingesetzt wurde (siehe Teil II, Abschnitt 8.2, Abbildung 8.1), war ein Fragebogen mit insgesamt vier Blöcken (inklusive der Inhalte und Anwendungen des E-Learning) für die fünfte Jahrgangsstufe angemessen.

Darüber hinaus kann eine maximale interne Validität in der Praxis ausschließlich approximativ erreicht werden. Selbst wenn eine größere Anzahl an Kontrollvariablen untersucht werden würden, könnten die Leistungsunterschiede nicht allein auf die Art des Unterrichtens (geblockt oder verschachtelt) zurückgeführt werden, weil nicht alle Störvariablen (z. B. die Konzentrationsfähigkeit, der Lärm oder eine heterogene Klassenzusammensetzung) kontrolliert werden können (Krauss et al., 2015). Eine Kontrolle von anderen bedeutenden Einflussfaktoren ist trotzdem im Rahmen der durchgeführten Studie äußerst interessant. In anschließenden Forschungsarbeiten können dahingehend weitere Einflussvariablen bei der Untersuchung der Leistungsentwicklungen von geblockt und verschachtelt Lernenden berücksichtigt werden (siehe Kapitel 21).

20.2 Umgang mit fehlenden Daten

Drop-outs

Im Rahmen von empirischen Längsschnittuntersuchungen werden unter „Drop-outs" Verluste von Probanden verstanden, welche vor der Beendigung der Studie ausscheiden. Dadurch kann die Problematik von „systematischen" Drop-outs zustande kommen, indem Testpersonen mit besonders schlechten bzw. sehr guten Testergebnissen wegfallen (Döring & Bortz, 2016).

Da in der vorliegenden Interventionsstudie dieselben Probanden mehrmals mittels der Wissenstests und Fragebögen getestet wurden (siehe Teil II, Abschnitt 8.2, Abbildung 8.1), wurden diejenigen Probanden ausgeschlossen, welche z. B. aus krankheitsbedingten Gründen an mindestens einem der Messzeitpunkte gefehlt haben. Um die zwölf vorliegenden Testverluste auf systematische Drop-outs zu überprüfen, wurden die Werte der Drop-outs bei vorhandenen Messzeitpunkten mit der restlichen Stichprobe verglichen. Dahingehend ergeben sich keine signifikanten Unterschiede zwischen den Drop-outs und den übrigen Testpersonen, sodass von keiner systematischen Verzerrung der Gesamtstichprobe ausgegangen werden kann.

Drop-outs müssen trotzdem bei der Entwicklung der Studie und der Interpretation der Ergebnisse berücksichtigt werden. Nach Döring und Bortz (2016) müssen bei der Planung von Untersuchungen mit einem Längsschnittdesign Dropouts einkalkuliert werden, indem eine möglichst große Stichprobe getestet wird. Im Kontext der vorliegenden Interventionsstudie konnte die Startstichprobe nicht vergrößert werden, da in dem vorgesehenen Erhebungszeitraum keine weitere Gesamtschule zur Teilnahme an der Erhebung einwilligte.

Um die Vergleichbarkeit zwischen den Subgruppen zu gewährleisten, wurde auf die Rekrutierung von Lernenden aus anderen Jahrgängen bzw. Schülerinnen und Schüler von anderen Schulzweigen (z. B. Gymnasialklassen) verzichtet. Bei quantitativen Anschlussstudien könnte allerdings zur Kalkulation von systematischen Drop-outs die Startstichprobe auf mehrere Hunderte erhöht werden (siehe Kapitel 21).

Missing Data

Da der Umgang mit fehlenden Daten bei den eingesetzten Wissenstests bereits kritisch reflektiert wurde (siehe Teil II, Abschnitt 11.1), beschränkt sich die folgende Diskussion der Missing Data auf die Fragebogen-Items. Nach Schnell (1986) können die Ursachen für die fehlenden Daten unterschiedlich sein, z. B. könnten sprachliche Verständnisprobleme vorliegen oder die volle Aufmerksamkeit nicht gegeben sein. Nach Lüdtke, Nagy, Heinze und Köller (2016) besteht die Problematik ähnlich zu den Drop-Outs darin, dass durch den reduzierten Datensatz Verzerrungen einhergehen könnten. Dabei gibt es die Möglichkeit, mit bestimmten Verfahren die fehlenden Werte zu ersetzen:

Einfache Imputationen verwenden den Stichprobenmittelwert, während komplexere, multiple Imputationen (sogenannte State-of-the-art-Verfahren) geschätzte Werte in korrelierenden Variablen dafür nutzen, um Missing Data zu ersetzen (Schafer & Graham, 2002). In dem vorliegenden Datensatz wurden die fehlenden Daten pro Item in beiden Fragebögen untersucht. Da ausschließlich in wenigen Items höchstens ein fehlender Wert auftrat, wurden die jeweiligen Fälle aus den Analysen ausgeschlossen und auf ein Imputationsverfahren verzichtet. Der Einsatz solcher Verfahren sollte nämlich ausschließlich bei einer Verzerrung der Gesamtstichprobe durch eine große Anzahl an Missing Data in Erwägung gezogen werden, da Imputationen die wahren Verteilungen ebenfalls verzerren und die Varianz unterschätzen können (Müller, 2002; Wirtz, 2004).

20.3 Studiendesign eines authentischen Mathematikunterrichts

Lehrer- und Schülerrolle

Bei der Verwendung von digitalen Medien im Mathematikunterricht können sich die Interaktionen und Rollenverteilungen zwischen der Lehrperson und den Lernenden verändern (Weigand, 2011). Mit Blick auf empirische Untersuchungen mit virtuellen Lernumgebungen kann ebenfalls ein anderes Lehrer-Schüler-Verhältnis zustande kommen:

In der vorliegenden Interventionsstudie sollten die Lehrpersonen den Schülerinnen und Schülern keine Rückmeldungen geben oder inhaltliche Fragen während der Erarbeitungsphasen beantworten, sondern auf ein erneutes Anschauen der Lernvideos verweisen. Ausschließlich bei technischen Problemen oder Fragen wurde jederzeit eine Unterstützung angeboten und umgehend geholfen. Neben der Erarbeitungs- und Übungsphase wurde auch die Sicherungsphase durch die Lernenden selbst vollzogen, indem sie ihre Lösungen mit den Musterlösungen verglichen.

Da die Selbstreflexion bei Schülerinnen und Schüler der fünften Jahrgangsstufe nicht als selbstverständlich angenommen werden kann, wurde darauf verwiesen und kontrolliert, dass sie die richtigen Lösungen mit einem Häkchen markierten und die falschen Lösungen verbesserten. Auf der einen Seite stellte dies keine gewohnte Situation für die Lernenden dar, weil die Lehrperson meistens in der Rolle als Lernbegleiter fungiert. Auf der anderen Seite kannten sie aus bisherigen Projekt- und Stationsarbeiten das eigenverantwortliche Lernen, welches bereits in der Primarstufe geübt wurde: Im Rahmen des Kompetenzbereiches „Kommunizieren" sollten die Lernenden bis zum Ende der vierten Jahrgangsstufe schon mehrfach ihre eigenen Lösungswege überprüft und reflektiert haben (Hessisches Kultusministerium, 2011c).

Insgesamt könnten die Lernenden zwar in der Intervention ein verändertes Lehrer-Schüler-Verhältnis zur bisherigen Schullaufbahn erfahren haben, jedoch wurde die Interventionsstudie bewusst so entwickelt, dass möglichst viele Störvariablen in der empirischen Untersuchung kontrolliert werden konnten. Dahingehend gelang es mithilfe des Studiendesigns, den Einfluss der Lehrervariable weitestgehend zu eliminieren.

Arbeitsmaterialien

In der durchgeführten Intervention wurde einerseits ein gleichschrittiges Lernen (z. B. durch die Einhaltung der gleichen Zeit bei der Übungsphase und gleiche

Aufgabenstellungen) praktifiziert. Die verwendeten Aufgabenformate (Lücken-text, Multiple-Choice und Aufgaben mit grafischen Darstellungen) variierten kaum. Dadurch konnten unterschiedliche Voraussetzungen hinsichtlich der Hete-rogenität (z. B. Unterschiede bezüglich des Lernstands und der Leistung) nicht wie im realen Mathematikunterricht berücksichtigt werden. Im gewöhnlichen Mathematikunterricht würde zusätzliches Lernmaterial zur Binnendifferenzierung verwendet werden, z. B. leichtere Aufgaben, zusätzliche bzw. weiterführende Aufgaben sowie Anwendungs- oder Transfer-Aufgaben, um das individuelle Ler-nen zu fördern (Leuders, Leuders, Prediger, & Ruwisch, 2017). Im Kontext der Thematik „Eigenschaften von Dreiecken und Vierecken" könnten dahingehend offene Aufgaben eingesetzt werden, indem die Lernenden Dreiecke und Vierecke z. B. unter der Vorgabe bestimmter Seiten- und Winkeleigenschaften zeichnen oder die Eigenschaften verbalisieren (Weigand et al., 2018).

In der Lerneinheit wurde andererseits mit dem Einsatz von Lernvideos, Arbeitsheften und Musterlösungen ein differenziertes Lernen ermöglicht, bei dem die Lernenden ihr eigenes Lerntempo (z. B. durch Pausieren und erneutes Abspielen der Lernvideos) bestimmen und ihre Lösungen selbstständig korrigie-ren konnten. Das Erarbeiten der neuen Lerninhalte erfolgte individuell am eigenen Tablet, um den Lernenden einen Freiraum für eigenverantwortliches Arbeiten ein-zuräumen und somit den Lernprozess zu begünstigen (vgl. Gruehn, 2000). Die Aufgabentypen im Arbeitsheft wurden an die empirischen Wissenstests angepasst, sodass die Lernenden diesbezüglich vorbereitet wurden.

Auf binnendifferenzierte Aufgaben wurde aufgrund der Vergleichbarkeit der Experimentalgruppen bewusst verzichtet. Damit wurde im Rahmen der empi-rischen Untersuchung gewährleistet, dass die „Eigenschaften von Dreiecken und Vierecken" von den Lernenden in allen Subgruppen gleichermaßen erar-beitet und geübt wurden. Außerdem konnten sich die Lernenden durch die einfach gewählten Aufgabenformate darauf konzentrieren, die neuen geometri-schen Begrifflichkeiten zu festigen und zu vertiefen (vgl. Weigand et al., 2018). Darüber hinaus wurde verhindert, dass sie durch den Inhalt und den Einsatz der neuen digitalen Methode (Lernvideos auf Tablets) überfordert werden.

Sozialform
Im Kontext digitaler Lehre ergibt sich häufig die Problematik der Abnahme von zwischenmenschlicher Kommunikation (Trenholm et al., 2018). Die virtuelle Ler-numgebung in der Intervention verlief ebenfalls ohne eine Interaktion zwischen den Schülerinnen und Schülern. Im realen Mathematikunterricht hätte sich aller-dings in der Übungs- und Sicherungsphase z. B. eine Partnerarbeit angeboten,

bei der die Lernenden in einen Austausch treten, ihre Lösungen miteinander vergleichen und sich gegenseitig berichtigen könnten.

In der vorliegenden Interventionsstudie wurde jedoch bewusst darauf verzichtet, damit der Einfluss beim Erlernen des neuen Wissens durch andere Mitschülerinnen und -schüler (z. B. durch ein bloßes Abschreiben der Lösungen) minimiert wird. Die Leistungsergebnisse konnten somit weitestgehend auf den selbstgesteuerten Lernprozess zurückgeführt werden, welcher unabhängig von der Sitzpartnerin bzw. dem Sitzpartner erfolgte.

Mit Blick auf den realen Mathematikunterricht lässt die selbstkonzipierte Video-Lernumgebung jedoch prinzipiell eine zwischenmenschliche Interaktion zu. Deshalb bleibt an dieser Stelle die wissenswerte Fragestellung offen, inwiefern sich die Leistungsergebnisse ändern würden, wenn die Lernenden z. B. in Partnerarbeit miteinander agieren würden. Darüber hinaus ergeben sich weitere Fragestellungen, welche in Anschlussstudien untersucht werden können und im folgenden Kapitel dargestellt werden.

Zusammenfassung und Ausblick 21

Die Interventionsstudie leistet einen relevanten Beitrag zur Erforschung der Wirkungsmechanismen des geblockten und verschachtelten Lernens bezüglich der Leistungsentwicklungen von Schülerinnen und Schülern im Geometrieunterricht. Der innovative Ansatz zeigt durch die Verbindung des pädagogischen Unterrichtskonzepts (geblockt bzw. verschachtelt) und den Lernvideos auf Tablets das Potenzial auf, wie digitale Medien in den realen Mathematikunterricht integriert werden können. Die zentrale Erkenntnis der vorliegenden empirischen Untersuchung besteht darin, dass sich in der Video-Lernumgebung das verschachtelte Lernen im Vergleich zum geblockten Lernen evidenzbasierend als vorteilhafter in Bezug auf die Nachhaltigkeit der Leistungen erweist.

Im Zusammenhang mit den diskutierten Ergebnissen und den Limitationen des Studiendesigns werden in diesem Kapitel die Schwerpunkte der vorliegenden Untersuchung zusammengefasst und weiterführende Forschungsfragen für zukünftige Untersuchungen aufgezeigt:

Verschachtelungsmöglichkeiten
Innerhalb eines Themenkomplexes ist die Verschachtelung der Teilthemen bezüglich mehrerer Aspekte möglich (Rohrer & Taylor, 2007). In der vorliegenden Interventionsstudie wurde die Verschachtelung der Lerninhalte anhand der Eigenschaften der Dreiecke und Vierecke vollzogen, indem die Seiten- und Winkeleigenschaften pro geometrischer Figur miteinander kombiniert wurden. Eine alternative Möglichkeit stellt eine Verschachtelung bezüglich der geometrischen Form dar, indem Dreiecke und Vierecke miteinander verschachtelt werden. Dahingehend könnten z. B. das Quadrat und das gleichseitige Dreieck miteinander kombiniert werden, indem z. B. bezüglich der Seiteneigenschaften erlernt wird, dass alle Seiten in beiden Figuren gleich lang sind. In der geblockten

M. Afrooz, *Leistungseffekte beim verschachtelten und geblockten Lernen mittels Lernvideos auf Tablets*, Mathematikdidaktik im Fokus,
https://doi.org/10.1007/978-3-658-36482-3_21

Lernbedingung könnten die Themenbereiche „Dreiecke" und „Vierecke" in zwei Blöcken getrennt voneinander und nacheinander unterrichtet werden.

Darüber hinaus kann das verschachtelte Unterrichtskonzept themenübergreifend im Mathematikunterricht angewendet werden: Die Ergebnisse der vorliegenden Studie zeigten, dass sich die Verschachtelung ausschließlich bezüglich der Eigenschaften von Dreiecken und Vierecken als vorteilhaft herausstellte (siehe Teil III). In aktuellen empirischen Untersuchungen wurden die positiven Wirkungen der verschachtelten Lernbedingung in anderen Themenbereichen nachgewiesen, z. B. beim „Satz des Pythagoras" (Rohrer, Dedrick & Burgess, 2014), bei den „Termen und Gleichungen" (Rittle-Johnson & Star, 2007) und bei der „Bruchrechnung" (Rau, Aleven, & Rummel, 2013). Die kognitiv nachhaltigen Effekte des verschachtelten Lernansatzes können trotzdem nicht auf bisher unerforschte Themengebiete des Mathematikunterrichts verallgemeinert werden. Deshalb ist es besonders wissenswert, in Anschlussstudien verschiedene Möglichkeiten von Blockungen und Verschachtelungen unterschiedlicher Inhalte auf die Leistungsentwicklungen der Schülerinnen und Schüler zu prüfen.

Daraus ergeben sich die folgenden, weiterführenden Forschungsfragen:

– Wie unterscheiden sich die Leistungen der geblockt und verschachtelt Lernenden voneinander, wenn Dreiecke und Vierecke (anstelle von Seiten- und Winkeleigenschaften) geblockt bzw. verschachtelt erlernt werden?
– Wie wirkt sich die Verschachtelung bzw. Blockung auf die Leistungen der Lernenden in anderen Themengebiete des Mathematikunterrichts aus?

Zeitlicher Rahmen

In der durchgeführten Interventionsstudie konnten nach Absprache mit den teilnehmenden Gesamtschulen ausschließlich sechs Schulstunden für die Lerneinheit genutzt werden. Trotz der kurz angelegten Intervention zeigten die Leistungsergebnisse, dass sich die verschachtelt Lernenden signifikant von den geblockt Lernenden unterschieden (siehe Teil III): Die Langzeiteffekte des verschachtelten Unterrichtskonzepts konnten in Folge von stabilen Leistungsentwicklungen über den Zeitraum von fünf Wochen nach der Lerneinheit nachgewiesen werden, während bei den geblockt Lernenden ein deutlicher Leistungsabfall zwischen den Messzeitpunkten Post und Follow-up 1 zu verzeichnen war. An dieser Stelle soll betont werden, dass die durchgeführte Intervention evidenzbasiert entwickelt und die nachhaltigen Wirkungen der verschachtelten Unterrichtspraxis empirisch nachgewiesen werden konnten.

Für weitere Forschungsarbeiten ergibt sich die praktisch bedeutsame Fragestellung, inwiefern die Effekte der verschachtelten Lernbedingung im Vergleich zur geblockten Lernbedingung über die fünf Wochen hinaus stabil bleiben (z. B. nach einem weiteren Monat). In der empirischen Studie von Ziegler und Stern (2014) wurde zum Thema „Algebraische Terme" nachgewiesen, dass die positiven Wirkungen der verschachtelten Praxis im Gegensatz zur geblockten Praxis über drei Monate nahezu unverändert blieben. Mit Anschlussuntersuchungen kann dahingehend geklärt werden, inwieweit die Stabilität der Leistungen über mehrere Monate hinweg auf die vorliegende Studie zutrifft.

Da die Begriffsentwicklung und der Aufbau von angemessenen Vorstellungen zu den geometrischen Figuren und deren Eigenschaften langfristige und stets fortsetzbare Prozesse darstellen, könnten in einer länger stattfindenden Intervention die folgenden Aspekte vertieft werden: In Anlehnung an die Diskussion der Ergebnisse (siehe Kapitel 1) und die Limitationen der Studie (siehe Kapitel 3) könnte neben dem deklarativen Wissen (z. B. dem Einüben von neuen Begriffen) auch das prozedurale Wissen (z. B. das Anwenden des neuen Wissens in offenen Aufgaben) untersucht werden (vgl. Borromeo Ferri et al., 2020).

Des Weiteren könnten über die ausgewählten geometrischen Figuren hinaus weitere Dreiecke und Vierecke (z. B. das rechtwinklige Dreieck, die Raute und das Trapez) und neben den Seiten- und Winkeleigenschaften die Symmetrieeigenschaften in der Intervention thematisiert werden. Nach dem Prinzip des Begriffsnetzes könnten bspw. im Haus der Vierecke die Beziehungen zwischen den Vierecken und die Zusammenhänge zwischen den Eigenschaften (z. B. anhand einer Klassifizierung nach den Winkeln oder entsprechend der Achsensymmetrie) unterrichtet werden.

Im Zusammenhang mit dem E-Learning könnten zusätzlich dynamische Geometrie-Systeme (z. B. GeoGebra als App auf den Tablets) genutzt werden, indem bspw. das Parallelogramm anhand von Verschiebungen und Streckungen untersucht wird. Durch GeoGebra wird den Lernenden ermöglicht, verschiedene Repräsentationen und Darstellungen der geometrischen Figuren interaktiv nutzen zu können. Dadurch kann ein tieferer Einblick in den Themenkomplex „Eigenschaften von Dreiecken und Vierecken" gewährt werden (Weigand et al., 2018).

Aus den zeitlichen Begrenzungen zur Durchführung der Interventionsstudie gehen die folgenden, weiterführenden Forschungsfragen hervor:

– Wie entwickeln sich die Leistungen der geblockt und verschachtelt Lernenden über die fünf Wochen hinaus?

– Unterscheiden sich die Leistungen der geblockt und verschachtelt Lernenden
  bei einer zeitlich länger angelegten und inhaltlich vertiefenden Intervention
  hinsichtlich des deklarativen und prozeduralen Wissens?
– Unterscheiden sich die Leistungen der geblockt und verschachtelt Lernenden
  bei einer zeitlich länger andauernden Intervention und der Integration von
  GeoGebra beim Wissenserwerb?

Stichprobe und Forschungsmethoden
In der vorliegenden empirischen Untersuchung wurden die Leistungen mithilfe des viermaligen Wissenstests und die persönlichen Merkmale (z. B. das
mathematische Selbstkonzept) anhand des zweimaligen Fragebogens an einer
Startstichprobe von 105 Lernenden erhoben. Da es sich um eine quantitative
Längsschnittuntersuchung handelte, sind deutlich größere Stichprobenumfänge,
meistens im drei- bis vierstelligen Bereich, notwendig, um eine höhere Aussage-
kraft bezüglich der Repräsentativität der Ergebnisse zu generieren (Döring &
Bortz, 2016). Unter Berücksichtigung von möglichen Drop-outs sollte deshalb eine größere Stichprobenanzahl für quantitative Anschlussstudien rekrutiert
werden.

   Neben quantitativen Forschungsmethoden können qualitative Erhebungsmethoden eingesetzt werden, um auf Basis subjektiver Wahrnehmungen einen
sinnverstehenden Zugang zu erhalten: Anhand von Einzelfällen kann der Forschungsgegenstand detaillierter beschrieben und z. B. anhand von sprachlich
kodiertem Datenmaterial interpretativ ausgewertet werden. Im Gegensatz zur
quantitativen Forschung wird bei qualitativen Studien eine theorieentdeckende
Forschung betrieben, um (neue) Hypothesen und Theorien aus den empirischen
Befunden zu entwickeln.

   Im Vergleich zu den geschlossenen Frageformaten in der durchgeführten quantitativen Studie können z. B. offene Fragen oder Erzählaufforderungen in einem
Interview-Gespräch gestellt werden. Im Kontext der vorliegenden Interventionsstudie können Leitfaden-Interviews mit einzelnen Schülerinnen und Schülern oder
Lehrpersonen geführt werden, bei denen sie z. B. die Lehrer- bzw. Schülerrolle
und das Unterrichtskonzept reflektieren könnten. Die Interviews ermöglichen als
diagnostische Instrumente insbesondere tiefere Analysen der individuellen Denk-
und Verhaltensmuster (Döring & Bortz, 2016).

   Darüber hinaus eignet sich die mündliche Befragungsmethode des „lauten
Denkens". Das laute Denken kann im Rahmen der durchgeführten Intervention

bspw. parallel zur Bearbeitung von Aufgaben aus dem Arbeitsheft vollzogen werden. Dabei können die Lernenden ihre Gedanken verbalisieren, während sie die Aufgaben bewältigen (vgl. Ericsson & Simon, 1993; Weidle & Wagner, 1994).

Zur Erhebung einer größeren Stichprobe und der Ergänzung von quantitativen Forschungsmethoden können die folgenden Forschungsfragen für Anschlussstudien formuliert werden:

– Wie unterscheiden sich die Leistungen der geblockt und verschachtelt Lernenden bei einem größeren Stichprobenumfang?
– Wie nehmen die Lernenden und die Lehrpersonen ihre eigene Rolle und das Unterrichtskonzept (geblockt bzw. verschachtelt) im Unterrichtsgeschehen bei den Leitfaden-Interviews wahr?
– Welche Denkmuster besitzen die geblockt und verschachtelt Lernenden während des Bearbeitens von Aufgaben im Arbeitsheft beim lauten Denken?

Kontrolle von Einflussfaktoren

Die Einflussfaktoren wurden in der durchgeführten Interventionsstudie anhand des Fragebogens im Prä-Post-Design erhoben, um die Leistungsergebnisse unabhängig von diesen berichten und interpretieren zu können (Bortz & Schuster, 2010; Döring & Bortz, 2016). In den Ergebnissen wurde ersichtlich, dass die Kontrollvariablen „Mathematisches Selbstkonzept", „Anstrengungsbereitschaft" und „Einstellung zum Lernen mit digitalen Medien" keinen signifikanten Einfluss auf die Leistungen der geblockt und verschachtelt Lernenden ausübten. Daraus konnte geschlussfolgert werden, dass die erheblichen Unterschiede weitestgehend auf die Unterrichtskonzepte zurückzuführen sind (siehe Teil III).

Aufgrund des zeitlichen Rahmens der Interventionsstudie konnte ausschließlich eine begrenzte Anzahl an Einflussfaktoren untersucht werden. Bei einer länger angelegten Intervention könnten auf der einen Seite die bereits getesteten Kovariaten nochmals untersucht werden, um gegebenenfalls einen höheren Einfluss auf die Leistungen zu erhalten. Auf der anderen Seite könnten weitere bedeutende Einflussfaktoren beim geblockten und verschachtelten Lernen kontrolliert werden:

Der Einfluss motivationaler Aspekte auf die Leistungen im Mathematikunterricht und im Zusammenhang mit dem E-Learning ist zwar bereits gut erforscht (vgl. u. a. Bertelsmann, 2007; Kunter, 2005), jedoch existieren im Forschungsbereich zum geblockten und verschachtelten Lernen bisher kaum Untersuchungen. Dabei spielt z. B. die leistungsbezogene Lernmotivation eine wichtige Rolle, um das Unterrichtskonzept anzunehmen und gute Leistungen nach einem erfolgreichen Wissenserwerb zu erbringen (Schiefele, 2009).

Darüber hinaus stellt insbesondere die Aufmerksamkeit als kognitives Konstrukt in der Gedächtnisforschung einen relevanten Faktor beim Lernen dar. Die Fokussierung der Aufmerksamkeit beim Aneignen und Üben von neuen Lerninhalten wirkt sich auf die Verarbeitung der Informationen im Arbeitsgedächtnis und auf die Abspeicherung dieser im Langzeitgedächtnis aus. Das Ausrichten der vollen Aufmerksamkeit auf den Lerngegenstand (z. B. auf die Bewältigung von Aufgaben) kann sich nach der Lerneinheit positiv auf das Lösen von Aufgaben in Wissenstests auswirken und somit zu Steigerungen der Leistungsergebnisse führen (Frenzel, Götz, & Pekrun, 2009). Um die Aufmerksamkeit in empirischen Studien erfassen zu können, können „Eye-Tracking-Analysen" verwendet werden. Im Rahmen der vorliegenden empirischen Untersuchung können die Augenfixierungen der Lernenden beim Erlernen der neuen Lerninhalte und beim Lösen der Aufgaben im Arbeitsheft aufgezeichnet werden. Zusätzlich kann das Eye-Tracking neben den Augenbewegungen Veränderungen der Pupillengröße darstellen, welche Erkenntnisse über die intrinsische kognitive Eigenbelastung beim Lernprozess und die kognitive Verarbeitung dieser im Arbeitsgedächtnis liefern können (vgl. Underwood, Jebbert, & Roberts, 2004; van Gog, & Scheiter, 2010).

In Anlehnung an die bereits untersuchten und weiteren Einflussfaktoren bezüglich der Leistungen der geblockt und verschachtelt Lernenden können die folgenden Forschungsfragen angeführt werden:

– Beeinflussen das mathematische Selbstkonzept, die Anstrengungsbereitschaft und die Einstellung zum Lernen mit digitalen Medien die Leistungen der geblockt und verschachtelt Lernenden bei einer länger angelegten Intervention?
– Beeinflusst die leistungsbezogene Motivation die Leistungen der geblockt und verschachtelt Lernenden?
– Unterscheiden sich die geblockt und verschachtelt Lernenden hinsichtlich der Aufmerksamkeit und der kognitiven Verarbeitung der Lerninhalte in den Eye-Tracking-Analysen?

E-Learning
In der vorliegenden empirischen Untersuchung wurden sowohl in der geblockten als auch in der verschachtelten Experimentalgruppe Lernvideos auf Tablets zur Wissensaneignung der neuen Thematik „Eigenschaften von Dreiecken und Vierecken" eingesetzt. Die virtuelle Lernumgebung wurde mit einem analogen

Arbeitsheft zum Üben der neuen Lerninhalte kombiniert. Da im Fokus der Studie die Untersuchung des Unterrichtskonzepts (geblockt vs. verschachtelt) stand, wurden in beiden Experimentalbedingungen dieselben Lernmaterialien in einer unterschiedlichen Reihenfolge dargeboten.

Unter der Verwendung von digitalen und analogen Arbeitsmethoden konnte in den Ergebnissen nachgewiesen werden, dass die verschachtelt Lernenden erheblich bessere Leistungen als die geblockt Lernenden erzielten (siehe Teil III). Daran anknüpfend können digitale und analoge Methoden im Zusammenhang mit dem geblockten und verschachtelten Lernen weiter erforscht werden, um den Einfluss des E-Learning auf die Leistungen einschätzen zu können (vgl. Bastian, 2017). Im Rahmen der durchgeführten Intervention können in einer Anschlussstudie die folgenden vier Experimentalbedingungen getestet werden:

- Experimentalbedingung 1: Die Schülerinnen und Schüler lernen die Lerninhalte verschachtelt und ausschließlich mit analogen Medien (verschachtelt/analog).
- Experimentalbedingung 2: Die Schülerinnen und Schüler lernen die Lerninhalte verschachtelt und ausschließlich mit digitalen Medien (verschachtelt/digital).
- Experimentalbedingung 3: Die Schülerinnen und Schüler lernen die Lerninhalte geblockt und ausschließlich mit analogen Medien (geblockt/analog).
- Experimentalbedingung 4: Die Schülerinnen und Schüler lernen die Lerninhalte geblockt und ausschließlich mit digitalen Medien (geblockt/digital).

Damit das Lernen mit analogen und digitalen Medien eindeutig voneinander getrennt werden kann, sollten in keiner der Bedingungen digitale und analoge Medien miteinander kombiniert werden. Bei der zweiten und vierten Experimentalbedingung könnten der Wissenserwerb und das Lösen von Übungen auf den Tablets vollzogen werden, während bei der ersten und dritten Experimentalbedingung die Lerninhalte und Aufgaben im Paper-Pencil-Design dargeboten werden (z. B. im Design eines analogen Schulbuches). In diesem Zusammenhang kann die Einstellung zum Lernen mit digitalen Medien mithilfe des Fragebogens im Prä-Post-Design erneut erhoben werden. Dahingehend können die digital und analog lernenden Gruppen miteinander verglichen und weitere Erkenntnisse über die Auswirkungen des E-Learning auf das Unterrichtskonzept (geblockt bzw. verschachtelt) gewonnen werden.

Die Erforschung des E-Learning führt zu den folgenden, weiterführenden Forschungsfragen für Anschlussuntersuchungen:

- Wie unterscheiden sich die Leistungen der vier Experimentalgruppen (verschachtelt/analog, verschachtelt/digital, geblockt/analog und geblockt/digital) voneinander?
- Unterscheiden sich die obigen vier Experimentalgruppen hinsichtlich der Einstellung zum Lernen mit digitalen Medien?

In Anlehnung an die zukünftigen Forschungsaktivitäten sollte vor der Implementierung des digitalen, verschachtelten Lernens im realen Mathematikunterricht geklärt werden, inwieweit das Unterrichtskonzept in Kombination mit digitalen Medien thematisch, jahrgangsspezifisch und praktisch umsetzbar ist. Daraus ergeben sich die folgenden, weiterführenden Fragen, welche bei der Planung und Umsetzung des digitalen, verschachtelten Lernens im realen Schulalltag berücksichtigt werden müssen:

- Wie können Lehrpersonen geschult werden, um digitale, verschachtelte Lernumgebungen zu konstruieren?
- Wie kann das digitale, verschachtelte Lernen bestmöglich in den Mathematikunterricht integriert werden?
- Welche Voraussetzungen müssen Lernende besitzen, um verschachtelt und digital zu lernen?
- Wie wirkt sich das digitale, verschachtelte Lernen auf die Leistungen aus, wenn die Lernenden miteinander agieren (z. B. bei einer Partnerarbeit in der Übungsphase)?
- Profitieren leistungsschwache genauso wie leistungsstarke Schülerinnen und Schüler von einer digitalen, verschachtelten Unterrichtspraxis?
- Eignet sich das digitale, verschachtelte Lernen für alle Jahrgangsstufen?
- Können die positiven Effekte der Verschachtelung beim Lernen mit digitalen Medien verstärkt werden (z. B. durch zusätzliche Hinweise zum Vergleichen der Inhalte)?

Insgesamt wird in Zukunft die Forderung einer Integration von digitalen, lernproduktorientierten Lernsettings im Mathematikunterricht weiter ansteigen. Deshalb ist ein weiteres Erforschen der Effekte des verschachtelten, digitalen Lernkonzepts unabdingbar, um einerseits die Möglichkeiten und Potenziale zu nutzen und andererseits die Grenzen für die reale Unterrichtspraxis abschätzen zu können. Dabei zeigte das digitale, verschachtelte Lernen mit Lernvideos auf Tablets zum Thema „Eigenschaften von Dreiecken und Vierecken" einen erfolgsversprechenden, praxisrelevanten und innovativen Ansatz zur Förderung von kognitiv nachhaltigem Lernen, welcher in den realen Mathematikunterricht sinnvoll eingebunden werden kann.

Literaturverzeichnis

Abele, P., Becherer, J., Burkhardt, I., Fechner, G., Haubner, R., Kliemann, S., Mrasek, R., Oelfin, G., Stephan, A., & Wallrabenstein, H. (2008). *Einblicke 5. Mathematik für Hauptschulen. Ausgabe N.* Stuttgart: Ernst Klett.

Altman, D. G. (1991). *Practical Statistics for Medical Research (Chapman & Hall/CRC Texts in Statistical Science).* London: Taylor & Francis Ltd.

Aesaert, K., Van Nijlen, D., Vanderlinde, R., Tondeur, J., Devlieger, I., & van Braak, J. (2015). The contribution of pupil, classroom and school level characteristics to primary school pupils' ICT competences: A performance-based approach. *Computers & Education, 97,* 55–69.

Agricola, I., & Friedrich, T. (2015). *Elementargeometrie. Fachwissen für Studium und Mathematikunterricht* (4. Aufl.). Wiesbaden: Springer.

Albert, M., Hurrelmann, K., & Quenzel, G. (2015). *Jugend 2015. 17. Shell Jugendstudie.* Frankfurt: Fischer Taschenbuch.

Arnold, P., Kilian, L., Thilosen, A., & Zimmer, G. (2004). *E-Learning Handbuch für Hochschulen und Bildungszentren. Didaktik, Organisation, Qualität.* Nürnberg: BW.

Astleitner, H. (2008). Die lernrelevante Ordnung von Aufgaben nach der Aufgabenschwierigkeit. In J. Thonhauser (Hrsg.), *Aufgaben als Katalysatoren von Lernprozessen. Eine zentrale Komponente organisierten Lehrens und Lernens aus der Sicht von Lernforschung, Allgemeiner Didaktik und Fachdidaktik* (S. 65–80). Münster: Waxmann.

Atkinson, R. C., & Shiffrin, R. M. (1968). Human memory: A proposed system and its control processes. In K. W. Spence, & J. T. Spence (Eds.), *The psychology of learning and motivation* (pp. 89–195). New York: Academic Press.

Aufenanger, S. (2017a). Online „dabei" sein. *E&W Zeitschrift der Bildungsgewerkschaft GEW, 3,* 15–16.

Aufenanger, S. (2017b). Zum Stand der Forschung zum Tableteinsatz in Schule und Unterricht. In J. Bastian, & S. Aufenanger (Hrsg.), *Tablets in Schule und Unterricht. Forschungsmethoden und -perspektiven zum Einsatz digitaler Medien* (S. 119–138). Wiesbaden: Springer VS.

© Der/die Herausgeber bzw. der/die Autor(en), exklusiv lizenziert durch Springer Fachmedien Wiesbaden GmbH, ein Teil von Springer Nature 2022
M. Afrooz, *Leistungseffekte beim verschachtelten und geblockten Lernen mittels Lernvideos auf Tablets*, Mathematikdidaktik im Fokus,
https://doi.org/10.1007/978-3-658-36482-3

Aufenanger, S., & Bastian, J. (2017). Tableteinsatz in Schule und Unterricht. Wo stehen wir? In J. Bastian, & S. Aufenanger (Hrsg.), *Tablets in Schule und Unterricht. Forschungsmethoden und -perspektiven zum Einsatz digitaler Medien* (S. 1–11). Wiesbaden: Springer VS.

Ausubel, D. P., Novak, J., & Hanesian, H. (1980). *Psychologie des Unterrichts. Band 1.* Weinheim: Beltz.

Baacke, D. (1997). *Medienpädagogik.* Tübingen: Niemeyer.

Baddeley, A. (1986). *Working memory.* New York: Oxford University Press.

Bandura, A. (1986). *Social foundations of thought and action. A social cognitive theory.* Englewood Cliffs: Prentice-Hall.

Bartlett, F. C. (1932). *Remembering. A study in experimental and social psychology.* Oxford: Macmillan.

Barzel, B., & Weigand, H.-G. (2019). Digitalisierung und mathematisches Lernen und Lehren. In A. Frank, S. Krauss, & K. Binder (Hrsg.), *Beiträge zum Mathematikunterricht* (S. 967–968). Münster: WTM-Verlag.

Barzel, B., Erens, R., Weigand, H.-G., & Bauer, A. (2013). EDUMATICS – Eine theoriegeleitete Fortbildungsplattform zum Einsatz digitaler Medien im Mathematikunterricht. In G. Gree-frath, F. Käpnick, & M. Stein (Hrsg.), *Beiträge zum Mathematikunterricht* (S. 96–99). Münster: WTM-Verlag.

Bastian, J. (2017). Tablets zur Neubestimmung des Lernens? In J. Bastian, & S. Aufenanger (Hrsg.), *Tablets in Schule und Unterricht. Forschungsmethoden und -perspektiven zum Einsatz digitaler Medien* (S. 139–174). Wiesbaden: Springer VS.

Baumeister, R. F., Campbell, J. C., Krueger, J. I., & Vohs, K. D. (2003). Does high self-esteem cause better performance, interpersonal success, happiness, or healthier lifestyles?. *Psychological Science in the Public Interest, 4,* 1–44.

Baumert, J., Kunter, M., Brunner, M., Krauss, S., Blum, W., & Neubrand, M. (2004). Mathematikunterricht aus Sicht der PISA-Schülerinnen und -Schüler und ihrer Lehrkräfte. In M. Prenzel, J. Baumert, W. Blum, R. Lehmann, D. Leutner, M. Neubrand, R. Pekrun, H.-G. Rolff, J. Rost, & U. Schiefele (Hrsg.), *PISA 2003: Der Bildungsstand der Jugendlichen in Deutschland – Ergebnisse des zweiten internationalen Vergleiches* (S. 314–354). Münster: Waxmann.

Beißert, H., Köhler, M., Rempel, M., & Beierlein (2014, o. D.). Eine deutschsprachige Kurzskala zur Messung des Konstrukts Need for Cognition. Die Need for Cognition Kurzskala (NFC-K). Abgerufen 21.10.2019, von https://www.gesis.org/fileadmin/kurzskalen/working_papers/WorkingPapers_2014-32.pdf

Beißwenger, A. (Hrsg.) (2010). *YouTube und seine Kinder. Wie Online-Video, Web TV und Social Media die Kommunikation von Marken, Medien und Menschen revolutionieren.* Baden-Baden: Nomos Ed. Fischer.

Benölken, R., Gorski, H.-J., & Müller-Philipp (2018). *Leitfaden Geometrie. Für Studierende der Lehrämter* (7. Aufl.). Wiesbaden: Springer.

Bergmann, J., & Sams, A. (2012). *Flip your Classroom: Reach Every Student in Every Class Every Day.* Eugene: International Society for Technology in Education.

Bertelsmann (2007). *PISA 2006 – Schulleistungen im internationalen Vergleich. Naturwissenschaftliche Kompetenzen für die Welt von morgen.* Bielefeld: OECD.

Bertelsmann Stiftung (2017, o. D.). Monitor Digitale Bildung. Befragung von Schülerinnen und Schülern. Abgerufen 02.10.2019, von https://www.bertelsmann-stiftung.de/fileadmin/files/Projekte/Teilhabe_in_einer_digitalisierten_Welt/Fragebogen_Schueler_Bayern_BST_DigiMonitor.pdf

Bertelsmann Stiftung (Hrsg.) (2018, 02. Mai). Lehramtsstudium in der digitalen Welt. Professionelle Vorbereitung auf den Unterricht mit digitalen Medien?! Eine Sonderpublikation aus dem Projekt Monitor Lehrerbildung. Abgerufen 03.10.2020, von https://www.monitor-lehrerbildung.de/export/sites/default/.content/Downloads/Monitor-Lehrerbildung_Broschue-re_Lehramtsstudium-in-der-digitalen-Welt.pdf

Birnbaum, M. S., Kornell N., Bjork, E. L., & Bjork, R. A. (2012). Why interleaving enhances inductive learning. The roles of discrimination and retrieval. *Psychonomic Society, 41*, 392–402. doi: https://doi.org/10.3758/s13421-012-0272-7

Bjork, R. A. (1994). Memory and metamemory considerations in the training of human beings. In J. Metcalf, & A. P. Shimamura (Eds.), *Metacognition: Knowing about knowing* (pp. 185–205). Cambridge: The MIT Press.

Bjork, R. A. (1999). Assessing our own competence: Heuristics and illusions. In D. Gopher, & A. Koriat (Eds.), *Attention and performance XVII. Cognitive regulation of performance: Interaction of theory and application* (pp. 435–459). Cambridge: The MIT Press.

Bjork, R. A., & Bjork, E. L. (1992). A new theory of disuse and an old theory of stimulus fluctuation. *From Learning Theory to Connectionist Theory, 2*, 35–67.

Bjork, E. L., & Bjork, R. A. (2011). Making things hard on yourself, but in a good way. Creating desirable difficulties to enhance learning. Psychology and the real world. *Essays illustracting fundamental contributions to society*, 56–64.

Blaschitz, E., Brandhofer, G., Nosko, C., & Schwed, G. (Hrsg.) (2012). *Zukunft des Lernens. Wie digitale Medien Schule, Aus- und Weiterbildung verändern.* Glücksstadt: Werner Hülsbusch.

Blum, W., & Leiss, D. (2005). Modellieren im Unterricht mit der Tanken-Aufgabe. *Mathematik lehren, 128*, 18–21.

Böhme, G. (2020). Keine Chance für Einstein. *E&W Zeitschrift der Bildungsgewerkschaft GEW, 5*, 34–35.

Böhringer, J., Bühler, P., & Schlaich, P. (Hrsg.) (2011). *Kompendium der Mediengestaltung. Produktion und Technik für Digital- und Printmedien.* Berlin: Springer.

Bonett, D. G., & Price, R. M. (2002). Statistical inference for a linear function of medians. Confidence intervals, hypothesis testing, and sample size requirements. *Psychological Methods, 7*(3), 370–383.

Bönsch, M. (2015). *Die neuen Sekundarschulen und ihre Pädagogik. Grundstrukturen und Gestaltungsideen.* Weinheim: Beltz Juventa.

Borromeo Ferri, R. (2017). Lernen mit Videopodcasts im Mathematikunterricht der Grundschule – Zugänge für eine mehrsprachige Schülerschaft (LeViMM). In U. Kortenkamp, & A. Kuzle (Hrsg.), *Beiträge zum Mathematikunterricht* (S. 1329–1332). Münster: WTM-Verlag.

Borromeo Ferri, R., Pede, S., & Lipowsky, F. (2020). Auswirkungen verschachtelten Lernens auf das prozedurale und konzeptuelle Wissen von Lernenden über Zuordnungen. *Journal für Mathematikdidaktik.* doi: https://doi.org/10.1007/s13138-020-00162-3

Borromeo Ferri, R., & Szostek, K. (2020). Professionalisierung von Lehrkräften für den Einsatz von Erklärvideos im Mathematikunterricht (PRO-VIMA). In H.-S. Siller, W. Weigel, & J. F. Wörler (Hrsg.), *Beiträge zum Mathematikunterricht* (S. 153–156). Münster: WTM-Verlag.

Bortz, J. (2005). *Statistik für Human- und Sozialwissenschaftler. Sechste, vollständig über-arbeitete und aktualisierte Auflage mit 84 Abbildungen und 242 Tabellen.* Heidelberg: Springer.

Bortz, J., & Döring, N. (2006). *Forschungsmethoden und Evaluation für Human- und Sozialwissenschaftler* (4. Aufl.). Berlin: Springer Medizin.

Bortz, J., & Schuster, C. (2010). *Statistik für Human- und Sozialwissenschaftler* (7. Aufl.). Berlin: Springer.

Bos, W., Eickelmann, B., Gerick, J., Goldhammer, F., Schaumburg, H., Schwippert, K., Senkbeil, M., Schulz-Zander, R., & Wendt, H. (2014). *ICILS 2013. Computer- und informationsbezogene Kompetenzen von Schülerinnen und Schülern in der 8. Jahrgangsstufe im internationalen Vergleich.* Münster: Waxmann.

Brockmann, B. (2002). Computereinsatz im Wandel. Versuch eines Längsschnitts. In H.-W. Henn (Hrsg.), *Beiträge zum Mathematikunterricht. Vorträge auf der 37. Tagung für Didaktik der Mathematik vom 3. bis 7. März 2003 in Dortmund* (S. 149–152). Hildesheim: Franzbecker.

Bromme, R., Seeger, F., & Steinbring, H. (1990). Aufgaben, Fehler und Aufgabensysteme. In R. Bromme, F. Seeger, & H. Steinbring (Hrsg.), *Aufgaben als Anforderungen an Lehrer und Schüler* (S. 1–30). Köln: Aulis Deubner.

Bruner, J. S., Oliver, R. S., & Greenfield, P. M. (1971). *Studien zur kognitiven Entwicklung.* Stuttgart: Kohlhammer.

Bruner, J. (1974). *Entwurf einer Unterrichtstheorie.* Berlin Verlag.

Bruns, K., & Meyer-Wegener, K. (2005). *Taschenbuch der Medieninformatik. Mit 39 Tabellen.* München: Carl Hanser.

Bühner, M. (2006). *Einführung in die Test- und Fragebogenkonstruktion.* München: Pearson Studium.

Bühner, M., & Ziegler, M. (2009). *Statistik für Psychologen und Sozialwissenschaftler.* München: Pearson Studium.

Bundesministerium für Bildung und Forschung (Referat Digitale Medien und Informations-infrastruktur) (2009). *Kompetenzen in einer digital geprägten Kultur. Medienbildung für die Persönlichkeitsentwicklung, für die gesellschaftliche Teilhabe und für die Entwicklung von Ausbildungs- und Erwerbsfähigkeit.* Bonn: BMBF.

Bundesinstitut für Bildungsforschung, Innovation & Entwicklung des österreichischen Schulwesens (2003, o. D.). PISA 2003: Internationaler Schülerfragebogen. Abgerufen 21.10.2019, von https://www.bifie.at/wp-content/uploads/2017/05/PISA-2003-frageb ogen-schueler-international.pdf

Burden, K., Hopkins, P., Male, T., Martin, S., & Trala, C. (2012, 01. Oktober). iPad Scotland evaluation. University of Hull. Abgerufen 20.03.2020, von http://www.janhylen.se/wp-content/uploads/2013/01/Skottland.pdf

Bürg, O., & Mandl, H. (2004). *Akzeptanz von E-Learning in Unternehmen. Forschungsbericht Nr. 167.* München: Ludwig-Maximilians-Universität München, Department Psychologie, Institut für Pädagogische Psychologie.

Cepeda, N. J., Pashler, H., Vul, E., Wixted, J. T., & Rohrer, D. (2006). Distributed practice in verbal recall tasks. A review and quantitative synthesis. *Psychological Bulletin, 132*(2), 354–380. doi: https://doi.org/10.1037/0033-2909.132.3.354.

Chase, W. G., & Simon, H. A. (1973). Perception in chess. *Cognitive Psychology, 4*, 55–81.

Chi, M., Glaser, R., & Rees, E. (1982). Expertise in problem solving. In R. Sternberg (Eds.), *Advances in the psychology of human intelligence* (pp. 7–75). Hillsdale: Lawrence Erlbaum.

Clark, W., & Luckin, R. (2013). *What the research says: iPads in the classroom.* London: London Knowledge Lab, Institute of Education University of London.

Clark, R. C., Nguyen, F., & Sweller, J. (2006). *Efficiency in learning. Evidence-based guidelines to manage cognitive load.* San Francisco: Pfeiffer.

Coenen, O. (2001). *E-Learning-Architektur für universitäre Lehr- und Lernprozesse.* Lohmar: Eul.

Cohen, J. (1988). *Statistical power analysis for the behavioral sciences* (2nd ed.). Hillsdale: Lawrence Erlbaum Associates.

Common Core State Standards Initiative (2009, o. D.). Common Core State Standards for Mathematics. Abgerufen 20.05.2020, von http://www.corestandards.org/wp-content/upl oads/Math_Standards.pdf

Corsten, M., Krug, M., & Moritz, C. (Hrsg.) (2010). *Videographie praktizieren. Herangehensweisen, Möglichkeiten und Grenzen.* Wiesbaden: Springer VS.

Cowan, N. (2001). The magical number 4 in short-term memory. A reconsideration of mental storage capacity. *The Behavioral and Brain Sciences, 24,* 87–185.

De Croock, M. B. M., & Van Merriënboer, J. J. G. (2007). Paradoxical effect of information presentation formats and contextual interference on transfer of a complex cognitive skill. *Computers in Human Behavior, 23,* 1740–1761.

De Groot, A. (1965). *Thought and choice in chess.* The Hague: Mouton.

Desimone, L. (2009). Improving impact studies of teachers' professional development: Toward better conceptualizations and measures. *Educational Researcher, 38*(3), 181–199.

Deutsches Institut für Pädagogische Forschung (2003, o. D.). Fragebogen für Schülerinnen und Schüler Klasse 9. Unterricht und mathematisches Verständnis: Eine schweizerisch deutsche Videostudie. Abgerufen 21.10.2019, von https://www.fdz-bildung.de/get_files. php?daqsfile_id=17

Dilk, A. (2019). Trial and error. *E&W Zeitschrift der Bildungsgewerkschaft GEW, 12,* 14–15.

Dobson, J. L. (2011). Effect of selected "desirable difficulty" learning strategies on the retention of physiology information. *Advances in Physiology Education, 35*(4), 378–383.

Döring, N., & Bortz, J. (2016). *Forschungsmethoden und Evaluation in den Sozial- und Humanwissenschaften* (5. Aufl.). Berlin: Springer.

Dörr, G., & Strittmatter, P. (2002). Multimedia aus pädagogischer Sicht. In L. J. Issing, & P. Klimsa (Hrsg.), *Information und Lernen mit Multimedia und Internet. Lehrbuch für Studium und Praxis* (S. 29–42). Weinheim: Beltz PVU.

Drabe, M. (2002). Medienintegration in der Schule. Eine Herausforderung. In W. Herget, R. Sommer, H.-G. Weigand, & T. Weth (Hrsg.), *Medien verbreiten Mathematik* (S. 18–29). Hildesheim: Franzbecker.

Drolshagen, B., & Klein, R. (2003). Barrierefreiheit. Eine Herausforderung für die Medienpädagogik der Zukunft. In M. Kerres, & B. Voß (Hrsg.), *Digitaler Campus. Vom Medienprojekt zum nachhaltigen Medieneinsatz in der Hochschule* (S. 25–35). Münster: Waxmann.

Dunlosky, J., Rawson, K. A., Marsh, E. J., Nathan, M. J., & Willingham, D. T. (2013). Improving students' learning with effective learning techniques. Promising directions from cognitive and educational psychology. *Psychological Science in the Public Interest, 14*(1), 4–58. doi: https://doi.org/10.117/1529100612453266.

Dusse, B. (2020). Umkämpftes Terrain. *E&W Zeitschrift der Bildungsgewerkschaft GEW, 3,* 32–33.

Edelmann, W. (2000). *Lernpsychologie* (6. Aufl.). Weinheim: Beltz.

Eickelmann, B., Bos, W., & Vennemann, M. (2015). *Total digital? – Wie Jugendliche Kompetenzen im Umgang mit neuen Technologien erwerben. Dokumentation der Analysen des Vertiefungsmoduls zu ICILS 2013.* Münster: Waxmann.

Eickelmann, B., Bos, W., Gerick, J., Goldhammer, F., Schaumburg, H., Schwippert, K., Senkbeil, M., & Vahrenhold, J. (2019*). ICILS 2018 #Deutschland Computer- und informationsbezogene Kompetenzen von Schülerinnen und Schülern im zweiten internationalen Vergleich und Kompetenzen im Bereich Computational Thinking.* Münster: Waxmann.

Eid, M., Gollwitzer, M., & Schmitt, M. (2010). *Statistik und Forschungsmethoden.* Weinheim: Beltz.

Emmerich, N. (2018a). Big Data in der Bildung. *E&W Zeitschrift der Bildungsgewerkschaft GEW, 3,* 25.

Emmerich, N. (2018b). Die digitale Spaltung. *E&W Zeitschrift der Bildungsgewerkschaft GEW, 10,* 6–9.

Emmerich, N. (2019). Die digitale Spaltung. *E&W Zeitschrift der Bildungsgewerkschaft GEW, 12,* 20–21.

Ericsson, K. A., & Herbert A. S. (1993). *Protocol analysis: Verbal reports as data.* Cambridge: MIT Press.

Ettrich, C., & Ettrich, K. U. (2006). *Verhaltensauffällige Kinder und Jugendliche.* Heidelberg: Springer.

Falck, J. (2020). Krise als Chance. *E&W Zeitschrift der Bildungsgewerkschaft GEW, 5,* 32–33.

FAZ (2019, 20. Februar). Einigung in der Bildungspolitik. Fünf Milliarden für digitale Ausstattung der Schulen. Abgerufen 20.02.2019, von https://www.faz.net/aktuell/politik/bildung-milliarden-fuer-digitale-ausstattung-der-schulen-16050538.html

Feierabend, S., Plankenhorn, T., & Rathgeb, T. (2015, 01. Februar). KIM-Studie 2014. Kinder + Medien, Computer + Internet. Basisuntersuchung zum Medienumgang. Abgerufen 25.03.2020, von https://www.mpfs.de/fileadmin/files/Studien/KIM/2014/KIM_Studie_2014.pdf

Feierabend, S., Plankenhorn, T., & Rathgeb, T. (2017). *KIM-Studie 2016. Kindheit, Internet, Medien. Basisstudie zum Medienumgang 6- bis 13-Jähriger in Deutschland.* Stuttgart: mpfs.

Fraillon, J., Ainley, J., Schulz, W., Friedman, T., & Gebhardt, E. (2014). Preparing for life in a digital age. *The IEA Inernational Computer and Information Literacy Study International Report.* Cham: Springer.

Franke, M., & Reinhold, S. (2016). *Didaktik der Geometrie in der Grundschule* (3. Aufl.). Berlin: Springer.

Frenzel, A. C., Götz, T., & Pekrun, R. (2009). Emotionen. In E. Wild, & J. Möller (Hrsg.), *Pädagogische Psychologie* (S. 206–229). Heidelberg: Springer Medizin.

Freynhofer (2018, 22. Dezember). Schwalm-Eder-Kreis stellt im Haushalt drei Millionen Euro zur Verfügung Tablets statt Bücher. Schulen im Landkreis setzen auf digitale Medien. Abgerufen 05.06.2020, von https://www.hna.de/lokales/fritzlar-homberg/homberg-efze-ort305309/tablets-statt-buecher-schulen-im-landkreis-setzen-auf-digitale-medien-10909708.html

Füller, C. (2020). Greenscreen und Screencast. *E&W Zeitschrift der Bildungsgewerkschaft GEW*, *6*, 28–30.

Furió, D., Juan, M. C., Seguí, I., & Vivó, R. (2015). Mobile learning vs. traditional classroom lessons: a comparative study. *Journal of Computer Assisted Learning, 31*(3), 189–201.

Geißlinger, E. (2020). Füller, Schulbuch, Laptop. *E&W Zeitschrift der Bildungsgewerkschaft GEW*, *5*, 43.

Gerger, K. (2014). *1:1 tablet technology implementation in the Manhattan Beach Unifie School District: A case study*. Long Beach: CSU.

Girden, E. R. (1992). ANOVA: Repeated measures. Sage university papers. *Quantitative applications in the social sciences*, 07-084. Newbury Park: Sage Publications.

Goldstone, R. L. (1996). Isolated and interrelated concepts. *Memory & Cognition, 24*, 608–628. doi: https://doi.org/10.3758/BF03201087

Golenia, J., & Neubert, K. (Hrsg.) (2010). *Mathematik 6. Denken und Rechnen. Hauptschule*. Braunschweig: Westermann Schroedel.

Grell, J., & Grell, M. (1987). *Unterrichtsrezepte*. Weinheim: Beltz.

Griesel, H., Postel, H., & Vom Hofe, R. (2019). *Mathematik heute. Ausgabe 2019 für Hessen. Schülerband 5*. Braunschweig: Westermann Schroedel.

Griesel, H., Postel, H., & Vom Hofe, R. (2011). *Mathematik heute. Ausgabe 2011 für Hessen. Schülerband 6*. Braunschweig: Westermann Schroedel.

Gruber, H., & Stamouli, E. (2009). Intelligenz und Vorwissen. In E. Wild, & J. Möller (Hrsg.), *Pädagogische Psychologie* (S. 27–46). Heidelberg: Springer Medizin.

Gruehn, S. (2000). *Unterricht und schulisches Lernen. Schüler als Quellen der Unterrichtsbeschreibung*. Münster: Waxmann.

Guo, P., Kim, J. & Rubin, R. (2014). How Video Production Affects Student Engagement: An Empirical Study of MOOC Videos. *Proceedings of the first ACM conference on Learning*, 41–50.

Haack, J. (2002). Interaktivität als Kennzeichen von Multimedia und Hypermedia. In L. J. Issing, & P. Klimsa (Hrsg.), *Informationen und Lernen mit Multimedia und Internet. Lehrbuch für Studium und Praxis* (S. 127–136). Weinheim: Beltz PVU.

Häcker, H. O., & Stapf, K.-H. (2009). *Dorsch. Psychologisches Wörterbuch* (15. Aufl.). Bern: Huber.

Hannover, B., & Kessels, U. (2011). Sind Jungen die neuen Bildungsversager? Empirische Befunde und theoretische Erklärungsansätze zu geschlechtsspezifischen Bildungsdisparitäten. *Zeitschrift für Pädagogische Psychologie, 25*, 89–103.

Hartmann, T., Schramm, H., & Klimmt, C. (2004). Personenorientierte Medienrezeption: Ein Zwei-Ebenen-Modell parasozialer Interaktionen. *Publizistik, 49*, 25–47.

Hasselhorn, M., & Gold, A. (2013). *Pädagogische Psychologie. Erfolgreiches Lernen und Lehren* (3. Aufl.). Stuttgart: Kohlhammer.

Hedtke, K. (2014). Besser als nichts, eindeutig. *E&W Zeitschrift der Bildungsgewerkschaft GEW*, *3*, 40–41.

Hedtke, K. (2019). Stift, Kleber, Schere, Tablet. *E&W Zeitschrift der Bildungsgewerkschaft GEW*, *12*, 12–13.

Heimann, K. (2020). Learning by Doing. *E&W Zeitschrift der Bildungsgewerkschaft GEW*, *5*, 36–38.

Heinen, R. (2017). BYOD in der Stadt. Regionale Schulnetzwerke zum Aufbau hybrider Lerninfrastrukturen in Schulen. In J. Bastian, & S. Aufenanger (Hrsg.), *Tablets in Schule und Unterricht. Forschungsmethoden und -perspektiven zum Einsatz digitaler Medien* (S. 191–208). Wiesbaden: VS.

Heitkamp, S. (2019a). Einfach machen. *E&W Zeitschrift der Bildungsgewerkschaft GEW*, *12*, 6–9.

Heitkamp, S. (2019b). „Juristisch auf dünnem Eis". *E&W Zeitschrift der Bildungsgewerkschaft GEW*, *12*, 10.

Helmke, A. (1992). *Selbstvertrauen und schulische Leistungen*. Göttingen: Hogrefe.

Helmke, A. (2015). *Unterrichtsqualität und Lehrerprofessionalität. Diagnose, Evaluation und Verbesserung des Unterrichts* (6. Aufl.). Seelze: Klett Kallmeyer.

Helmke, A., & Schrader, F.-W. (1998). Hochschuldidaktik. In D. H. Rost (Hrsg.), *Handwörterbuch – Pädagogische Psychologie* (S. 184–190). Weinheim: Beltz.

Helmke, A., & van Aken, M. A. G. (1995). The causal ordering of academic achievement and self-concept of ability during elementary school: A longitudinal study. *Journal of Educational Psychology*, *87*, 624–637.

Herling, J., Koepsell, A., Kuhlmann, K.-H., Scheele, U., & Wilke, W. (2014). *Mathematik 5*. Braunschweig: Westermann Schroedel.

Herzig, B., Aßmann, S., & Grafe, S. (2010, o. D.). Medienbezogene Lernumfelder von Kindern und Jugendlichen. Schlussbericht. Abgerufen 14.07.2020, von https://kw.uni-paderborn.de/fileadmin/fakultaet/Institute/erziehungswissenschaft/Allgemeine-Didaktik-Schulpaedagogik/Schlussbericht_MeiLe_221110.pdf.

Hillmayr, D., Reinhold, F., Ziernwald, L., & Reiss, K. (2017). *Digitale Medien im mathematisch- naturwissenschaftlichen Unterricht der Sekundarstufe. Einsatzmöglichkeiten, Umsetzung und Wirksamkeit*. Münster: Waxmann.

Hessisches Kultusministerium (2011a, o. D.). Lehrplan Mathematik. Bildungsgang Realschule. Jahrgangsstufen 5 bis 13. Abgerufen 11.07.2019, von https://kultusministerium.hessen.de/sites/default/files/HKM/lprealmathe.pdf

Hessisches Kultusministerium (2011b). Bildungsstandards und Inhaltsfelder. Das neue Kerncurriculum für Hessen. Sekundarstufe I – Realschule. Mathematik. Abgerufen 11.07.2019, von https://kultusministerium.hessen.de/sites/default/files/media/kerncurriculum_mathematik_realschule.pdf

Hessisches Kultusministerium (2011c, o. D.). Bildungsstandards und Inhaltsfelder. Das neue Kerncurriculum für Hessen. Primarstufe. Mathematik. Abgerufen 15.06.2020, von https://kultusministerium.hessen.de/sites/default/files/media/kc_mathematik_prst_2011.pdf

Hoffmann, I. (2015). Freie Lernmaterialien aus dem Netz. *E&W Zeitschrift der Bildungsgewerkschaft GEW*, *7–8*, 41–43.

Hoffmann, I. (2016). „Primat der Pädagogik". *E&W Zeitschrift der Bildungsgewerkschaft GEW*, *10*, 22.

Hoffmann, I. (2018). Kein Ersatz für Reformen. *E&W Zeitschrift der Bildungsgewerkschaft GEW*, *10*, 18.

Holland-Letz, M. (2019). Primat des Pädagogischen. *E&W Zeitschrift der Bildungsgewerkschaft GEW*, *10*, 41.

Holland-Letz, M. (2020a). YouTube, TV und Handy. *E&W Zeitschrift der Bildungsgewerkschaft GEW*, *6*, 24.

Holland-Letz, M. (2020b). Färbetechniken, Klausuren und Weltpolitik. *E&W Zeitschrift der Bildungsgewerkschaft GEW*, *6*, 42–43.

Hoyles, C., & Lagrange, J.-B. (2010). *Mathematics education and technology-rethinking the terrain –The 17th ICMI study*. New York: Springer.

Hubwieser, P. (2007). *Didaktik der Informatik. Grundlagen, Konzepte, Beispiele.* Berlin: Springer.

Institut zur Qualitätsentwicklung im Bildungswesen (2008, o. D.). Beispielaufgaben Mathematik Primarstufe. Abgerufen 10.09.2018, von https://www.iqb.hu-berlin.de/vera/auf gaben/map

Institut zur Qualitätsentwicklung im Bildungswesen (2013, o. D.). Beispielaufgaben Mathematik Primarstufe. Abgerufen 30.10.2018, von https://www.iqb.hu-berlin.de/vera/auf gaben/map

Issing, L. J. (2002). Instruktions-Design für Multimedia. In L. J. Issing, & P. Klimsa (Hrsg.), *Information und Lernen mit Multimedia und Internet. Lehrbuch für Studium und Praxis* (S. 151–176). Weinheim: Beltz PVU.

Jahnke, I. (2016). *Digital didactical designs: Teaching and learning in CrossActionSpaces.* New York: Routledge.

Johnson, L., Adams Becker, S., Cummins, M., Estrada, V., Freeman, A., & Ludgate, H. (2013). *NMC Horizon Report: 2013 Higher Education Edition.* Austin: The New Media Consortium.

Kammerl, R. (2017). Bildungstechnologische Innovation, mediendidaktische Integration und/oder neue persönliche Lernumgebung? Tablets und BYOD in der Schule. In J. Bastian, & S. Aufenanger (Hrsg.), *Tablets in Schule und Unterricht. Forschungsmethoden und -perspektiven zum Einsatz digitaler Medien* (S. 175–189). Wiesbaden: Springer VS.

Kammerl, R., & Mayrberger, K. (2011). Medienpädagogik in der Lehrerinnen- und Lehrerbildung in Deutschland. Aktuelle Situation und Desiderata. *Beiträge zur Lehrerinnen- und Lehrerbildung, 29(2),* 172–184.

Kang, S. H. K., & Pashler, H. (2012). Learning painting styles. Spacing is advantageous when it promotes discriminative contrast. *Applied Cognitive Psychology, 26(1),* 97–103.

Kelava, A., & Moosbrugger, H. (2012). Deskriptivstatistische Evaluation von Items (Itemanalyse) und Testwertverteilungen. In H. Moosbrugger, & A. Kelava (Hrsg.), *Testtheorie und Fragebogenkonstruktion* (S. 75–102). Berlin: Springer.

Keller, S., & Reintjes, C. (2016). *Aufgaben als Schlüssel zur Kompetenz. Didaktische Herausforderungen, wissenschaftliche Zugänge und empirische Befunde.* Münster: Waxmann.

Keppel, G. (1991). *Design and analysis. A researcher's handbook* (3rd ed.). New Jersey: Prentice Hall.

Kirschner, P. A., Sweller, J., & Clark, R. E. (2006). Why minimal guidance during instruction does not work. An analysis of the failure of constructivist, discovery, problem-based, experiential and inquiry-based teaching. *Educational Psychologist, 41,* 75–86.

Kittel, A., Hole, V., Ladel, S., & Beckmann, A. (2005). Tablet-PCs im Mathematikunterricht – Eine unterrichtliche Erprobung. In Graumann, G. (Hrsg.), *Beiträge zum Mathematikunterricht 2005. Bericht von der 39. Tagung für Didaktik der Mathematik vom 28.2.–4. 3.2005 an der Universität Bielefeld.* (S. 149–152). Hildesheim: Franzbecker.

Klein, B. (2000). *Didaktisches Design hypermedialer Lernumgebungen. Die adaptive Lernumgebung „incorps" zur Einführung in die Kognitionspsychologie.* Marburg: Tectum.

Kleine, M. (2012). *Lernen fördern. Mathematik. Unterricht in der Sekundarstufe I.* Seelze: Klett Kallmeyer.

Kliemann, S., Mallon, C., Puscher, R., Segelken, S., Schmidt, W., Trapp, M., & Vernay, R. (2014). *Mathe live 6. Mathematik für Sekundarstufe I.* Stuttgart: Ernst Klett.

Klieme, E. (2006). Empirische Unterrichtsforschung. Aktuelle Entwicklungen, theoretische Grundlagen und fachspezifische Befunde. Einführung in den Thementeil. *Zeitschrift für Pädagogik, 52*(6), 765–773.

Klieme, E., Lipowsky, F., Rakoczy, K., & Ratzka, N. (2006). Qualitätsdimensionen und Wirksamkeit von Mathematikunterricht. Theoretische Grundlagen und ausgewählte Ergebnisse des Projekts „Pythagoras". In M. Prenzel, & L. Allolio-Näcke (Hrsg.), *Untersuchungen zur Bildungsqualität von Schule. Abschlussbericht des DFG-Schwerpunktprogramms* (S. 127–146). Münster: Waxmann.

König, A. (2011). Lernplattformen. *Computer + Unterricht, 83,* 1–58.

Körner, H., Lergenmüller, H., Schmidt, G., & Zacharias, M. (2013). *Mathematik neue Wege 5. Arbeitsbuch für Gymnasien. Hessen G9.* Braunschweig: Westermann Schroedel.

Kotovsky, K., Hayes, J. R., & Simon, H. A. (1985). Why are some problems hard? Evidence from tower of Hanoi. *Cognitive Psychology, 17,* 248–294.

Krainer, K. (1989). Lebendige Geometrie. *Überlegungen zu einem integrativen Verständnis von Geometrieunterricht anhand des Winkelbegriffes.* Frankfurt: Peter Lang.

Krauss, S., Bruckmaier, G., Schmeisser, C., & Brunner, M. (2015). Quantitative Forschungsmethoden in der Mathematikdidaktik. In R. Bruder, L. Hefendehl-Hebeker, B. Schmidt-Thieme, & H.-G. Weigand (2015). *Handbuch der Mathematikdidaktik* (S. 613–641). Berlin: Springer Spektrum.

Krauter, S., & Bescherer, C. (2013). *Erlebnis Elementargeometrie. Ein Arbeitsbuch zum selbstständigen und aktiven Entdecken. Mathematik Primarstufe und Sekundarstufe I + II.* Heidelberg: Springer.

Krauthausen, G., & Scherer, P. (2007). *Einführung in die Mathematikdidaktik* (3. Aufl.). Heidelberg: Springer Spektrum.

Kultusministerkonferenz (2014, 01. Dezember). Medienbildung in der Schule. Beschluss der Kultusministerkonferenz vom 8. März 2012. Abgerufen 24.03.2020, von https://www.kmk.org/fileadmin/veroeffentlichungen_beschluesse/2012/2012_03_08_Medienbildung.pdf

Kultusministerkonferenz (2017, 07. Dezember). Bildung in der digitalen Welt. Strategie der Kultusministerkonferenz. Beschluss der Kultusministerkonferenz vom 08.12.2016 in der Fassung vom 07.12.2017. Abgerufen 02.11.2020, von https://www.kmk.org/fileadmin/Dateien/pdf/PresseUndAktuelles/2018/Digitalstrategie_2017_mit_Weiterbildung.pdf.

Kultusministerkonferenz (2019, 16. Mai). Standards für die Lehrerbildung: Bildungswissenschaften. Beschluss vom 16.12.2004 in der Fassung vom 16.05.2019. Abgerufen 03.08.2020, von https://www.kmk.org/fileadmin/veroeffentlichungen_beschluesse/2004/2004_12_16-Standards-Lehrerbildung-Bildungswissenschaften.pdf

Kunter, M. (2005). *Multiple Ziele im Mathematikunterricht.* Münster: Waxmann.

Kunter, M., Brunner, M., Baumert, J., Klusmann, U., Krauss, S., Blum, W., Jordan, A., & Neubrand, M. (2005). Der Mathematikunterricht der PISA-Schülerinnen und -Schüler. Schulformunterschiede in der Unterrichtsqualität. *Zeitschrift für Erziehungswissenschaft, 8*(4), 502–520.

Ladel, S. (2017). Ein TApplet für die Mathematik. Zur Bedeutung von Handlungen mit physischen und virtuellen Materialien. In J. Bastian, & S. Aufenanger (Hrsg.), *Tablets in Schule und Unterricht. Forschungsmethoden und -perspektiven zum Einsatz digitaler Medien* (S. 301–326). Wiesbaden: Springer VS.

Länderkonferenz MedienBildung (2008, 01. Dezember). Kompetenzorientiertes Konzept für die schulische Medienbildung. LKM-Positionspapier vom 29.01.2015. Abgerufen 24.03.2020, von https://lkm.lernnetz.de/files/Dateien_lkm/Dokumente/LKM-Positi onspapier_2015.pdf

Lang, M., & Schulz-Zander, R. (1998). Informationstechnische Bildung in allgemeinbildenden Schulen. Stand und Perspektiven. In H.-G. Rolff, K. P. Bauer, H. Pfeiffer, & R. Schulz-Zander (Hrsg.), *Jahrbuch der Schulentwicklung. Band 8* (S. 309–353). Weinheim: Juventa.

Le Blanc, K., & Simon, D. (2008). *Mixed practice enhances retention and JOL accuracy for mathematical skills.* Chicago: Paper presented at the 49th annual meeting of the Psychonomic Society.

Leibniz-Institut für Bildungsforschung und Bildungsinformation (2014a, o. D.). Lern- und leistungsbezogene Einstellungen. Abgerufen 21.10.2019, von https://www.fdz-bildung. de/konstrukt.php?la=de&erhebung_id=3&construct_id=376

Leibniz-Institut für Bildungsforschung und Bildungsinformation (2014b, 30. Juni). Skala: Inter- esse (an Mathematik). Abgerufen 21.10.2019, von https://www.fdz-bildung.de/ skala.php?skala_id=270&erhebung_id=3

Lehrl, S., & Richter, D. (2018). Schule macht Spaß! Anstrengungsbereitschaft und Lernfreude in der Grundschule. In M. Mudiappa, & C. Artelt (Hrsg.) (2014), *BiKS – Ergebnisse aus den Längsschnittstudien: Praxisrelevante Befunde aus dem Primar- und Sekundarschulbereich* (S. 59–65). Bamberg: University of Bamberg Press.

Lerman, S. (2013). Technology, mathematics and activity theory. *International Journal for Technology in Mathematics Education, 20*(1), 39–42.

Leuders, T. (2007). Fachdidaktik und Unterrichtsqualität im Bereich Mathematik. In K.-H. Arnold (Hrsg.) (2007). *Unterrichtsqualität und Fachdidaktik* (S. 205–234). Bad Heilbrunn: Julius Klinkhardt.

Leuders, J., Leuders, T., Prdeiger, S., & Ruwisch, S. (2017). *Mit Heterogenität im Mathematikunterricht umgehen lernen. Konzepte und Perspektiven für eine zentrale Anforderung an die Lehrerbildung.* Wiesbaden: Springer.

Lipowsky, F. (2014). Theoretische Perspektiven und empirische Befunde zur Wirksamkeit von Lehrerfort- und -Weiterbildung. In E. Terhart, H. Bennewitz, & M. Rothland (Hrsg.), *Handbuch der Forschung zum Lehrerberuf* (S. 511–541). Münster: Waxmann.

Lipowsky, F. (2015). Unterricht. In E. Wild, & J. Möller (Hrsg.), *Pädagogische Psychologie* (S. 69–105). Heidelberg: Springer.

Lipowsky, F., Richter, T., Borromeo Ferri, R., Ebersbach, M., & Hänze, M. (2015). Wünschenswerte Erschwernisse beim Lernen. *Schulpädagogik heute, 11*(6), 1–10.

Lorenz, R., Bos, W., Endberg, M., Eickelmann, B., Grafe, S., & Vahrenhold, J. (Hrsg.) (2017). *Schule digital – Der Länderindikator 2017. Schulische Medienbildung in der Sekundarstufe I mit besonderem Fokus auf MINT-Fächer im Bundesländervergleich und Trends von 2015 bis 2017.* Münster: Waxmann.

Lorenz, R., & Gerick, J. (2014). Neue Technologien und die Leseleistung von Grundschulkindern. Zur Bedeutung der schulischen und außerschulischen Nutzung digitaler Medien. In B. Eickelmann, R. Lorenz, M. Vennemann, J. Gerick, & W. Bos (Hrsg.), *Grundschule in der digitalen Gesellschaft Befunde aus den Schulleistungsstudien IGLU und TIMSS 2011* (S. 59–71). Münster: Waxmann.

Luchins, A. S. (1942). Mechanization in problem solving – The effect of einstellung. *Psychological Monographs, 54*, 1–95.

Lüdtke, O., Nagy, G., Heinze, A., & Köller, O. (2016, o. D.). Forschungslinie 5 Methodenforschung und -entwicklung. Abgerufen 07.03.2020, von http://www.ipn.uni-kiel.de/de/forschung/forschungslinien/FP_201620FL5.pdf

Ludwig, M. (2016). Mathe ohne Deutschkenntnisse. *E&W Zeitschrift der Bildungsgewerkschaft GEW, 12*, 26–27.

Ludwig, M., Filler, A., & Lambert, A. (Hrsg.) (2015). *Geometrie zwischen Grundbegriffen und Grundvorstellungen. Jubiläumsband des Arbeitskreises Geometrie in der Gesellschaft für Didaktik der Mathematik*. Wiesbaden: Springer.

Luhmann, M. (2015). *R für Einsteiger. Einführung in die Statistiksoftware für die Sozialwissenschaften* (4. Aufl.). Weinheim: Beltz.

Marsh, H. W. (1986). Global self-esteem: Its relation to specific facets of self-concept and their importance. *Journal of Personality and Social Psychology, 51*, 1224–1236.

Marsh, H. W. (1989). Age and sex effects in multiple dimensions of self-concept: Pre Adolescence to early adulthood. *Journal of Educational Psychology, 81*, 417–430.

Marsh, H. W. (1990). A multidimensional, hierarchical model of self-concept. Theoretical and empirical justification. *Educational Psychology Review, 2*, 77–172.

Marsh, H. W., Craven, R., & Debus, R. (1998). Structure, stability, and development of young children's self-concepts: A multicohort-multioccasion study. *Child Development, 69*, 1030–1053.

Marsh, H. W., & Craven, R. G. (2006). Reciprocal effects of self-concept and performance from a multidimensional perspective: Beyond seductive pleasure and unidimensional perspectives. *Perspectives on Psychological Science, 1*, 133–162.

Matzkowski, B. (2013). Wann machen wir wieder richtigen Unterricht?. *Pädagogische Korrespondenz, 47*, 89–107.

Mayfield, K. H., & Chase, P. N. (2002). The effects of cumulative practice on mathematics problem solving. *Journal of Applied Behavior Analysis, 35*, 105–123.

McCloskey, M., & Cohen, N. J. (1989). Catastrophic interference in connectionist networks. The sequential learning problem. *The Psychology of Learning and Motivation, 24*, 109–165.

McDaniel, M. A., Roediger, H. L., & McDermott, K. B. (2007). Generalizing test – Enhanced learning from the laboratory to the classroom. *Psychonomic Bulletin & Review, 14*(2), 200–206.

McDaniel, M. A., Waddill, P. J., & Einstein, G. O. (1988). A contextual account of the generation effect. A three-factor theory. *Journal of Memory and Language, 27*, 521–536.

McKnight, P. E., McKnight, K. M., Sidami, S., & Figueredo, A. J. (2007). *Missing Data. A Gentle Introduction*. New York: The Guilford Press.

Meadow, A., Parnes, S. J., & Reese, H. (1959). Influence of brainstorming instructions and problem sequence on a creative problem solving test. *Journal of Applied Psychology, 43*, 413–416.

Meister, A. (2006). *Skriptum zur Vorlesung Elementargeometrie. Sommersemester 2006*. Kassel: Fachbereich Mathematik/Informatik, Universität Kassel.

Miller, G. A. (1956). The magical number seven, plus or minus two. Some limits on our capacity for processing information. *Psychological Review, 63*, 81–97.

Ministerium für Bildung, Frauen und Jugend (2003, o. D.). Die erreichbare Ferne Anstrengungsbereitschaft – Eine „Tugend" auf dem Prüfstand!? Abgerufen 02.02.2020, von https://anwalt-des-kindes.bildung-rp.de/fileadmin/user_upload/anwalt-des-kindes.bil dung-rp.de/empfehlungen/empf24.pdf.

Mischko, T. (2019). Mehr bilden, besser qualifizieren. *E&W Zeitschrift der Bildungsgewerkschaft GEW, 9*, 25.

Möller, J., & Trautwein, U. (2009). Selbstkonzept. In E. Wild & J. Möller (Hrsg.), *Pädagogische Psychologie* (S. 179–203). Heidelberg: Springer Medizin.

Moreno, R. (2004). Decreasing cognitive load for novice students. Effects of explanatory versus corrective feedback in discovery-based multimedia. *Instructional Science, 32,* 99–113.

Moschner, B. (2001). Selbstkonzept. In D. H. Rost (Hrsg.), *Handwörterbuch Pädagogische Psychologie* (S. 629–634). Weinheim: Beltz.

Medienpädagogischer Forschungsverbund Südwest (2017a, 01. Februar) (Hrsg.). KIM-Studie 2016. Kindheit, Internet, Medien. Basisuntersuchung zum Medienumgang 6- bis 13- Jähriger in Deutschland. Abgerufen 03.09.2020, https://www.mpfs.de/fileadmin/files/Studien/KIM/2016/KIM_2016_Web-PDF.pdf.

Medienpädagogischer Forschungsverbund Südwest (2017b, 01. November) (Hrsg.). JIM-Studie 2017. Jugend, Information, (Multi-) Media. Basisstudie zum Medienumgang 12- bis 19-Jähriger in Deutschland. Abgerufen 03.09.2020, https://www.mpfs.de/fileadmin/files/Studien/JIM/2017/JIM_2017.pdf.

Medienpädagogischer Forschungsverbund Südwest (2020, 01. März) (Hrsg.). JIM-Studie 2019. Jugend, Information, Medien. Basisuntersuchung zum Medienumgang 12- bis 19-Jähriger in Deutschland. Abgerufen 03.09.2020, https://www.mpfs.de/fileadmin/files/Stu dien/JIM/2019/JIM_2019.pdf.

Müller, J. M. (2002). Umgang mit fehlenden Werten. In A. Reusch, C. Zwingmann, & H. Faller (Hrsg.), *Empfehlungen zum Umgang mit Daten in der Rehabilitationsforschung* (S. 109–122). Regensburg: Roderer.

Müller, A., & Helmke, A. (2008). Qualität von Aufgaben als Merkmale der Unterrichtsqualität verdeutlicht am Fach Physik. In J. Thonhauser (Hrsg.), *Aufgaben als Katalysatoren von Lernprozessen. Eine zentrale Komponente organisierten Lehrens und Lernens aus der Sicht von Lernforschung, Allgemeiner Didaktik und Fachdidaktik* (S. 31–46). Münster: Waxmann.

Niegemann, H. M. (Hrsg.) (2004). *Kompendium E-Learning.* Berlin: Springer.

Niegemann, H. M. (Hrsg.) (2008). *Kompendium multimediales Lernen.* Berlin: Springer.

Nunnally, J. C., & Bernstein, I. H. (1994). *Psychometric theory.* New York: McGrawHill.

OECD (2015, 01. Oktober). Students, Computers and Learning: Making the Connection. PISA, OECD Publishing. Abgerufen 25.03.2020, von https://read.oecd-ilibrary.org/edu cation/students-computers-and-learning_9789264239555-en#page1.

Osborn, A. F. (1953). *Applied imagination.* New York: Scribners.

Paas, F. G. (1992). Training strategies for attaining transfer of problem-solving skill in statistics: A cognitive-load approach. *Journal of Educational Psychology, 84,* 429–434.

Paas, F., Tuovinen, J. E., Tabbers, H., & van Gerven, P. W. M. (2003). Cognitive load measurement as a means to advance cognitive load theory. *Educational Psychologist, 38,* 63–71.

Pagano, R. R. (2010). *Understanding statistics in the behavioral sciences*. Belmont: Thomson Wadsworth.

Pashler, H., Bain, P. M., Bottge, B. A., Graesser, A., Koedinger, K., McDaniel, M., & Metcal-fe, J. (2007, 01. September). Organizing instruction and study to improve student learning. IES Practice Guide. Abgerufen 12.04.2020, von https://files.eric.ed.gov/fulltext/ ED498555.pdf.

Pede, S., & Borromeo Ferri, R. (2018). Untersuchungen zum Zusammenhang zwischen Interesse für Mathematik und Leistungsentwicklung im geblockten und verschachtelten Unterricht. In Fachgruppe Didaktik der Mathematik der Universität Paderborn (Hrsg.), *Beiträge zum Mathematikunterricht* (S. 1383–1386). Münster: WTM-Verlag.

Pede, S., Borromeo Ferri, R., Lipowsky, F., Vogel, S., & Schwabe, J. (2017). Verschachtelt oder geblockt lernen? Ergebnisse der LIMIT Studie in der Sekundarstufe I. In U. Korten-kamp, & A. Kuzle (Hrsg.), *Beiträge zum Mathematikunterricht* (S. 757–760). Münster: WTM-Verlag.

Pede, S., Brode, R., Borromeo Ferri, R., & Vogel, S. (2017). Durch verschachteltes Lernen Zuordnungen besser verstehen? Ausgewählte Ergebnisse der LIMIT-Studie zur Selbst-wahrnehmung des Lernerfolgs durch Lernende im Jahrgang 7. In U. Kortenkamp, & A. Kuzle (Hrsg.), *Beiträge zum Mathematikunterricht* (S. 761–764). Münster: WTM-Verlag.

Petermann, U., & Petermann, F. (2014). *Schülereinschätzliste für Sozial- und Lernverhalten*. Göttingen: Hogrefe.

Peterson, L., & Peterson, M. J. (1959). Short-term retention of individual verbal items. *Journal of Experimental Psychology, 58*, 193–198.

Petko, D. (2014). *Einführung in die Mediendidaktik. Lehren und Lernen mit digitalen Medien*. Weinheim: Beltz.

Piaget, J. (1928). *Judgement and reasoning in the child*. New York: Harcourt.

Pickshaus, K. (2016). Industrie 4.0. Reine Rationalisierung oder Humanisierungschance?. *E&W Zeitschrift der Bildungsgewerkschaft GEW, 4*, 6–9.

PISA (2014, 01. Februar). PISA 2012 Ergebnisse. Was Schülerinnen und Schüler wissen und können. Schülerleistungen in Mathematik, Lesekompetenz und Naturwissenschaften. Band 1. PISA, OECD Publishing. Abgerufen 25.03.2020, von https://read.oecd-ilibrary. org/education/pisa-2012-ergebnisse-was-schulerinnen-und-schuler-wissen-und-konnen-band-i-uberarbeitete-ausgabe-februar-2014_9789264208858-de#page1.

Prasse, D., Egger, N., & Döbeli Honegger, B. (2017). Mobiles Lernen. Auch zu Hause? Außerschulisches Lernen in Tablet- und Nicht-Tabletklassen im Vergleich. In J. Bas-tian & S. Aufenanger (Hrsg.), *Tablets in Schule und Unterricht. Forschungsmethoden und -perspektiven zum Einsatz digitaler Medien* (S. 139–174). Wiesbaden: Springer VS.

Pyc, M. A., & Rawson, K. A. (2009). Testing the retrieval effort hypothesis. Does greater difficulty correctly recalling information lead to higher levels of memory?. *Journal of Memory and Language, 60*, 437–447. doi: https://doi.org/10.1016/j.jml.2009.01.004.

Rasch, B., Friese, M., Hofmann, W. J., & Naumann, E. (2014a). *Quantitative Methoden 1. Einführung in die Statistik für Psychologen und Sozialwissenschaftler* (4. Aufl.). Berlin: Springer.

Rasch, B., Friese, M., Hofmann, W. J., & Naumann, E. (2014b). *Quantitative Methoden 2. Einführung in die Statistik für Psychologen und Sozialwissenschaftler* (4. Aufl.). Berlin: Springer.

Rat für kulturelle Bildung (2019, 01. Juni). Jugend/YouTube/Kulturelle Bildung. Horizont 2019. Abgerufen 02.10.2019, von https://www.flipsnack.com/RatKulturelleBildung/jug end-YouTube-kulturelle-bildung-2019/full-view.html

Rau, M. A., Aleven, V., & Rummel, N. (2013). Interleaved practice in multidimensional learning tasks: Which dimension should we interleave? *Learning and Instruction, 23,* 98–114.

Reeves, B., & Nass, C. (1996). *The Media Equation.* Cambridge: Cambridge University Press.

Renkl, A. (2002). Worked-out examples: Instructional explanations support by self-explanations. *Learning and Instruction, 12*(5), 529–556.

Rittle-Johnson, B. (2006). Promoting transfer. Effects of self-explanation and direct instruction. *Child Development, 77*(1), 1–15.

Rittle-Johnson, B., Siegler, R. S., & Alibali, M. W. (2001). Developing conceptual understanding and procedural skill in Mathematics: An iterative process. *Journal of Educational Psychology, 93*(2), 346–362.

Roediger, H. L., & Karpicke, J. D. (2006). Test-enhanced-learning. Taking memory tests improves long-term retention. *Psychological Science, 17*(3), 249–255.

Rohrer, D., Dedrick, R. F., & Burgess, K. (2014). The benefit of interleaved mathematics practice is not limited to superficially similar kinds of problems. *Psychonomic Bulletin & Review, 21*(5), 1323–1330. doi: https://doi.org/10.3758/s13423-014-0588-3

Rohrer, D., Dedrick, R. F., & Stershic, S. (2014). Interleaved practice improves mathematics learning. *Journal of Educational Psychology, 107*(3), 900–908.

Rohrer, D., & Taylor, K. (2007). The shuffling of mathematics problems improves learning. *Instructional Science, 35,* 481–498. doi: https://doi.org/10.1007/s11251-007-9015-8.

Römer, S., & Nührenbörger, M. (2018). Entdeckerfilme im Mathematikunterricht der Grundschule – Entwicklung und Erforschung von videobasierten Lernumgebungen. In Fachgruppe Didaktik der Mathematik der Universität Paderborn (Hrsg.), *Beiträge zum Mathematikunterricht 2018* (S. 1511–1514). Münster: WTM.

Rost, J. (2004). *Lehrbuch Testtheorie – Testkonstruktion* (2. Aufl.). Bern: Hans Huber.

Rummler, K., & Wolf, K. D. (2012). Lernen mit geteilten Videos: Aktuelle Ergebnisse zur Nutzung, Produktion und Publikation von Onlinevideos durch Jugendliche. In W. Sützl, F. Stalder, R. Maier (Hrsg.), *Media, knowledge and education. Cultures and Ethics of Sharing. Medien – Wissen – Bildung. Kulturen und Ethiken des Teilens* (S. 253–266). Innsbruck: iup.

Sassen, I. (2007). *Virtuelle Lehr-und Lernumgebungen. Konzeption, didaktisches Design und Bewertung.* Aachen: Shaker.

Schafer, J. L., & Graham, W. (2002). Missing Data: Our view of the state of the art. *Psychological Methods, 7*(2), 147–177.

Schermelleh-Engel, K., & Werner, C. S. (2012). Methoden der Reliabilitätsbestimmung. In H. Moosbrugger, & A. Kelava (Hrsg.), *Testtheorie und Fragebogenkonstruktion* (S. 119–142). Berlin: Springer.

Schiefele, U. (2009). Motivation. In E. Wild, & J. Möller (Hrsg.), *Pädagogische Psychologie* (S. 152–174). Heidelberg: Springer Medizin.

Schmerr, M. (2018). Vom Recht auf Ausloggen. *E&W Zeitschrift der Bildungsgewerkschaft GEW, 10,* 20–21.

Schmid, U., Goertz, L., & Behrens, J. (2016). *Monitor Digitale Bildung. Berufliche Ausbildung im digitalen Zeitalter*. Gütersloh: Bertelsmann Stiftung.

Schmidt-Thieme, B., & Weigand, H.-G. (2015). Medien. In R. Bruder, L. Hefendehl-Hebeker, B. Schmidt-Thieme, & H.-G., Weigand (Hrsg.), *Handbuch der Mathematikdidaktik* (S. 461–490). Berlin: Springer Spektrum.

Schmitt, N. (1996). Uses and Abuses of Coefficient Alpha. *Psychological Assessment, 8*(4), 350–353.

Schmollack, S. (2020). Digitalisierung ist kein Damoklesschwert. *E&W Zeitschrift der Bildungsgewerkschaft GEW, 3*, 18–19.

Schneider, V. I., Healy, A. F., & Bourne, L. E. (1998). Contextual interference effects in foreign language vocabulary acquisition and retention. In Healy, A. F., & Bourne L. E. (Eds.). *Foreign language learning* (pp. 77–90). Mahwah: Lawrence Erlbaum.

Schneider, V. I., Healy, A. F., & Bourne, L. E. (2002). What is learned under difficult conditions is hard to forget. Contextual interference effects in foreign vocabulary acquisition, retention and transfer. *Journal of Memory and Language, 46*, 419–440.

Schneider, W., & Shiffrin, R. M. (1977). Controlled and automatic human information processing: I. Detection, search, and attention. *Psychological Review, 84*, 1–66.

Schnell, R. (1986). *Missing-Data-Probleme in der empirischen Sozialforschung*. Bochum.

Schön, S. & Ebner, M. (2013). *Gute Lernvideos... So gelingen Web-Videos zum Lernen!*. Norderstedt: Books on Demand.

Schreiber, C., & Klose, R. (2017). Audio-Podcasts zum Darstellen und Kommunizieren. In C. Schreiber, R. Rink, & S. Ladel (Hrsg.), *Digitale Medien im Mathematikunterricht der Primarstufe – Ein Handbuch für die Lehrerausbildung*. Münster: WTM.

Schröder, H. (2002). *Lernen – Lehren – Unterricht. Lernpsychologische und didaktische Grundlagen*. München: Oldenbourg.

Schubarth, W. (2017). Lehrerbildung in Deutschland – Sieben Thesen zur Diskussion. In W. Schubarth, S. Mauermeister, & A. Seidel (Hrsg.), *Studium nach Bologna. Befunde und Positionen* (S. 127–136). Potsdam: Universitätsverlag Potsdam.

Schuchardt, K., Piekny, J., Grube, D., & Mähler, C. (2014). Einfluss kognitiver Merkmale und häuslicher Umgebung auf die Entwicklung numerischer Kompetenzen im Vorschulalter. *Zeitschrift für Entwicklungspsychologie und Pädagogische Psychologie, 46*, 24–34.

Schulmeister, R. (2002). *Grundlagen hypermedialer Lernsysteme. Theorie – Didaktik – Design* (3. Aufl.). München: Oldenbourg.

Schulmeister, R., & Wessner, M. (2010). *Virtuelle Universität, virtuelles Lernen*. München: Oldenbourg.

Schulz, A., & Walter, D. (2018). Stellenwertverständnis festigen – Potentiale und Nutzungsweisen einer Software zum Darstellungswechsel. In Fachgruppe Didaktik der Mathematik der Universität Paderborn (Hrsg.), *Beiträge zum Mathematikunterricht 2018*. Münster: WTM.

Schumann, S. (2018). *Quantitative und qualitative empirische Forschung. Ein Diskussionsbeitrag*. Wiesbaden: Springer.

Schütze, S. (2017). Fit für Bildung in der digitalen Welt?. *E&W Zeitschrift der Bildungsgewerkschaft GEW, 10*, 31.

Sheehy, K., Kukulska-Hulme, A., Twining, P., Evans, D., Cook, D., & Jelfs, A. (2005). *Tablet PCs in Schools. A review of literature and selected projects*. Coventry: Becta.

Shiffrin, R. M., & Schneider, W. (1977). Controlled and automatic human information processing: II. Perceptual learning, automatic attending and a general theory. *Psychological Review, 84,* 127–190.

Simon, B. (2001). *E-Learning an Hochschulen. Gestaltungsräume und Erfolgsfaktoren von Wissensmedien.* Lohmar: Eul.

Sparfeldt, J. R., Rost, D. H., Schleebusch, R., & Heise, A.-L. (2012). Lehrerbeurteiltes Schülerverhalten. Eine Evaluation der „Lehrereinschätzliste für Sozial- und Lernverhalten". *Psychologie in Erziehung und Unterricht, 55,* 114–122.

Stein, P. (2019). Forschungsdesigns für die quantitative Sozialforschung. In N. Baur, & J. Blasius (Hrsg.), *Handbuch Methoden der empirischen Sozialforschung* (S. 125–142). Wiesbaden: Springer.

Steyer, R., & Eid, M. (2000). *Messen und Testen.* Berlin: Springer.

Stiller, K. (2001). Lehren und Lernen mit „Neuen Medien". In Schweer, M. K. W. (Hrsg.), *Aktuelle Aspekte medienpädagogischer Forschung. Interdisziplinäre Beiträge aus Forschung und Praxis* (S. 119–148). Wiesbaden: Westdeutscher.

Stöcklin, N. (2012). Von analog zu digital: Die neuen Herausforderungen für die Schule. In E. Blaschitz, G. Brandhofer, C. Nosko, & G. Schwed (Hrsg.), *Zukunft des Lernens. Wie digitale Medien Schule, Aus- und Weiterbildung verändern* (S. 57–74). Glückstadt: Werner Hülsbusch.

Streiner, D. L. (2010). Starting at the Beginning. An Introduction to Coefficient Alpha and Internal Consistency. *Journal of Personality Assessment, 80(1),* 99–103.

Sweller, J. (1980). Transfer effects in a problem solving context. *Quarterly Journal of Experimental Psychology, 32,* 233–239.

Sweller, J. (2004). Instructional design consequences of an analogy between evolution by natural selection and human cognitive architecture. *Instructional Science, 32,* 9–31.

Sweller, J., Ayres, P., & Kalyuga, S. (2011). *Cognitive load theory.* New York: Springer. doi: https://doi.org/10.1007/978-1-4419-8126-4

Sweller, J., & Gee, W. (1978). Einstellung, the sequence effect, and hypothesis theory. *Journal of Experimental Psychology: Human Learning and Memory, 4,* 513–526.

Sweller, J., & Sweller, S. (2006). Natural information processing systems. *Evolutionary Psychology, 4,* 434–458.

Sweller, J., & Chandler, P. (1994). Why some material is difficult to learn. *Cognition and Instruction, 12*(3), 185–233.

Taylor, K., & Rohrer, D. (2010). The effects of interleaved practice. *Applied Cognitive Psychology, 24*(6), 837–848.

Tillmann, A., & Bremer, C. (2017). Einsatz von Tablets in Grundschulen. Umsetzung und Ergebnisse des Projektes Mobiles Lernen in Hessen (MOLE). In J. Bastian, & S. Aufenanger (Hrsg.), *Tablets in Schule und Unterricht. Forschungsmethoden und -perspektiven zum Einsatz digitaler Medien* (S. 241–276). Wiesbaden: Springer VS.

Thüringer Schulportal (2019, o. D.). Projekt „Digitale Pilotschulen". Abgerufen 11.06.2020, von https://www.schulportal-thueringen.de/home/medienbildung/digitale_pilotschulen.

Tramm, T., & Gramlinger, F. (2002). Lernfirmen in virtuellen Netzen. Didaktische Visionen und technische Potenziale. In Z. Gavranovic, F. Elster, J. Rouvel, & G. Zimmer (Hrsg.), *E-Commerce und unternehmerisches Handeln. Kompetenzentwicklung in vernetzten Juniorenfirmen* (S. 96–128). Bielefeld: Bertelsmann.

Trenholm, S., Hajek, B., Robinson, C. L., Chinnappan, M., Albrecht, A., & Ashman, H. (2018). Investigating undergraduate mathematics learners' cognitive engagement with recorded lecture videos. *International Journal of Mathematical Education in Science and Technology*, 1–22.

Treumann, K. P., Meister, D. M., Sander, U., Burkatzki, E., & Hagedorn, J. (2007). *Medienhandeln Jugendlicher. Mediennutzung und Medienkompetenz. Bielefelder Medienkompetenzmodell.* Wiesbaden: Springer VS.

Tulodziecki, G. (2006). Funktionen von Medien im Unterricht. In K.-H. Arnold, U. Sandfuchs, & J. Wiechmann (Hrsg.), *Handbuch Unterricht* (S. 387–395). Bad Heilbrunn: Klinkhardt.

Tulodziecki, G., & Herzig, B. (2010). *Mediendidaktik. Medien in Lehr- und Lernprozessen verwenden.* München: kopaed.

Tulodziecki, G., Herzig, B., & Blömeke, S. (2009). *Gestaltung von Unterricht* (2. Aufl.). Regensburg: Klinkhardt.

Underwood, G., Jebbett, L., & Roberts, K. (2004). Inspecting pictures for information to verify a sentence. Eye movements in general encoding and in focused search. *The Quarterly Journal of Experimental Psychology: Human Experimental Psychology, 57A*, 165–182.

Urdan, T. C. (2010). *Statistics in Plain English* (3rd ed.). New York: Taylor & Francis.

Uptown (2020, o. D.). Active Presenter. Abgerufen 27.03.2020, von https://activepresenter. de.uptodown.com/windows.

Valentine, J. C., DuBois, D. L., & Cooper, H. (2004). The relations between self-beliefs and academic achievement: A systematic review. *Educational Psychologist, 39,* 111–133.

Van Gog, T., & Scheiter, K. (2010). Eye tracking as a tool to study and enhance multimedia learning. *Learning and Instruction, 20*(2), 95–99.

Van Merriënboer, J. J. G., Schuurman, J. G., De Croock, M. B. M., & Paas, F. G. W. C. (2002). Redirecting learners' attention during training: Effects on cognitive load, transfer test performance and training efficiency. *Learning and Instruction, 12*, 11–37.

Van Merrienboër, J. J. G., Seel, N. M., & Kirschner, P. A. (2002). Mental models as a new foundation for instructional design. *Educational Technology, 42*(2), 60–66.

Vekiri, I. (2010). Socioeconomic differences in elementary students' ICT beliefs and outofschool experiences. *Computers & Education, 54*(4), 941–950.

Victor, A., Elsäßer, A., Hommel, G., & Blettner, A. (2010). Wie bewertet man die p-Wert-Flut? Hinweise zum Umgang mit dem multiplen Testen. *Dtsch Arztebl Int, 104*(4), 50–56.

Walter, D. (2018). *Nutzungsweisen bei der Verwendung von Tablet-Apps: Eine Untersuchung bei zählend rechnenden Lernenden zu Beginn des zweiten Schuljahres.* Wiesbaden: Springer.

Walter, O., & Rost, J. (2011). Psychometrische Grundlagen von Large Scale Assessments. In L. F. Hornke, M. Amelang, & M. Kersting (Hrsg.), *Methoden der psychologischen Diagnostik* (S. 88–149). Göttingen: Hogrefe.

Weidle, R., & Wagner A. C. (1994). Die Methode des Lauten Denkens. In G. Huber, & H. Mandl (Hrsg.), *Verbale Daten. Eine Einführung in die Grundlagen und Methoden der Erhebung und Auswertung* (S. 81–103). München: Beltz.

Weigand, H.-G. (2011). Neue Werkzeuge – Neues Denken!? Werkzeuge im Geometrieunterricht – Ziele und Visionen 2020. In A. Filler, M. Ludwig, & R. Oldenburg (Hrsg.), *Werkzeuge im Geometrieunterricht. Vorträge auf der 29. Herbsttagung des Arbeitskreises*

Geometrie in der Gesellschaft für Didaktik der Mathematik vom 10. bis 12. September 2010 in Marktbreit (S. 3–17). Hildesheim: Franzbecker.

Weigand, H.-G. (2012). Fünf Thesen zum Einsatz digitaler Technologien im zukünftigen Mathematikunterricht. In W. Blum, R. Borromeo Ferri, & K. Maaß (Hrsg.), *Mathematikunterricht im Kontext von Realität, Kultur und Lehrerprofessionalität. Festschrift für Gabriele Kaiser* (S. 315–324). Wiesbaden: Springer.

Weigand, H.-G. (2014). Wohin, Warum und Wie? – Zum Einsatz digitaler Technologien im zukünftigen Mathematikunterricht. In J. Roth, & J. Ames (Hrsg.), *Beiträge zum Mathematikunterricht* (S. 1287–1290). Münster: WTM-Verlag.

Weigand, H.-G., Filler, A., Hölzl, R., Kuntze, S., Ludwig, M., Roth, J., Schmidt-Thieme, B., & Wittmann, G. (2018). *Didaktik der Geometrie für die Sekundarstufe I* (3. Aufl.). Berlin: Springer.

Weigand, H.-G., & Weth, T. (2002). *Computer im Mathematikunterricht. Neue Wege zu alten Zielen.* Heidelberg: Springer.

Welling, S., Averbeck, I., Stolpmann, B. E., & Karbautzki, L. (2014, o. D.). Paducation. Evaluation eines Modellversuchs mit Tablets am Hamburger Kurt-Körber-Gymnasium. Abgerufen 20.03.2020, von www.ifib.de/publikationsdateien/paducation_bericht.pdf.

Welling, S., & Stolpmann, B. E. (2012). Mobile Computing in der Schule. Zentrale Herausforderungen am Beispiel eines Schulversuchs zur Einführung von Tablet-PCs. In R. Schulz-Zander, B. Eickelmann, H. Moser, H. Niesyto, & P. Grell (Hrsg.), *Jahrbuch Medienpädagogik 9* (S. 197–221). Opladen: Springer VS.

Werner, J., & Spannagel, C. (2018). Ausgewählte Ergebnisse aus der Begleitforschung In I. Werner, C. Ebel, C. Spannagel, & S. Bayer (Hrsg.), *Flipped Classroom – Zeit für deinen Unterricht: Praxisbeispiele, Erfahrungen und Handlungsempfehlungen* (S. 41–63). Gütersloh: Bertelsmann Stiftung.

Weston, M. E., & Bain, A. (2010). The end of techno-critique: The naked truth about 1:1 laptop initiatives and educational change. *Journal of Technology, Learning, and Assessment, 9*(1), 3–25.

Wigfield, A., Eccles, J. S., Yoon, K. S., Harold, R. D., Arbreton, A., Freedman-Doan, K., & Blumenfeld, P. C. (1997). Changes in childrens' competence beliefs and subjective task values across the elementary school years: A three-year study. *Journal of Educational Psychology, 89*, 451–469.

Wirtz, M. (2004). Über das Problem fehlender Werte: Wie der Einfluss fehlender Informationen auf Analyseergebnisse entdeckt und reduziert werden kann. *Rehabilitation, 43*, 109–115.

Zech, F. (2002). *Grundkurs Mathematikdidaktik. Theoretische und praktische Anleitungen für das Lehren und Lernen von Mathematik* (10. Aufl.). Weinheim: Beltz.

Zeuge, W. (2018). *Nützliche und schöne Geometrie. Eine etwas andere Einführung in die Euklidische Geometrie.* Wiesbaden: Springer.

Ziegler, E., & Stern, E. (2014). Delayed benefits of learning elementary algebraic transformations through contrasted comparisons. *Learning and Instruction, 33*, 131–146.

Zumbach, J., & Reimann, P. (2001). Hypermediales Lernen und Kognition. Anforderungen an Lernende und Gestaltende. In P. Handler (Hrsg.), *E-Text. Strategien und Kompetenzen. Elektronische Kommunikation in Wissenschaft, Bildung und Beruf* (S. 131–142). Frankfurt: Peter Lang.

Printed in the United States
by Baker & Taylor Publisher Services